高等职业教育计算机类专业系列教材

局域网应用与实践

主 编　卢晓丽　闫永霞　张学勇
参 编　杨晓燕　田　川　姜源水

机 械 工 业 出 版 社

为了使读者能够更好地学习局域网应用与实践的相关知识，培养计算机网络应用人才，本书系统地介绍了目前局域网中常用的技术、无线局域网的组建与维护、网络设备的配置与应用、网络管理与维护、网络安全等内容。本书从培养读者动手能力的需求出发，以局域网规划、组建与维护为主线，以实践应用为引导对内容进行了合理编排。为了能够让读者及时检查学习效果、巩固所学知识，每章都配有习题。

本书层次清晰，案例丰富，图文并茂，浅显易懂，注重理论联系实际，将企业工程案例引入教材中来，实用性和可操作性较强。

本书适合作为高职高专计算机专业的教材，也可作为非计算机专业和继续教育的网络课程教材，还可作为网络爱好者的自学参考用书。

本书为辽宁省职业教育精品在线开放课程配套教材，相关课程的网址为 https://courses.lnve.net/courses/course-v1: LNVE+LNVECB0049+2021_T2/about。本书配有电子课件，选用本书作为教材的老师可以从机械工业出版社教育服务网（www.cmpedu.com）免费下载或联系编辑（010-88379194）咨询。本书还配有微课，读者可直接扫码进行观看。

图书在版编目（CIP）数据

局域网应用与实践/卢晓丽，闫永霞，张学勇

主编. —北京：机械工业出版社，2022.5

高等职业教育计算机类专业系列教材

ISBN 978-7-111-70780-6

Ⅰ．①局… Ⅱ．①卢… ②闫… ③张… Ⅲ．①局域网—高等

职业教育—教材 Ⅳ．①TP393.1

中国版本图书馆CIP数据核字（2022）第080963号

机械工业出版社（北京市百万庄大街22号 邮政编码100037）

策划编辑：李绍坤　　　　　　责任编辑：李绍坤　张翠翠

责任校对：薄萌钰　刘雅娜　　封面设计：鞠　杨

责任印制：李　昂

北京中科印刷有限公司印刷

2022年8月第1版第1次印刷

184mm×260mm · 15.25印张 · 363千字

标准书号：ISBN 978-7-111-70780-6

定价：49.00元

电话服务　　　　　　　　　网络服务

客服电话：010-88361066　　机　工　官　网：www.cmpbook.com

　　　　　010-88379833　　机　工　官　博：weibo.com/cmp1952

　　　　　010-68326294　　金　书　网：www.golden-book.com

封底无防伪标均为盗版　　　机工教育服务网：www.cmpedu.com

前言 PREFACE

随着我国信息化的迅速发展，计算机网络在人们的工作、学习、生活中扮演着越来越重要的角色，并且对人们的生活和工作产生了越来越深刻的影响。因此，局域网应用与实践课程已不只是计算机专业的重要课程，也是工科类、管理类等专业的重要课程。

本书以培养适应生产、建设、管理、服务第一线需要的高素质、应用型人才为目标，详细介绍了在局域网组建与维护工作过程中所涉及的网络基础、IPv4地址与IPv6地址、交换技术、路由技术、无线局域网技术、网络管理与安全技术等方面的内容，让读者能够学会如何将中小型企业网络接入互联网中，并实施安全认证。本书在重视实践训练的同时，还强调读者学习能力的培养，介绍了必要的理论知识，这样可以避免因缺乏理论知识的指导而使读者只会简单地模仿操作。同时，邀请企业工程师共同参与本书内容的编写，引入企业真实工程案例。

本书参考总学时数为72学时，建议采用理实一体化教学模式，共7章，各章的学时分配如下表所示。

章节	教学单元	学时数
第1章	计算机网络概述	4
第2章	局域网技术概述	12
第3章	中小型局域网的组建与维护	16
第4章	无线局域网的组建与维护	8
第5章	网络互联	18
第6章	网络管理与维护	6
第7章	网络安全技术	8

本书由辽宁机电职业技术学院的卢晓丽、闫永霞及广州市增城区广播电视大学的张学勇任主编；宁夏职业技术学院的杨晓燕、辽宁农业职业技术学院的田川及神州数码网络有限公司的姜源水参与编写。

由于编者水平有限，书中难免存在不足和疏漏之处，恳请广大读者批评指正。

编 者

二维码索引

（续）

名称	图形	页码	名称	图形	页码
5.2.3　路由器数据报的转发过程		132	5.4.3　动态路由配置案例（OSPF）		156
5.2.3　路由选择		133	5.4.3　动态路由配置案例（RIPv2）		156
5.4.1　距离矢量路由协议的运行过程		149	5.6.3　DHCP 配置案例 1		175
5.4.2　链路状态路由协议的运行过程		155	5.6.3　DHCP 配置案例 2		175

目录 CONTENTS

第1章 计算机网络概述

Chapter 1

1.1 计算机网络简介

网络化是计算机技术发展的一种必然趋势，社会的信息化、数据的分布处理、计算机资源的共享等各种应用要求引起了人们对计算机网络技术的关注，推动了计算机网络技术的蓬勃发展。

1.1.1 计算机网络的概念与发展过程

计算机网络，是指将地理位置不同的、具有独立功能的多台计算机及其外部设备，通过通信线路连接起来，在网络操作系统、网络管理软件及网络通信协议的管理和协调下，实现资源共享和信息传递的计算机系统。以最简单的方法定义计算机网络，就是一些相互连接的、以共享资源为目的的、自治的计算机的集合。由定义可知：

1）建立计算机网络的主要目的在于实现"资源共享"。所谓"资源共享"，是指网内用户均能享受网内全部或部分硬件、软件和数据信息等资源。

2）互联的计算机是分布在不同地理位置的多台独立的"自治计算机"，它们之间可以没有明确的主从关系，每台计算机都可以联网工作，也可以脱网独立工作；联网的计算机可以为本地用户提供服务，也可以为远程网络用户提供服务。

3）联网计算机必须遵循全网统一的网络协议。

计算机网络的发展历史和其他事物的发展一样，也经历了从简单到复杂、从低级到高级的过程。在这一过程中，计算机技术与通信技术紧密结合，相互促进，共同发展，最终产生了计算机网络。计算机网络的形成与发展大致可以划分为如下 4 个阶段。

（1）第一阶段　面向终端的计算机网络。20 世纪 50 年代，人们开始将彼此独立发展的计算机技术与通信技术结合起来，完成了数据通信技术与计算机通信网络的研究，为计算机网络的产生做好了准备，奠定了理论基础。

（2）第二阶段　计算机—计算机互联网络。20 世纪 60 年代，美国的 ARPAnet 以分组交换技术为主要标志，是这个阶段的里程碑。此阶段网络应用的主要目的是：提供网络通信，保障网络联通，共享网络数据和网络硬件设备。ARPAnet 的研究促进了网络技术的发展，

并为 Internet 的形成奠定了基础。

（3）第三阶段　开放式标准化网络。该阶段从 20 世纪 70 年代中期开始，解决了计算机联网与互联标准化的问题，提出了符合计算机网络国际标准的"开放式系统互联参考模型（OSI-RM）"，从而极大地促进了计算机网络技术的发展。此阶段的网络应用已经发展到为企业提供信息共享服务，具有代表性的系统是 1985 年美国国家科学基金会的 NSFnet。

（4）第四阶段　综合性智能化宽带高速网络。从 20 世纪 90 年代开始，网络技术非常具有挑战性的话题就是 Internet 和 ATM 技术。该阶段的计算机网络向互联、高速、智能化和全球化方向发展，并且迅速得到普及，实现了全球化的广泛应用，最典型的成果是 Internet。

人们对计算机网络的要求越来越高，未来的计算机网络技术正迅速朝着高速化、实时化、智能化、集成化、多媒体化和综合化的方向不断深入，新型应用向计算机网络提出了挑战，新一代网络的出现已成为必然。

1.1.2　计算机网络的分类

计算机网络的分类方法有很多，根据其强调的网络特性不同，分类方法也不同。下面对几种常见的网络类型及分类方法做简单介绍。

1. 按网络地理覆盖范围划分

计算机网络按网络地理覆盖范围可划分为局域网（Local Area Network，LAN）、城域网（Metropolitan Area Network，MAN）、广域网（Wide Area Network，WAN）。

（1）局域网　一般覆盖几十米到几千米的范围，一个局域网内可容纳几台至几千台计算机。局域网属于小范围内的联网，往往用于某一群体，如一个公司、一个单位、某一幢楼、某一个学校等。

由于局域网可以采用不同传输能力的传输媒体和传输设备，故局域网的传输距离和传输速率也有差异。传统的局域网具有高效传输、低延迟和低误码率的特点。而新型局域网的数据传输速率可达 1000Mbit/s 甚至更高。局域网组网简单、灵活，便于管理，得到了广泛的应用。

（2）城域网　规模局限在一座城市范围内的区域性网络。与局域网相比，城域网具有分布地理范围广的特点。一般来说，城域网的覆盖范围为 10 ～ 100km，通常为高速的光纤网络。城域网可以被一个或几个单位所拥有，但也可以是一种公用设施，用来将多个局域网进行互联。城域网既可以支持数据和语音传输，也可以与有线电视网相连接。城域网的传输速率比广域网快，符合宽带趋势，因此现在发展很快。

（3）广域网　连接相隔较远的多个局域网或城域网的网络，即将分布在各地的局域网或城域网连接起来的网络。广域网的覆盖范围非常大，可以是一个城市、一个地区、一个省、一个国家甚至全球范围。广域网的传输速率较低，一般为 1.2kbit/s ～ 1.5Mbit/s，典型的 X.25 分组交换网的传输速率是 64kbit/s。

局域网是组成其他两种类型网络的基础，城域网一般都加入了广域网。广域网的典型代表是 Internet。

2．按网络的使用性质分类

网络的使用性质主要是指该网络服务的对象和组建的原因。按使用性质，计算机网络主要分为公用网（Public Network）、专用网（Private Network）等类型。

（1）公用网　指电信公司出资建立的大型网络。"公用"的意思就是所有愿意按电信公司的规定缴纳费用的人都可以使用这种网络。

（2）专用网　指某个部门为本单位的特殊业务工作的需要而建立的网络。这种网络不向本单位以外的人提供服务。例如，军队、铁路、电力等系统均有本系统的专用网。

3．按网络传输媒体分类

按传输媒体分类，计算机网络可分为有线网和无线网两种。

（1）有线网　指传输媒体采用有线传输媒体连接的网络，有线传输媒体包括双绞线、同轴电缆和光导纤维等。通常，局域网中采用单一的传输媒体，而城域网和广域网中采用多种传输媒体。

（2）无线网　指采用微波、红外线、无线电等无线传输媒体连接的网络。无线网络的联网方式灵活方便，是一种很有前途的组网方式。

4．按网络的拓扑结构分类

网络的拓扑结构包括物理拓扑结构和逻辑拓扑结构。按网络物理拓扑结构的不同，可以分为星形拓扑、树形拓扑、环形拓扑、总线型拓扑等类型。按逻辑拓扑结构可分为广播拓扑和令牌拓扑。

（1）广播拓扑　指每台主机都把所要发送数据的目的地址设置为网络介质上某个特定网络接口卡的地址、多播地址或广播地址，然后把该数据发送到传输媒体中。现在最常用的以太网就是采用这种方式来工作的。

（2）令牌拓扑　通过向各台主机顺序传递一个电子令牌来控制网络介质的访问。使用令牌传递的主要有令牌环和光纤分布式数据接口（FDDI），它们都是在物理拓扑结构上使用令牌传递的。

5．按服务方式划分

按服务方式分类，可以将计算机网络分为客户机/服务器网和对等网两种。

（1）客户机/服务器（Client/Server）网　服务器是指专门提供服务的高性能计算机或专用设备，客户机是指用户计算机。这是客户机向服务器发出请求的一种网络形式，多台客户机可以共享服务器提供的各种资源，是非常常见、重要的一种网络类型。这种网络的安全性容易得到保证，监控容易实现，网络管理能够规范化。网络的性能在很大程度上取决于服务器的性能和客户机的数量。

（2）对等（Peer-to-Peer）网　对等网不要求专用服务器，不同的客户机可以对话，共享彼此的信息资源和硬件资源。对等网组网的计算机一般类型相同。这种组网方式灵活、方便，但是较难实现集中管理与监控，安全性也低，较适合部门内部协调工作的小型网络。

1.2 计算机网络标准化

1.2.1 网络协议与分层

为了能够使不同地理分布且功能相对独立的计算机之间组成网络以实现资源共享，计算机网络系统需要解决许多复杂的问题，包括信号传输、差错控制、寻址、数据交换和提供用户接口等。计算机网络体系结构是为简化这些问题的研究、设计与实现而抽象出来的一种结构模型。

（1）网络协议　计算机网络由多个互联的结点组成，要想让结点之间进行通信，必须使它们采用相同的信息交换规则。人们把在计算机网络中用于规定信息的格式，以及如何发送和接收信息的一套规则称为网络协议（Protocol）。网络协议主要由语法、语义和时序3个要素组成，下面分别介绍。

1）语法：即用户数据与控制信息的结构与格式，它规定将若干协议元素和数据组合在一起以表示更完整的内容所应遵循的格式。

2）语义：指对协议元素的解释，即需要发出何种控制信息，以及完成的动作和做出的响应。

3）时序：即对事件实现顺序的详细说明。

简单来说，假如将网络中双方的通信比作两个人进行谈话，那么语法相当于规定了双方的谈话方式，语义则相当于规定了谈话的内容，时序则相当于规定了双方按照什么顺序来进行谈话。

网络协议对计算机网络来说是不可缺少的，功能完备的计算机网络需要制定一套复杂的协议集。为了减少网络协议设计的复杂性，网络设计者并不是设计一个单一、巨大的协议来为所有形式的通信规定完整的细节，而是采用把通信问题划分为许多个小问题，然后为每个小问题设计一个单独协议的方法。

（2）网络协议的层次结构　计算机网络是一个十分复杂的系统，将一个复杂系统分解为若干个容易处理的子系统，即"化繁为简"，然后通过"分而治之"的方法逐个解决这些较小的、简单的问题，这种结构化设计方法在工程中十分常见。分层就是进行系统分解的最好方法之一。所谓的分层设计方法，就是按照信息的流动过程将网络的整体功能分解为一个个功能层，不同机器上的同等功能层之间采用相同的协议，同一机器上的相邻功能层之间通过接口进行信息传递。

层次结构模型的概念比较抽象，这里以邮政通信为例来帮助大家理解层次结构模型的相关概念。人们平时写信时有个约定，即信件的格式和内容。一般必须采用双方都懂的语言文字和文体，开头是对方称谓，最后是落款。这样，对方收到信后才能看懂信中的内容，知道是谁写的、什么时候写的等信息。信写好之后，必须将信件用信封封装并交由邮局寄发。寄信人和邮局之间也有约定，这就是规定信封写法并贴邮票。邮局收到信后，首先进行信件的分拣和分类，然后交付有关运输部门进行运输，如航空信交付民航、平信交付铁路或公路运输部门等。这时，邮局和运输部门也有约定，如到站地点、时间、包裹形式等。

信件被送到目的地后历经相反的过程，最终被送到收信人手中，整个过程如图 1-1 所示。由上可知，邮政系统可分为 3 层，而且上下层之间、同一层之间均有约定，即协议。

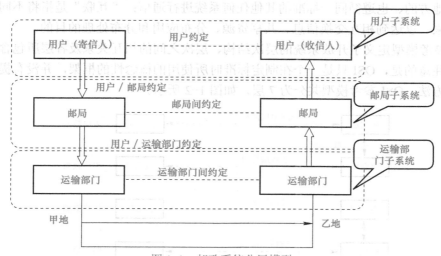

图 1-1　邮政系统分层模型

（3）网络体系结构　网络体系结构是对网络中分层模型及各层功能的精确定义，而这些功能是通过硬件和软件实现的。从网络协议的层次模型来看，网络体系结构可以定义为计算机网络的所有功能层次、各层次的通信协议以及相邻层次间接口的集合。网络体系结构是抽象的，它仅给出一般性指导标准和概念性框架，不包括实现的方法，其目的是在统一的原则下来设计、创建和发展计算机网络。

网络体系结构分层的原则是层内功能内聚、层间耦合松散、层数适中。各层功能应明确且相互独立；层间接口必须清晰简洁，通过接口的信息量尽可能小；层次数量适中，层次过多会引起系统繁冗和协议复杂化，层次过少会使同一层次中拥有多种功能；各层次的功能划分和设计应强调协议的标准化。

计算机网络中采用层次结构，具有以下优点。

1）各层次之间相互独立：高层不需要知道低层是如何实现的，只需知道低层通过接口提供服务。各层都可以采用最合适的技术来实现，某层实现技术的改变不会影响其他层。

2）灵活性好：当任何一层发生变化时，只要接口保持不变，则该层以上或以下的各层均不受影响。当某层提供的服务不再需要时，可以将该层取消。

3）易于实现和维护：因为整个系统已经被分解为若干个易于处理的部分，因此这种层次结构可以使一个庞大而又复杂的系统的实现和维护变得容易控制。

4）有利于促进标准化：每一层的功能和所提供的服务都已经有了精确的说明，有利于促进标准化。

1.2.2　OSI 参考模型

国际化标准组织（ISO）发布的最著名的 ISO 标准是 ISO/IEC 7498，又称为 X.200 建议。该体系结构标准定义了网络互联的 7 层框架，即开放系统

1.2.2
OSI 参考模型

互联参考模型（Open Systems Interconnection-Reference Model，OSI-RM）。

开放系统互联（OSI）中的"开放"是指只要遵循 OSI 标准，一个系统就可以和位于世界上任何地方的、也遵循同一标准的其他任何系统进行通信；"互联"是指将不同的系统相互连接起来，以达到相互交换信息、共享资源、分布应用和分布处理的目的。

OSI 参考模型定义了开放系统的层次结构、层次之间的相互关系及各层所包含的可能的服务。需注意的是，OSI 只是一个在制定标准时所使用的概念性的框架，并没有提供一个可以实现的方法。OSI 参考模型共分为 7 层，如图 1-2 所示。

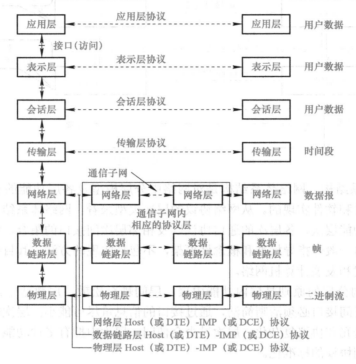

图 1-2　OSI 参考模型

OSI 参考模型本身并不是一个网络体系结构，因为它并没有定义每一层上所用的服务和协议。它只是指明了每一层上应该做些什么。而 ISO 也已经为每一层制定了相应的标准，但这些标准并不属于参考模型本身，而是都已作为单独的国际标准发布了。

下面从最底层开始，依次讨论模型各层所要完成的功能。

（1）物理层　物理层处于 OSI 参考模型的最底层，主要的功能是利用物理传输媒体为数据链路层提供物理连接，以便透明地传递二进制流。物理层协议关心的典型问题是使用什么样的物理信号来表示数据"1"和"0"；一位持续的时间多长；数据传输是否同时在两个方向上进行；初始连接如何建立，通信后如何撤销连接；物理接口有多少针及每一针的用途是什么等。设计问题主要涉及机械、电子和定时接口，以及物理层接口的传输媒体等。物理层设计还涉及通信工程领域内的一些问题。

（2）数据链路层　数据链路层的主要功能是如何在不可靠的物理线路上进行数据的可靠传输。数据链路层实现的是网络中相邻结点之间可靠的数据通信。为了保证数据的可靠性传输，发送方将用户数据封装成帧（Frame），并按顺序传送各帧，而接收方必须确认每一帧都已经正确地接收了，之后给发送方送回一个确认帧。

数据链路层要解决的另一个问题是如何避免高速的发送方数据把低速的接收方数据"淹没"。因此，需要某种流量控制机制使发送方得知接收方当前还有多少缓冲空间。为了控制的方便，流量控制常常和差错控制处理一同实现。

（3）网络层 网络层的主要功能是完成网络中主机间的报文传输，关键的设计问题之一是确定如何将分组从源端传输到目的端。在广域网中，这包括产生从源端到目的端的路由，根据采用的路由协议选择最优的路径。

如果有太多的分组出现在一个子网中，则这些分组之间会相互妨碍，可能会造成子网拥塞，必须加以避免。拥塞控制也属于网络层的范畴。更进一步讲，所提供的服务质量（如延时、传输时间、抖动等）也是网络层考虑的问题。

当分组必须跨越两个或多个网络时，又会产生很多新问题。例如，第二个网络的寻址方法不同于第一个网络，第二个网络可能因为分组太长而无法接收，两个网络使用的协议也可能不一样等。网络层应负责解决这些问题，使异构网络能够互联。

（4）传输层 传输层是整个网络的关键部分，是 OSI 参考模型中具有承上启下作用的层，可完成两个用户进程之间端到端的可靠的数据通信，并可处理数据报错误、数据报次序以及其他一些关键传输问题。该层向下是提供通信服务的最高层，弥补通信子网的差异和不足，向上是用户功能的最底层。

传输层的主要功能有：建立、维护和拆除传输层连接，向网络层提供合适的服务，提供端到端的错误恢复和流量控制，向会话层提供独立于网络层的传输服务和可靠的透明数据传输。

（5）会话层 会话层允许不同机器上的用户之间建立会话关系。会话层提供的服务之一是管理对话控制，会话层允许信息同时双向传输，或任一时刻只能单向传输。如果属于后者，则类似于物理信道上的半双工模式，会话层将记录此时刻轮到哪一方。一种与对话控制有关的服务是令牌管理（Token Management），会话层提供了令牌，令牌可以在会话双方之间移动，只有持有令牌的一方才可以执行某种关键操作，即令牌管理可以禁止双方同时执行同一个关键操作。另一种会话层服务是同步，其功能是在一个长的传输过程中设置一些检查点，以便在系统崩溃之后能够在崩溃前的点上继续执行。

（6）表示层 表示层完成某些特定的功能，该层以下的各层主要负责数据在网络中传输时不要出错，而表示层的功能是为上层用户提供共同需要的数据或信息的语法和语义。为了让使用不同数据表示法的不同计算机之间能够通信，它们交换的数据结构必须以一种抽象的方式来定义，并采用标准的编码方法来表达所传递的数据。表示层包括数据格式变换、数据加密与解密、数据压缩与恢复等功能。

（7）应用层 应用层是 OSI 参考模型的最高层，用于确定进程之间的通信性质，以满足用户的需要。应用层不仅要提供应用进程所需要的信息交换和远程操作，而且还要作为应用进程的用户代理来完成一些信息交换所必需的功能，如文件传送、访问和管理（FTAM）、虚拟终端（VT）、事务处理（TP）、远程数据库访问（RDA）等。另外，应用层还包含大量的应用协议，如 HTTP（Hyper Text Transfer Protocol，超文本传输协议）、Telnet（远程登录）

协议、SMTP（Simple Mail Transfer Protocol，简单邮件传输协议）等。

1.2.3 TCP/IP 参考模型

尽管 OSI 参考模型得到了全世界的认同，但实际上 OSI 协议过于复杂，从而导致 OSI 模型和协议未获得巨大的成功。目前最成功、使用最频繁的互联网协议是 TCP/IP（Transmission Control Protocol/Internet Protocol，传输控制协议 / 网际协议）。

1. TCP/IP 参考模型

TCP/IP 是美国国防部高级研究计划局（ARPA）在 20 世界 70 年代的研究成果。TCP/IP 参考模型最早是由 kahn 在 1974 年定义的。1985 年，Leiner 等人进一步对它开展了研究，1988 年，Clark 在参考模型出现之后对其设计思想进行了讨论。TCP/IP 具有以下几个特点。

1）开放的协议标准，可免费使用，并独立于特定的计算机硬件与操作系统。

2）独立于特定的网络硬件，可以运行在局域网、广域网中，更适用于互联网中。

3）统一的网络地址分配方案，使得 TCP/IP 设备在网中具有唯一的地址。

4）标准化的高层协议，可以提供多种可靠的用户服务。

OSI 参考模型与 TCP/IP 参考模型如图 1-3 所示。

OSI 参考模型		TCP/IP 参考模型
应用层		应用层
表示层		
会话层		
传输层		传输层
网络层		网际层
数据链路层		网络接口层
物理层		

图 1-3 OSI 参考模型与 TCP/IP 参考模型

TCP/IP 是目前整个计算机网络中使用最广泛的通信协议，TCP/IP 参考模型分为 4 个层次：应用层、传输层、网际层、网络接口层。其中，应用层对应 OSI 参考模型应用层、表示层和会话层，传输层对应 OSI 参考模型的传输层，网际层对应于 OSI 参考模型的网络层，网络接口层与 OSI 参考模型的数据链路层和物理层相对应。

（1）网络接口层 网络接口层是 TCP/IP 参考模型的最底层，其功能包括 IP 地址与物理硬件地址的映射，以及将 IP 分组封装成帧，负责接收从 IP 层传来的 IP 数据报，并将 IP 数据报通过低层物理网络发出去，或者从低层物理网络上接收物理帧，解封装出 IP 数据报，交给 IP 处理。

网络接口有两种类型：第一种是设备驱动程序，如局域网的网络接口；第二种是含自身数据链路协议的复杂子系统，如 X.25 中的网络接口。

（2）网际层 网际层的主要功能是负责相邻结点之间的数据传送，主要包括以下 3 个方面。

1）处理来自传输层的分组发送请求：将分组装入 IP 数据报，填充报头，选择去往结点的路径，然后将数据报发往适当的网络接口。

2）处理输入数据报：在接收到其他主机发送的数据报之后，检查目的地址，如果需要转发，则选择发送路径转发出去。如果目的地址为本结点 IP 地址，则除去报头，将分组交给传输层处理。

3）处理 ICMP 报文，即处理互联的路径、流量控制与拥塞控制等问题。

TCP/IP 网络模型的网际层在功能上类似于 OSI 参考模型中的网络层。

（3）传输层 传输层的主要功能是可靠而又准确地传输并控制源主机与目的主机之间的信息流，提供端到端的控制，通过滑动窗口机制提供流控制，通过序列号和确认机制来保证可靠性。

TCP/IP 参考模型提供了两个传输层协议：TCP（Transmission Control Protocol，传输控制协议）和 UDP（User Datagram Protocol，用户数据报协议）。

1）TCP 是一种可靠的面向连接的传输层协议，能提供可靠的数据传输。发送方的 TCP 将用户输入的字节流分成单独的小报文，并把这些报文传递至网际层；接收方负责接收数据的 TCP 进程，把收到的报文重新装配到输出流中并交给接收用户。TCP 还可处理有关流量控制的问题，以防快速的发送方"淹没"慢速的接收方。

2）UDP 是一个不可靠、无连接的传输层协议，该协议可将可靠性问题交给应用程序解决。UDP 主要面向请求 / 应答式的交易型应用。另外，UDP 也应用于那些对可靠性要求不高，但要求延迟较小的场合，如语音和视频数据的传送。

（4）应用层 TCP/IP 参考模型的应用层包括所有的高层协议，与 OSI 参考模型的应用层协议相差不大。应用层的主要协议包括 HTTP（超文本传输协议，使用 TCP 的 80 端口）、TELNET（远程登录协议，使用 TCP 的 23 端口）、FTP（文本传输协议，使用 TCP 的 21 端口和一个不确定的数据传输端口）、SMTP（简单邮件传输协议，使用 TCP 的 25 端口）、POP3（邮局 3 协议，使用 TCP 的 110 端口）、DNS（域名服务，使用 UDP 和 TCP 的 53 端口）等。

TCP/IP 参考模型各层使用的协议如图 1-4 所示。

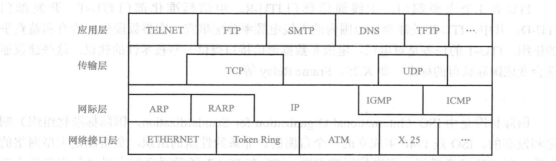

图 1-4 TCP/IP 参考模型各层使用的协议

2．OSI 参考模型与 TCP/IP 参考模型的比较

OSI 参考模型和 TCP/IP 参考模型有很多共同点。两者都以协议栈的概念为基础，并且协议栈中的协议彼此相互独立。两个参考模型中各个层的功能也大体相似。另外在两个参考模型中，传输层之上的各层也都是传输服务的用户，并且是面向应用的用户。两种参考模型除了这些基本的相似之处外，也有许多不同之处，这里需要注意两个模型之间的关键差别。

在 OSI 参考模型中，有 3 个基本概念：服务、接口和协议。OSI 最大的贡献是使这 3 个概念的区别变得更加明确，每一层都为它的上一层执行一些服务。TCP/IP 参考模型最初并没有十分清晰地区分服务、接口和协议这些概念。相比 TCP/IP 参考模型，OSI 参考模型的协议具有更好的隐蔽性，更容易被替换。

OSI 参考模型是在其协议被开发之间设计的，意味着更具有通用性，也意味着 OSI 参考模型在协议实现方面存在着某些不足。而 TCP/IP 正好相反，先有协议，模型只是现有协议的描述，因而协议与模型非常吻合。TCP/IP 参考模型不适合其他协议栈。

它们的具体差异如下。OSI 参考模型有 7 层，而 TCP/IP 参考模型只有 4 层。两者都有网络层（TCP/IP 参考模型中称为网际层）、传输层和应用层，但其他层不同。两者的另一个差别就是服务类型方面：OSI 参考模型的网络层提供面向连接和无连接的两种服务，而传输层只提供面向连接的服务；TCP/IP 模型在网际层只提供无连接服务，但在传输层却提供两种服务。

1.2.4 网络标准化

现在有许多网络生产商和供应商，它们有各自的做事方法，如果没有协调好的话，事情会变得一团糟，用户也会无所适从，摆脱这种局面的办法就是让生产商和供应商都遵守一些网络标准。国际性的标准化组织通常分为两类：国家政府之间通过条约建立起来的标准化组织，以及自愿的、非条约的组织。在计算机网络标准的领域中，有不同类型的一些组织，下面进行介绍。

1．ITU

1865 年，欧洲多国政府的代表聚集在一起，形成了一个标准化组织，即今天的 ITU（International Telecommunication Union，国际电信联盟）的前身——国际电报联盟，1934 年改名为国际电信联盟。它的任务是对国际电信进行标准化。1947 年，ITU 成为联合国的一个代理机构。

ITU 有 3 个主要部门：无线通信部门 ITU-R、电信标准化部门 ITU-T、开发部门 ITU-D。其中，ITU-R 关注全球范围内的无线电频率分配事宜，它将频段分配给有利益竞争的组织。ITU-T 的任务是对电话、电报和数据通信接口提供一些技术性的建议，这些建议通常会变成国际认可的标准，如 X.25、Frame Relay 等。

2．ISO

国际标准是由 ISO（International Organization for Standardization，国际标准化组织）制定和发布的。ISO 是 1946 年成立的一个自愿的、非条约性质的组织，负责制定大型网络的标准，如 OSI 参考模型。在电信标准方面，ISO 和 ITU-T 通常联合起来以避免出现两个正式的但相互不兼容的国际标准（ISO 是 ITU-T 的一个成员）。

3．IEEE

IEEE（Institute of Electrical and Electronics Engineers，电气与电子工程师学会）是世界上最大的专业组织，它也是一个标准化组织。该标准化组织专门负责开发电气工程和计算机等领域中的标准。IEEE 的 802 委员会致力于研究局域网和城域网的物理层及 MAC 层规范，对应 OSI 参考模型的下两层，已经标准化了很多种类的 LAN，实际的工作是由许多工作组来完成的。表 1-1 列出了部分 802 标准。

表 1-1　802 标准

IEEE 802 标准	标准内容
IEEE 802.1	局域网体系结构、寻址、网络互联和网络
IEEE 802.1A	概述和系统结构
IEEE 802.1B	网络管理和网络互联
IEEE 802.2	逻辑链路控制子层（LLC）的定义
IEEE 802.3	以太网介质访问控制协议（CSMA/CD）及物理层技术规范
IEEE 802.4	令牌总线网（Token-Bus）的介质访问控制协议及物理层技术规范
IEEE 802.5	令牌环网（Token-Ring)的介质访问控制协议及物理层技术规范
IEEE 802.6	城域网介质访问控制协议——DQDB（分布式队列双总线）及物理层技术规范
IEEE 802.7	宽带技术咨询组，提供有关宽带联网的技术咨询
IEEE 802.8	光纤技术咨询组，提供有关光纤联网的技术咨询
IEEE 802.9	综合声音数据的局域网（IVD LAN）介质访问控制协议及物理层技术规范
IEEE 802.10	网络安全技术咨询组，定义了网络互操作的认证和加密方法
IEEE 802.11	无线局域网（WLAN）的介质访问控制协议及物理层技术规范
IEEE 802.12	100VG-AnyLAN 访问控制方法与物理层规范（需求的优先级）
IEEE 802.14	采用线缆调制解调器（Cable Modem）的交互式电视介质访问控制协议及网络层技术规范
IEEE 802.15	采用蓝牙技术的无线个人网（WPAN）技术规范
IEEE 802.16	宽带无线连接工作组，开发 2～66GHz 的无线接入系统空中接口
IEEE 802.17	弹性分组环（RPR）工作组，制定了单性分组环网访问控制协议及有关标准
IEEE 802.18	宽带无线局域网技术咨询组
IEEE 802.19	多重虚拟局域网共存（Coexistence）技术咨询组
IEEE 802.20	移动宽带无线接入（MBWA）工作组，制定宽带无线接入网的解决方案
IEEE 802.21	网络无缝融合技术
IEEE 802.22	无线区域网

4．IAB

IAB（Internet Architecture Board，Internet 架构委员会）是由探讨与因特网结构相关问题的互联网研究员组成的委员会，其职责是任命各种与因特网相关的组织，如 IANA、IESE 和 IRSG。该委员会负责各种 Internet 标准的定义。

1.3 本章习题

1-1 选择题

1. 网络通信使用分层模型有（　　）好处。
   A. 通过加强产品的兼容性，促进设备硬件供应商和软件供应商之间的竞争
   B. 通过将每层限制为一项功能，简化协议开发过程
   C. 通过使用一组通用的开发工具，避免潜在的不兼容问题
   D. 通过定义每层的目标，提高网络传输性能

2. OSI 模型的第 4 层有（　　）功能。
   A. 指定通信中的数据报类型
   B. 描述源和目的网络之间有序可靠的数据交付
   C. 向用户显示数据，包括编码和对话控制
   D. 根据连接的介质对数据报应用成帧信息

3. 下列有关 TCP/IP 参考模型和 OSI 参考模型的说法，（　　）是正确的。
   A. TCP/IP 传输层与 OSI 第 4 层提供类似的服务和功能
   B. TCP/IP 网络接入层与 OSI 网络层具有类似的功能
   C. OSI 第 7 层和 TCP/IP 应用层具有相同的功能
   D. OSI 前 3 层与 TCP/IP 网际层提供相同的服务

4. 下列（　　）术语用于描述网络模型的任何层的数据片段。
   A. 帧　　　　　　B. 数据报　　　　　　C. 协议数据单元　　　　　　D. 数据段

5. 逻辑地址在 OSI 模型的（　　）进行封装。
   A. 物理层　　　B. 数据链路层　　　　C. 网络层　　　　　　　　D. 传输层

1-2 填空题

1. 建立计算机网络最主要的目的是_____。

2. 按照网络覆盖地理范围的大小，可以把计算机网络分为_____、_____和_____3 种类型。

3. 网络协议包括语法、_____和_____。

4. OSI 参考模型的数据链路层的数据传输单元是_____。

5. TCP/IP 的应用层都包括_____协议。

1-3 简答题

1. 举例说明目前的计算机网络在哪些方面得到广泛应用。

2. 计算机网络的发展可划分为几个阶段？每个阶段各有何特点？

3. 网络分层有什么好处？为什么要分层？

4. OSI 参考模型包括哪几层？每层有什么作用？

5. OSI 参考模型与 TCP/IP 参考模型有什么关系？

第2章 局域网技术概述

2.1 局域网技术基础

2.1.1 局域网概述

局域网技术是当前计算机网络研究与应用的一个热点问题，也是目前发展最快的领域之一。近 20 年来，随着计算机硬件技术水平的不断发展，计算机硬件的成本急剧下降。这种趋势使许多机构在收集、处理和使用信息的方法上产生了许多变化。微机技术及其使用的迅猛发展，使得小型分散的微机系统比集中的分时系统更便于用户使用、维护和访问资源，使用户从中获得更大的收益。

在早期，人们将局域网归为一种数据通信网络。随着局域网体系结构和协议标准的研究、操作系统的发展、光纤通信技术的引入，以及高速局域网技术的快速发展，局域网的技术特征与性能参数发生了很大的变化，局域网的定义、分类与应用领域也已经发生了很大的变化。

目前，传输速率为 10Mbit/s 的以太网（Ethernet）已广泛应用，传输速率为 100Mbit/s、1Gbit/s 的高速以太网已进入实际应用阶段。由于传输速率为 10Gbit/s 以太网的物理层使用的是光纤通道技术，因此它有两种不同的物理层。随着 10Gbit/s 以太网的出现，以太网工作的范围已经从以校园网、企业网为主的局域网，扩大到了城域网和广域网。

局域网是一种在小区域范围内对各种数据通信设备提供互联的一种通信网，其示意图如图 2-1 所示。

与广域网相比，局域网具有以下特点。

（1）为一个单位或个人所拥有　其覆盖的地理范围和结点数目有限。而广域网往往面向一个行业或全社会服务。

（2）数据传输速率高　一般为 10 ～ 10 000Mbit/s。由于局域网的通信线路较短，所以选用专用的高性能介质作为通信线路，使线路有较宽的频带，从而提高通信速率，缩短延迟时间。

（3）误码率低　局域网的通信线路较短，出现差错的机会较少，而且局域网多为专用，受噪声和其他外界干扰因素的影响较小，因而网络信息传输过程中出错的概率小，可靠性高。

（4）建网成本低　由于网络区域有限，通信线路短，网络设备相对较少，所以大大降低了网络成本，缩短了建网周期。

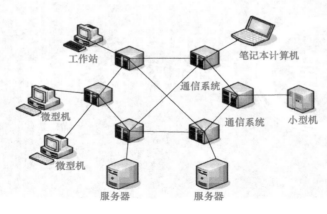

图 2-1　局域网示意图

2.1.2　网络拓扑结构

　　网络拓扑指的是计算机网络的物理布局，简单地说，是指将一组设备以什么结构连接起来。连接的结构有多种，人们通常称为拓扑结构。网络拓扑结构主要有总线型拓扑、环形拓扑、星形拓扑和树形拓扑，有时是如上几种拓扑的混合。了解这些拓扑结构是设计网络和解决网络疑难问题的前提。

　　拓扑设计是构建计算机网络的第一步，也是实现各种网络协议的基础，它对网络的性能、系统可靠性等有重大的影响。网络中用什么拓扑取决于设备的类型和用户的需求。

1．星形拓扑结构

　　这种结构是目前在局域网中应用得最为普遍的一种，企业网络中几乎都采用这一种方式。星形网络几乎是 Ethernet（以太网）的专用网络，它是将网络中的各工作站结点设备通过一个网络中心设备（如集线器或者交换机）连接在一起，各结点呈星状分布而得名。这类网络目前用得最多的传输媒体是双绞线，如常见的五类线、超五类双绞线等。

　　各结点通过点到点的链路与中心结点相连。特点是很容易在网络中增加新的结点，数据的安全性和优先级容易控制，易实现网络监控，但中心结点的故障会引起整个网络瘫痪。这种拓扑结构的网络示意图如图 2-2 所示。

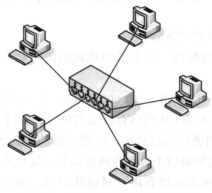

图 2-2　星形拓扑结构网络示意图

与总线型拓扑结构相比，星形拓扑结构的缺点是要使用大量的传输媒体，成本相对较高。另外，如果中心结点出现故障，则会导致网络瘫痪。优点是当出现单点故障时，对网络中的其他计算机都不会产生影响。目前，星形拓扑结构在局域网中被广泛采用。

2．树形拓扑结构

树形拓扑结构网络是星形拓扑结构网络的一种变体。像星形拓扑结构网络一样，网络结点连接到控制网络的中央结点上。但并不是所有的设备都直接接入中央结点，而是绝大多数结点先连接到次级中央结点上，再连到整个网络的中央结点上。其结构示意图如图2-3所示。

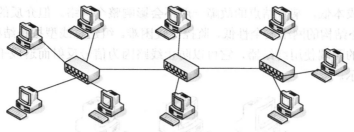

图2-3　树形拓扑结构示意图

3．环形拓扑结构

这种结构主要应用于令牌网中，在这种网络结构中，各设备是直接通过电缆来串接的，最后形成一个封闭的环形结构。整个网络发送的数据就是在这个环中传递的，但数据只能朝一个方向（顺时针或逆时针）沿环运行，通常把这类网络称为"令牌环网"。环网容易安装和监控，但容量有限，网络建成后，难以增加新的结点。这种拓扑结构的示意图如图2-4所示。

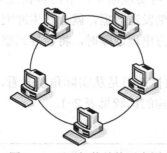

图2-4　环形拓扑结构示意图

图2-4只是一种示意图，实际上不是计算机真的要连接成物理上的环形，而是在环的两端通过一个阻抗匹配器来实现环的封闭，因为在实际组网过程中，由于地理位置的限制等原因，不方便真的在环的两端进行物理连接。

这种拓扑结构的网络实现非常简单，相比其他拓扑结构投资最小。从其拓扑结构示意图中可以看出，要组成这个网络，除了各工作站外就是传输媒体——同轴电缆，以及一些连接器材，没有价格昂贵的结点集中设备，如集线器和交换机。但正因为这样，这种网络所能实现的功能最为简单，仅能当作一般的文件服务拓扑结构。

一个不足之处是整个网络各结点间是直接串联的，这样，任何一个结点出了故障就会造成整个网络的中断、瘫痪，维护起来非常不便。另一个不足之处是因为同轴电缆所采用的是插针式的接触方式，所以非常容易造成接触不良，从而使网络中断，而且查找起问题来非常困难，这一点相信维护过这种网络的人都深有体会。

4. 总线型拓扑结构

在这种网络拓扑结构中，所有设备都直接与总线相连，它所采用的介质一般也是同轴电缆，包括粗缆和细缆，不过现在也有人采用光缆作为总线型传输媒体。

网络中所有的结点共享一条数据通道。总线型拓扑结构的网络安装简单方便，需要铺设的电缆最短，成本低，某个结点的故障一般不会影响整个网络。但介质的故障会导致网络瘫痪，总线型拓扑结构的网络安全性低，监控比较困难。组建总线型拓扑结构的网络要注意，需要在传输媒体的两端使用终结器，它可以防止线路因为信号反射而造成干扰。它的结构示意图如图 2-5 所示。

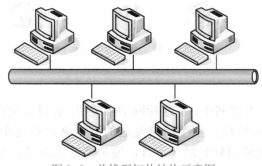

图 2-5　总线型拓扑结构示意图

总线型拓扑结构的优点是组网实现简单，节约传输媒体等，其缺点是由于总线是共享介质，如果多台计算机在同一时刻发送数据，就会产生冲突，因此，需要使用媒体访问协议进行控制。而且当总线的某个地方出现故障时，将会导致整个网络的瘫痪，且不易排查是哪个地方出现的故障。

每一种拓扑结构都有其两面性，但是从实际角度来看，在局域网中多采用星形和树形拓扑结构，局域网中常见拓扑结构的比较见表 2-1。

表 2-1　局域网常见拓扑结构比较

拓扑结构	特点	优点	缺点
总线型	只有一条信道，一个时刻只能有一个结点发送数据	成本低，易于布线，易于维护	故障检测困难，争用总线
星形	结点之间必须经过中心结点才能通信	结构简单，协议简单，易于检测和故障隔离	成本高，中心结点出现故障会导致网络瘫痪
树形	是星形拓扑结构的扩展，根结点和子树结点均可作为转接结点	性能同星形拓扑结构，但成本较其低	延迟大
环形	沿环路单向传输	结构简单，性能好，适合用光纤连接	可靠性差，重新配置较难

2.1.3　网络传输媒体

　　网络上的数据传输需要有传输媒体，这好比汽车在道路上行驶一样，道路质量的好坏直接影响行车的安全和舒适程度。同样，网络传输媒体的质量好坏也会影响数据传输的质量，包括数据传输速率、误码率等。常用的网络传输媒体包括有线传输媒体和无线传输媒体两大类。

2.1.3　网络
传输媒体

1. 双绞线

　　双绞线是目前使用非常广泛的一种传输媒体。把两根互相绝缘的铜导线并排放在一起，然后按照一定密度相互绞合起来就构成了双绞线，如图 2-6 所示。绞合起来是为了减少信号干扰的程度，在传输数据时，一根导线辐射的电磁波会被另一根线上发出的电磁波抵消。如果把一对或多对双绞线放在一个绝缘护套中，便成了双绞线电缆。与其他传输媒体相比，双绞线在传输距离、信道宽度和数据传输速率等方面均受到一定限制，但其价格较为低廉，且因线缆柔软，便于在墙角等不规则的地方施工，安装与维护比较容易，因而得到了广泛的应用。

图 2-6　双绞线

　　双绞线既可以传输模拟信号，又可以传输数字信号。双绞线的传输距离一般在 100m 之内，超出范围可能会造成信号失真。集线器、交换机等网络设备可以对双绞线传输的信号进行放大整形，延长双绞线的传输距离。

　　双绞线可以分为屏蔽双绞线（STP）和非屏蔽双绞线（UTP）。屏蔽双绞线是在双绞线的外面包上一层用金属丝编织成的屏蔽层，以减少辐射。有了屏蔽层，屏蔽双绞线的抗噪声和抗干扰的能力增强，误码率大大下降，经常被用于由于强电磁场而产生的强干扰源场合（如大型空调等）。但由于屏蔽双绞线的价格相对较高，安装时要比非屏蔽双绞线困难，所以应用不如非屏蔽双绞线广泛。非屏蔽双绞线相对于屏蔽双绞线，有抗干扰能力较差、信号衰减较高、容易被窃听等缺点，但由于其具有重量轻、体积小、价格便宜、易于安装等优点，因此成了通信和计算机领域非常常用的一种传输媒体。

　　按照 EIA/TIA 568 标准，非屏蔽双绞线按其电气特性的具体分类如下。

　　（1）一类线　线缆的最高频率带宽是 750kHz，用于报警系统或语音传输（一类线主要作为 20 世纪 80 年代初的电话线缆），不同于数据传输。

　　（2）二类线　线缆的最高频率带宽是 1MHz，用于语音传输和最高传输速率为 4Mbit/s 的数据传输，常见于使用 4Mbit/s 规范令牌传递协议的旧的令牌网。

（3）三类线　指在 ANSI 和 EIA/TIA 568 标准中指定的电缆，该电缆的传输频率为 16MHz，最高传输速率为 10Mbit/s，主要应用于语音、10Mbit/s 以太网（10Base-T）和 4Mbit/s 令牌环，最大网段长度为 100m，采用 RJ 形式的连接器，已淡出市场。

（4）四类线　该类电缆的传输频率为 20MHz，用于语音传输和最高传输速率为 16Mbit/s（指的是 16Mbit/s 令牌环）的数据传输，主要用于基于令牌的局域网和 10Base-T/100Base-T。最大网段长为 100m，采用 RJ 形式的连接器，未被广泛采用。

（5）五类线　该类电缆增加了绕线密度，外面套上了一种高质量的绝缘材料，线缆最高频率带宽为 100MHz，最高传输速率为 100Mbit/s，用于语音传输和最高传输速率为 100Mbit/s 的数据传输，主要用于 100Base-T，最大网段长为 100m，采用 RJ 形式的连接器。这是非常常用的以太网电缆。在双绞线电缆内，不同的线对具有不同的扭绞长度。通常，4 对双绞线的扭绞长度在 38.1mm 内，按逆时针方向扭绞，一对双绞线的扭绞长度在 12.7mm 以内。

（6）超五类线　超五类线具有衰减小、串扰少等特点，并且具有更高的衰减串扰比和信噪比、更小的时延误差，性能得到很大提高。超五类线主要用于 1000Mbit/s 的以太网。

（7）六类线　该类电缆的传输频率范围为 1～250MHz，六类布线系统在 200MHz 时的综合衰减串扰比有较大的余量，它提供两倍于超五类线的带宽。六类布线的传输性能远远高于超五类标准，适用于传输速率高于 1Gbit/s 的应用。

（8）超六类线　超六类线是六类线的改进版，同样是 ANSI/EIA/TIA-568B.2 和 ISO 6 类 /E 级标准中规定的一种非屏蔽双绞线电缆，主要应用于千兆位网络中。在传输频率方面与六类线一样，也是 1～250MHz，最大传输速率可达到 1000Mbit/s，在串扰、衰减和信噪比等方面有了较大改善。另外，在 4 个双绞线对间加了十字形的线对分隔条。如果没有十字分隔，那么线缆中的一对线可能会陷于另一对线两根导线间的缝隙中，线对间的间距减小而加重串扰问题。分隔条与线缆的外皮一起将 4 对导线紧紧地固定在其设计的位置，并可减缓线缆弯折而带来的线对松散现象，进而减少安装时性能的降低。

（9）七类线　七类线是一种 8 芯屏蔽线，每对都有一个屏蔽层 [一般为金属箔屏蔽（Foil Shield）]，除了 8 根芯外还有一个屏蔽层 [一般为金属编织丝网屏蔽（Braided Shield）]，接口与 RJ-45 相同。总屏蔽（一般为金属编织丝网屏蔽）+ 线对屏蔽（一般为金属箔屏蔽）七类线的最高传输频率 600MHz。

六类布线系统和七类布线系统有很多显著的差别，最明显的就是带宽。六类信道提供了至少 1MHz 的综合衰减对串扰比及整体 250MHz 的带宽。七类布线系统可以提供至少 500MHz 的综合衰减对串扰比和 600MHz 的整体带宽。大量的宽带应用促使人们需要更多的带宽。例如，一个典型的七类信道可以提供一对线 862MHz 的带宽以传输视频信号，在另外一个线对传输模拟音频信号，然后在第三、四线对传输高速局域网信息。

六类布线系统和七类布线系统的另外一个差别在于它们的结构。六类布线系统既可以使用 UTP，也可以使用 STP。而七类布线系统只基于屏蔽电缆。在七类线中，每一对线都有一个屏蔽层，4 对线合在一起还有一个公共的大屏蔽层。从物理结构上来看，额外的屏蔽层使得七类线有一个较大的线径。

七类布线系统与超五类布线系统和六类布线系统的一个重要的区别在于其连接硬件

的能力。七类布线系统要求连接头在600MHz时所有的线对提供至少60dB的综合近端串扰，而超五类布线系统只要求在100MHz时提供43dB，六类布线系统在250MHz的数值为46dB。

（10）八类线　国际上只对七类线有所定义，但美国的Siemon公司已宣布开发出了八类线，八类线由该公司于1999年开发出来，商标为"Tera"，八类线也被称为"tera""tera dor""10Gip"及"megaline 8"等。八类线网络拥有1200MHz的带宽，可以同时提供多种服务，可处理Terrestrial TV、FM、音频、IR控制、视频、电话、USB外围设备等。

连接UTP与STP采用的是RJ-45连接器（俗称水晶头），它类似于电话线所使用的连接器。RJ-45连接器的一端可以连接在计算机的网络接口卡上，另一端可以连接集线器、交换机、路由器等网络设备，如图2-7所示。

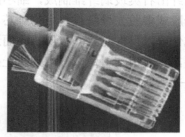

图2-7　RJ-45连接器

2．同轴电缆

同轴电缆的中央是一根实心铜导体，外面依次包着绝缘层、网状编织的外导体屏蔽层和塑料保护外层，如图2-8所示。它的内部导体由一根空心的外圆柱导体和一根位于中心轴线的内导线组成，它们排列在同一轴上，所以称为"同轴"。其中，铜线传输电磁信号，它的粗细直接决定其衰减程度和传输距离。绝缘层将铜线与网状屏蔽层隔开。网状屏蔽层一方面可以屏蔽噪声，另一方面可以作为信号"地"，因而能够很好地隔离外来电信号。同轴电缆的这种结构，使它具有抗干扰能力强、频带宽、质量稳定、可靠性高等特点，是早期以太网普遍采用的传输媒体。虽然同轴电缆的电路特性比较好，但由于其造价较高，且在网络安装、维护等方面比较困难，难以满足当前结构化布线系统的需求，因而在当今的局域网内，同轴电缆逐渐退出舞台，被双绞线和光缆所取代。

图2-8　同轴电缆

同轴电缆从用途上可分为宽带同轴电缆和基带同轴电缆（即视频同轴电缆和网络同轴电缆）。宽带同轴电缆用于传输模拟信号，基带同轴电缆用于传输数字信号。根据电缆中铜线直径的不同，基带同轴电缆可分为粗同轴电缆（简称"粗缆"）和细同轴电缆（简称"细缆"）。粗缆用于 10Base-5 以太网，每段电缆的最大传输距离为 500m；细缆用于 10Base-2 以太网，每段电缆的最大传输距离为 185m。无论是粗缆还是细缆，均为总线型拓扑结构，即一根线缆上连接多台机器，当某一单点发生故障时，故障会影响整根线缆上的所有机器，故障的诊断和修复都很麻烦。

3. 光纤

光导纤维简称光纤，它是一种具有传输速率高、通信容量大、重量轻等优点的新型传输媒体。光纤由石英玻璃纤维制成，细小而柔软，能利用光的全反射原理进行光传导。光纤内部是由一股或多股光导纤维组成的纤芯，在纤芯的外面包裹了一层折射率比光导纤维低的材料，形成包层以反射光线。包层的外面还有一个吸收外壳，用于防止光的泄漏。最外层是一个涂覆层，一般由塑料做成，起到防止外界的伤害和干扰、保护光纤的作用。光纤的内部结构如图 2-9 所示。

图 2-9　光纤的内部结构

光纤不仅具有传输速率高、传输距离远的特点，还具有以下特点。

1）抗电磁干扰性能好。

2）保密性好，无串音干扰。

3）抗化学腐蚀能力强。

4）传输频带宽，通信容量大，信号衰变小，传输距离长。

根据光在光纤中的传播方式，光纤可以分为单模光纤和多模光纤。所谓"模"，是指以一定角速度射入光纤的一束光。

单模光纤的直径小于一般的光波波长，纤芯直径一般为 8 ～ 10μm，它只能允许一束光在光纤中传播。这种光纤的传输频带宽，传输容量大，传输距离在 2km 以上，适用于大容量、长距离传输。但因其需要激光源，故成本较高，通常在建筑物之间或地域分散时使用。

多模光纤的纤芯直径较大，通常为 50μm 或 61.5μm，包层外径通常为 12 550μm，大致与人的头发粗细相当。它采用发光二极管（LED）作为光源，它允许多束光在光纤中同时传播。这种光纤的传输频带较窄，传输容量小，传输距离一般在 2km 以内。

在组建计算机网络时，应根据实际应用情况，参考光纤的应用范围和机械性能指标选择合适的光纤产品。在组建 Intranet 时，远距离骨干通信链路常采用单模光纤，而近距离骨干通信链路常采用多模光纤。在用交换机实现星形拓扑结构时，应根据所使用光纤的类型，在交换机上配置单模或多模电转换接口。

4. 无线传输媒体

近来在信息通信领域中，发展最快、应用最广的就是无线通信技术，这一应用已经深入人们生活和工作的方方面面。

无线传输可以在自由空间利用电磁波发送和接收信号以进行通信。通过无线传输方式，两个通信设备之间不使用任何物理连接，而是通过空间的电磁波进行传输。地球上的大气层为大部分无线传输提供了物理通道，这就是常说的无线传输媒体。无线传输所使用的频段很广，人们现在已经利用了好几个频段进行通信。与传统有线网络相比，无线技术具有使用方便、便于终端移动、部署迅速且成本低、规模易于扩展等优点，因而得到了相当普遍的应用。

根据电磁波的频谱，常见的无线传输媒体包括无线电波、微波、红外线和卫星通信。

（1）无线电波　无线电波是指在自由空间（包括空气和真空）传播的射频频段的电磁波。无线电技术是通过无线电波传播声音或其他信号的技术。

导体中电流强弱的改变会产生无线电波。利用这一现象，通过调制可将信息加载于无线电波之上。当无线电波通过空间传播到接收端时，电波引起的电磁场变化会在导体中产生电流，通过解调将信息从电流变化中提取出来，就达到了信息传递的目的。

（2）微波　对于频率在 100MHz 以上的无线电波，即波长为 1mm ～ 1m（不含 1m）的电磁波，是分米波、厘米波、毫米波的统称。微波频率比一般的无线电波频率高，通常也称为"超高频电磁波"。

由于微波只能直线传播，所以微波的发射天线和接收天线必须相对应才能收发信息，即发送端的天线要对准接收端，接收端的天线要对准发送端。

（3）红外线　红外线是一种在计算机网络中被广泛使用的无线传输媒体。红外线不能穿透障碍物，传输距离有限，且具有方向性，一般只限于室内短距离通信，例如，日常生活中所使用的遥控装置都是利用红外线的装置。当然，这也是一个优势，它使得红外通信系统的防窃听安全性比无线电波系统好，而且不需要得到政府的许可。

红外线的高频特性决定了它可以支持高速率的数据传输，但目前红外线在数据传输方面的应用技术的发展相对较慢。

（4）卫星通信　常用的卫星通信是一种在地面站之间利用位于 36 000km 高空的人造同步地球卫星作为中继器的微波接力通信。通信卫星发出的电磁波覆盖范围广，跨度可达 18 000km，可进行远距离的传输，但收发双方都必须安装卫星接收及发射设备，且收发双方的天线都必须对准卫星。

卫星通信的优点是通信容量很大，传播距离远，信号受到的干扰也比较小，通信比较稳定。缺点是传播延迟时间长。

2.2　常见的组网设备

2.2.1　集线器

1．基本概念

集线器（HUB）是局域网的基本连接设备，它具有多个端口，可连接多台计算机。在局域网中常以集线器为中心，将所有分散的工作站与服务器连接在一起，形成星形拓扑结构的局域网系统，集线器如图 2-10 所示。

图 2-10　集线器

集线器的主要功能是对接收到的信号进行整形放大，再将数据传递给其他网络设备，从而扩大网络的传输距离。另外，集线器是一个多端口的集线设备，一个集线器可以连接多个结点，集线器还可以采用级联的方式来扩大传输距离和连接更多的结点。集线器只是简单地把一个端口接收到的信号以广播方式向其他所有端口发送出去，不具备交换的功能。

2．集线器的分类

按照不同的分类方法，集线器可以分为不同的类型。按集线器支持的传输速率，可分为 10Mbit/s 集线器、100Mbit/s 集线器和 10Mbit/s/100Mbit/s 自适应集线器 3 种，在规模较大的网络中还有 1000Mbit/s 和 100Mbit/s/1000Mbit/s 自适应集线器。100Mbit/s 宽带集线器是现在常用的一种集线器，一般用于中型网络低层汇聚。按照集线器能提供的端口数，可分为 4口、8 口、16 口和 24 口等集线器，端口数的多少决定了集线器连接结点的数量。按照集线器的配置形式分类，可分为独立型集线器、堆叠式集线器和模块式集线器等。

3．集线器的选购

在选择集线器时主要从下面几个方面考虑。

1）接口类型，根据网络所采用的传输媒体的不同，要注意集线器提供的传输媒体的接口类型。

2）网络所要求的传输速率。

3）网络可扩展性，如果网络需要扩展，那么为了得到更好的扩展性能，应该尽可能选择堆叠式集线器。

集线器价格便宜、组网灵活，曾经是局域网中应用非常广泛的设备之一，但随着交换机价格的不断下降，集线器市场已越来越小，逐渐被市场淘汰。

2.2.2 交换机

交换机是一种用于电信号转发的网络设备。它可以接入交换机的任意两个网络结点，提供独享的信号通路。最常见的交换机是以太网交换机，其他常见的还有电话语音交换机和光纤交换机等。

交换机是一种基于 MAC 地址识别的，能够完成封装、转发数据报功能的网络设备。交换机工作在 OSI 参考模型的数据链路层，是集线器的升级换代产品，它与集线器在外形上非常相似，如图 2-11 所示。但它们在传输数据时采用的方式有本质的不同，交换机的出现解决了传统以太网的缺点，以其更优越的性能在目前的局域网中得到广泛的应用。

交换机的工作原理和 MAC 地址表是分不开的，MAC 地址表里存放了网卡的 MAC 地址与交换机相应端口的对应关系，当连接到交换机的一个网卡向另外一个网卡发出数据并到达交换机后，交换机会在 MAC 地址表中查找目的 MAC 地址与端口的对应关系，从而将数据从对应的端口转发出去，而不是像集线器一样把所有数据广播到局域网。

图 2-11 交换机

2.2.3 路由器

1. 路由器的概述

路由器是一种多端口设备，它可以传输不同的速率，并运行于各种环境的局域网和广域网中，也可以采用不同的协议，工作在网络层。在互联网中，路由器起着重要作用，是各种局域网、广域网互联的主要设备，网络之间的通信通过路由器进行。它会根据信道的情况自动选择和设定路由，以最佳路径，按前后顺序发送信号。它的功能如下。

1）确定发送数据报的最佳路径。

2）将数据报转发到目的地址。

路由器通过获知远程网络和维护路由信息来进行数据报转发，是多个 IP 网络的汇合点或结合部分。路由器主要依据目的 IP 地址来做出转发决定，使用路由表来查找数据报的目的 IP 与路由表中网络地址之间的最佳匹配。路由表最后会确定用于转发数据报的送出接口，路由器会将数据报封装为适合该送出接口的数据链路帧。

路由表的主要用途是为路由器提供通往不同目的网络的路径。路由表中包含一组"已知"网络地址，即那些直接相连、静态配置以及动态获知的地址。

2. 路由器的基本组成

路由器是一台有特殊用途的专用计算机，是专门用来进行路由的计算机，它由硬件与软件组成。路由器的硬件主要由中央处理器、闪存、接口、控制端口等物理硬件和电路组成；软件主要由路由器的 IOS 操作系统组成。硬件组成如图 2-12 所示。

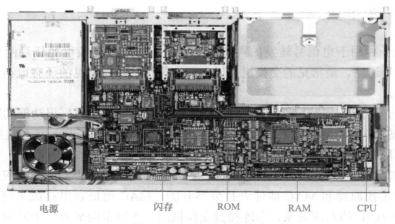

图 2-12　路由器硬件组成

路由器主要硬件组成及其功能如下。

（1）电源　为路由器供电。

（2）闪存（Flash Memory）　闪存是一种可擦写的 ROM，用于存放路由器的操作系统（IOS）映像。

（3）ROM（只读存储器）　用于存放加电自检程序和引导程序。

（4）RAM（随机存取存储器）　RAM 用来存放正在运行的配置或活动配置文件、路由表等。设备断电后，RAM 中的数据会丢失。

（5）CPU（中央处理器）　CPU 是路由器的控制和执行部分，具有系统初始化、路由和交换功能等。

（6）接口　路由器的作用就是从一个网络向另一个网络传递数据报，路由器通过接口连接到不同类型的网络上。路由器能支持不同的接口类型，体现路由器的通用性。路由器接口主要分为以下两种。

1）LAN 接口：如 Ethernet/Fast Ethernet 接口（以太网 / 快速以太网接口）。该接口用于连接不同的 VLAN。路由器以太网接口通常使用支持 UTP 网线的 RJ-45 接口。

2）WAN 接口：如串行接口、ISDN 接口和帧中继接口。WAN 接口用于连接路由器与外部网络。这类接口一般要求传输速率非常高，并要求通过该端口所连接的网络两端实时同步。

路由器背面板的各种接口如图 2-13 所示（以思科 2621 为例）。

图 2-13　路由器背面板接口（思科 2621）

一般情况下，人们还会通过一个控制端口（Console）与路由器交互，它将路由器连接到本地终端。路由器还具有一个辅助端口，它经常用于将路由器连接到调制解调器上，在网络连接失效和控制台无法使用时进行带外管理。

路由器上每个独立的接口都连接到不同的网络，每个接口都是不同 IP 网络的成员或主机，每个接口必须配置一个 IP 地址及对应网络的子网掩码。

3．路由器的分类

路由器产品众多，按照不同的划分标准有多种类型。常见的分类方法有以下几种。

1）按照路由器性能档次划分，路由器可分为高、中、低档，通常将吞吐量大于 40Gbit/s 的路由器称为高档路由器，将吞吐量在 25 ～ 40Gbit/s 之间的路由器称为中档路由器，而将低于 25Gbit/s 的路由器称为低档路由器。这是一种笼统的划分标准，各厂家划分并不完全一致。

2）按路由器使用级别划分，可分为接入路由器、企业级路由器、骨干级路由器、双 WAN 路由器及太比特路由器等。

3）按路由器功能，可分为宽带路由器、模块化路由器、虚拟路由器、核心路由器、无线路由器、智能流控路由器等。

2.3 IPv4 地址

编址是网络层协议的关键功能，可使位于同一网络或不同网络中的主机之间实现数据通信。Internet 协议第四版（IPv4）和第六版（IPv6）为传送数据的数据报提供分层编址。

2.3.1 二进制与十进制的转换

IP 是 TCP/IP 体系中两个最主要的协议之一。与 IP 配套使用的还有 4 个协议：地址解析协议（ARP）、反向地址解析协议（RARP）、因特网控制报文协议（ICMP）和网际组管理协议（IGMP）。

Internet 上基于 TCP/IP 的网络中的每台设备既有逻辑地址（即 IP 地址），也有物理地址（即 MAC 地址）。物理地址和逻辑地址都是唯一标识一个结点的，MAC 地址是设备生产厂商固化在硬件内部或网卡上的。MAC 地址工作在 OSI 参考模型的数据链路层以下，逻辑地址工作在网络层以上。

为什么网络设备已经有了一个物理地址，还需要一个逻辑地址呢？

首先，如果一个设备支持不同的物理地址，那么相互连接进行通信就会出现问题，例如，人们在交谈时需要使用同一种语言，不然就会出现问题，IP 地址就是互联设备的语言，它屏蔽了具体的硬件差别，独立于数据链路层。

其次，硬件地址是按照厂商设备，而不是按照拥有它的组织来编号的。将高效的路由方案建立在设备制造商的基础上，而不是网络所处的位置上，是不可行的。IP 地址的分配是基于网络拓扑结构的，而不是基于谁制造了设备。

最后，当存在一个附加层的地址寻址时，设备更易于移动和维修。如果一个网卡坏了，那么可以更换，不需要取得一个新的 IP 地址；如果一个结点从一个网络移动到另一个网络，

那么可以给它分配一个新的 IP 地址，而无须换一个新的网卡。

网络中的每台设备都必须进行唯一定义。在网络层，需要使用通信两端系统的源地址和目的地址来标识该通信的数据报。采用 IPv4，就意味着每个数据报的第三层报头中都有一个 32 位源地址和一个 32 位目的地址。

IP 地址是 32 位的二进制数。每个 IP 地址都被分为两部分：网络号部分，称为网络 ID（net-id）；主机号部分，称为主机 ID（host-id），如图 2-14 所示。每个 IPv4 地址都会用某个高阶位部分来代表网络地址。在第 3 层，将网络定义为网络地址部分的位模式相同的一组主机。尽管全部 32 位定义的都是 IPv4 主机地址，但将其中数量不等的位称为该地址的主机部分。此主机部分中使用的位数决定了网络中可以容纳的主机数量。

图 2-14　IP 地址

如同我们日常使用的电话号码，如 86-0415-3853408 这个号码，86 是国家代码，0415 是城市区号，3853408 则是那个城市中具体的电话号码。IP 地址的原理与此类似。使用这种层次结构，易于实现路由选择，以及管理和维护。

数据网络中以二进制形式使用这些地址。设备内部则运用数字逻辑解释这些地址。但是人们却难以解读 32 位字符串，要记住它更是难上加难。因此，使用点分十进制格式来表示 IPv4 地址。

以点分十进制表示 IPv4 地址的二进制形式时，用点号分隔二进制形式的每个字节（称为一个二进制 8 位数）。之所以称为二进制 8 位数，是因为每个十进制数字代表一个字节，即 8 个位。

例如，地址 11000000.10101000.00000100.0001010 的点分十进制表示为 192.168.4.20。设备使用的是二进制逻辑。采用点分十进制是为了方便人们使用和记忆地址。

要了解设备在网络中的运行，需要以设备使用的方式（即二进制记法）来查看地址和其他数据。这意味着需要具备将二进制转换为十进制的一些技能。

将每个字节（二进制 8 位数）视为 0 ~ 255 的一个十进制数字。

（1）位置记数法　要将二进制转换为十进制，需要先了解数制系统的数学基础知识，该数制系统称为位置记数法。位置记数法即数字根据其所占用的位置来表示不同的值。具体来说，数字代表的值等于该数字乘以它所在位的基数（即基）的幂次所得的积。下面举例说明此数制系统的原理。

这里以十进制数字 245 为例。如图 2-15 所示，2 表示的值是 2×10^2（2 乘以 10 的 2 次幂）。2 位于通常称为"百位"的位置。位置记数法称此位置为基数的 2 次幂位置，因为基数（即基）是 10 而幂是 2。

在基数为 10 的数制系统中使用位置记数法时，245 表示：

$245 = (2\times10^2) + (4\times10^1) + (5\times10^0)$

或

245 = (2×100) + (4×10) + (5×1)

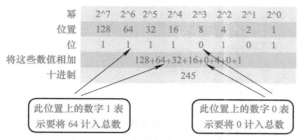

图 2-15　二进制到十进制的转换

（2）二进制数制系统　在二进制数制系统中，基数是 2。因此，每个位置代表 2 的幂，幂次逐位增加。在 8 位二进制数中，各个位置分别代表以下数量。

2^7	2^6	2^5	2^4	2^3	2^2	2^1	2^0
128	64	32	16	8	4	2	1

基数为 2 的数制系统只有两个数字：0 和 1。

如图 2-15 所示，当将一个字节转换为十进制数字时，如果某个位置的数字为 1，则计入该位置所代表的数量，而如果该数字为 0，则不计入其数量。例如：

```
 1  1  1  1  1  1  1  1
128 64 32 16  8  4  2  1
```

各个位置上的数字 1 表示要将该位置的值计入总数。以下是一个二进制 8 位数的每个位置都为 1 时的累加算法，总数为 255。

$$128 + 64 + 32 + 16 + 8 + 4 + 2 + 1 = 255$$

各个位置上的数字 0 表示该位置的值不计入总数。每个位置均为 0 时得出的总数为 0。例如：

```
 0  0  0  0  0  0  0  0
128 64 32 16  8  4  2  1
```
$$0 + 0 + 0 + 0 + 0 + 0 + 0 + 0 = 0$$

不仅要会将二进制转换为十进制，而且还要会将十进制转换为二进制，因为经常要分析以点分十进制格式表示的地址的一个二进制 8 位数。网络位和主机位分用一个二进制 8 位数就属于这种情况。

例如，地址为 172.16.4.20 的主机使用 28 个位来代表网络地址，需要通过分析最后一个二进制 8 位数的二进制数字才知道此主机位于网络 172.16.4.16 中。由于表示地址的十进制数值仅限于一个二进制 8 位数，因此只需要研究将 8 位二进制数字转换成 0 ~ 255 的十进制数值的过程即可。

开始转换时，首先要确定十进制数字是否大于或等于最高位所代表的最大十进制数值。在最高的位置上，要确定其值是否大于或等于 128。如果该值小于 128，则在 128 位的位置上置入 0，然后转到 64 位的位置。如果 128 位位置上的值大于或等于 128，则在 128 位的位置上置入 1，并从要转换的数字中减去 128。然后，将此运算的余数与下一个较小值（即

64）相比较。接下来，对所有剩余位的位置重复此过程，如图 2-16 所示。

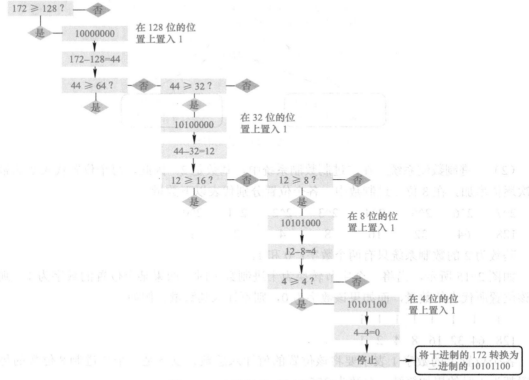

图 2-16 十进制到二进制的转换步骤

2.3.2 IPv4 地址的分类

为了适应各种网络规模的不同，IP 将 IPv4 地址分成 A、B、C、D、E 这 5 类，如图 2-17 所示。

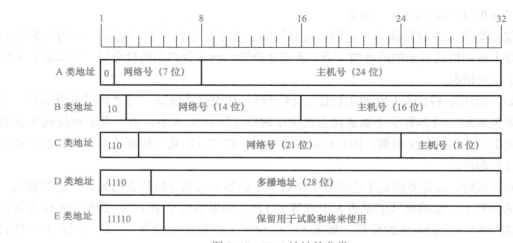

图 2-17 IPv4 地址的分类

A 类地址的网络号占一个字节，第一个位已经固定为 0，所以只有 7 个位可供使用。网络地址的范围是 00000001 ～ 01111110，即十进制的 1 ～ 126，全 0 的 IPv4 地址是一个保留地址，表示"本网络"，全 1（即 127）的 IPv4 地址保留以作为本地软件环回测试本主机之用，A 类地址可用的网络数为 126 个。主机号字段占 3 个字节，24 位，每一个 A 类网络中的最大主机数是 $2^{24}-2$，即 16777214。减 2 的原因是：全 0 的主机号字段表示该 IPv4 地址是"本主机"所连接到的单个网络地址，全 1 的主机号字段表示该网络上的所有主机。A 类地址适合大型网络。

B 类地址的网络号占两个字节，24 位，前两位已经固定为 10。网络地址的范围是 128.0 ～ 191.255。B 类地址可用的网络数为 2^{14} 个，即 16384。因为前两位已经固定为 10，所以不存在全 0 和全 1。主机号字段占两个字节，16 位，每一个 B 类网络中的最大主机数是 $2^{16}-2$，即 65534。减 2 的原因是：全 0 的主机号字段表示该 IPv4 地址是"本主机"所连接到的单个网络地址，全 1 的主机号字段表示该网络上的所有主机。B 类地址适合中型网络。

C 类地址的网络号占 3 个字节，前 3 位已经固定为 110。网络地址的范围是 192.0.0 ～ 223.255.255，C 类地址可用的网络数为 2^{21} 个，即 2097152。因为前 3 位已经固定为 110，所以也不存在全 0 和全 1。主机号字段占一个字节，8 位，每一个 C 类网络中的最大主机数是 2^8-2，即 254。减 2 的原因是：全 0 的主机号字段表示该 IPv4 地址是"本主机"所连接到的单个网络地址，全 1 的主机号字段表示该网络上的所有主机。C 类地址适合小型网络。

D 类地址的前 4 位固定为 1110，是一个多播地址，可以通过多播地址将数据发给多个主机。

E 类地址的前 5 位固定为 11110，保留用于试验或将来使用。E 类地址并不分配给用户使用。

A、B、C 类地址常用，D 类与 E 类地址很少使用，表 2-2 给出了 5 类地址可以容纳的网络数与主机数。

表 2-2　IPv4 地址可以容纳的网络数与主机数

地址类	第一个二进制 8 位数范围（十进制）	第一个二进制 8 位数范围	最大网络数	最大主机数	子网掩码
A	1 ～ 127	00000000 ～ 01111111	126（2^7-2）	16777214（$2^{24}-2$）	255.0.0.0
B	128 ～ 191	1000000 ～ 10111111	16384（2^{14}）	65534（$2^{16}-2$）	255.255.0.0
C	192 ～ 223	11000000 ～ 11011111	2097152（2^{21}）	254（2^8-2）	255.255.255.0
D	224 ～ 239	11100000 ～ 11101111			
E	240 ～ 255	11110000 ～ 11111111			

2.3.3　子网掩码

IPv4 地址包括网络部分和主机部分。将地址的网络部分的位数称为前缀长度。前缀是定义网络部分的一种方式，可以人工读取。数据网络也必须定义地址的网络部分。

为了定义地址的网络部分和主机部分，设备另行使用称为子网掩码的一个 32 位形式，

如图 2-18 所示。表示子网掩码使用的点分十进制格式与 IPv4 地址的点分十进制格式相同。在代表网络部分的每个位的位置上置入二进制 1，在代表主机部分的每个位的位置上置入二进制 0，即可创建子网掩码。前缀和子网掩码都代表地址的网络部分，是两种不同的方式。

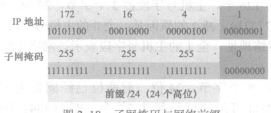

图 2-18　子网掩码与网络前缀

　　数据网络设备内部是运用数字逻辑来解释地址的。在创建或转发 IPv4 数据报时，必须从目的地址中提取出目的网络地址。这一步通过 AND 运算来完成。

　　IPv4 主机地址同其子网掩码执行 AND 逻辑运算，可以确定与该主机相关联的网络地址。地址和子网掩码之间的 AND 运算得到的结果就是网络地址。AND 运算是数字逻辑中使用的 3 种基本二进制运算之一。另外两种是 OR 和 NOT。虽然这 3 种运算都可用于数据网络中，但是用于确定网络地址的是 AND。因此，本章的讨论仅限于 AND 运算。AND 运算比较两个位的结果分别如下。

　　1 AND 1 = 1

　　1 AND 0 = 0

　　0 AND 1 = 0

　　0 AND 0 = 0

　　任意值同 1 进行 AND 运算，所得结果都是原来的位，即 0 AND 1 得 0，而 1 AND 1 得 1。相应的，任意值同 0 进行 AND 运算，结果都为 0。AND 运算的这些特性与子网掩码配合使用，便可以"遮掩"IPv4 地址的主机位。地址的每个位同子网掩码的相应位进行 AND 运算时，由于子网掩码中代表主机位的所有位都是 0，因此，所得网络地址的主机部分也全部变为 0，主机部分全部为 0 的 IPv4 地址代表网络地址。同理，子网掩码中表示网络部分的所有位均为 1。这些 1 同地址的相应位逐个进行 AND 运算时，所得的各位与原来的地址位相同。例如，地址为 192.0.0.1 的设备计算子网掩码和网络地址的过程如图 2-19 所示。

应用子网掩码
地址为 192.0.0.1 的设备属于网络 192.0.0.0

	高位		低位	
前缀 /16				
	192 ·	0 ·	0 ·	1
主机地址	11000000	00000000	00000000	00000001
子网掩码	255 ·	255 ·	0 ·	0
	11111111	11111111	00000000	00000000
网络地址	11000000	00000000	00000000	00000000
网络	192 ·	0 ·	0 ·	0

图 2-19　地址为 192.0.0.1 的设备计算子网掩码和网络地址的过程

路由器使用 AND 运算来确定传入数据报的合理路由。路由器检查目的地址，并尝试将此地址关联到下一跳。当数据报到达路由器时，路由器对传入数据报中的 IP 目的地址和可能路由的子网掩码执行 AND 运算。由此得到的网络地址将与所用子网掩码的路由表中的路由相比较。

发送主机必须确定应该将数据报直接发送到本地网络中的主机还是应将其转发到网关。要做出此决定，主机首先必须了解自己的网络地址。主机通过对其地址和子网掩码执行 AND 运算提取出自己的网络地址。发送主机也会对该数据报的目的地址和主机的子网掩码执行 AND 运算，得到的结果便是目的地址的网络地址。如果此网络地址与本地主机的网络地址相符，就会将该数据报直接发送到目的主机。如果两个网络地址不符，就会将该数据报发送到网关。

在网络验证或故障排除的过程中，通常需要确定主机所在的 IPv4 网络或确定两台主机是否位于同一个 IPv4 网络中。人们需要从网络设备的角度来做出此决定。由于配置不正确，某台主机可能会以为自己所在的网络与预定网络不同，这可能会导致工作不正常，但检查该主机进行 AND 运算的过程就可以诊断这个问题。

此外，路由器中可能有许多条路由都可以将数据报转发到给定目的地址。选择使用哪条路由发送给定的数据报是一个非常复杂的运算过程。例如，构成这些路由的前缀并不直接与分配给主机的网络相关联。这表示路由表中的路由可能代表许多网络。如果路由数据报的过程存在问题，就需要确定路由器做出路由决定的方式。

2.3.4　私有地址与公有地址

虽然大多数 IPv4 主机地址是公有地址，用于可以通过 Internet 访问的网络中，但也有一些地址块用于需要限制或禁止 Internet 访问的网络中，此类地址称为私有地址。

直接与 Internet 相联的所有主机都必须有唯一的公有地址。由于 IPv4 可用的 32 位地址有限，因此存在耗尽的风险。解决这种问题的一种办法是，保留一些私有地址仅供组织内部使用，这样组织内部的主机无需唯一的公有地址就能相互通信。

RFC 1918 标准在 A、B 和 C 类中保留了几个地址范围，这些私有地址范围包含一个 A 类网络、16 个 B 类网络和 256 个 C 类网络，这让网络管理员在分配内部地址时有极大的灵活性。

私有地址块如下。

A 类：10.0.0.0 ～ 10.255.255.255 (10.0.0.0/8)

B 类：172.16.0.0 ～ 172.31.255.255 (172.16.0.0/12)

C 类：192.168.0.0 ～ 192.168.255.255 (192.168.0.0/16)

超大型网络可使用 A 类私有地址，其提供的地址超过 1600 万个。中型网络可使用 B 类私有地址，其提供的地址超过 65000 个。家庭和小型企业网络通常使用一个 C 类私有地址，最多可容纳 254 台主机。

任何规模的组织内部都可以使用 RFC 1918 定义的一个 A 类网络、16 个 B 类网络或 256 个 C 类网络。通常，组织使用 A 类私有网络，因为它提供了足够的地址供组织内部的

主机使用。

　　私有地址只在本地网络中可见，外部人员无法直接访问，因此可提供一种安全措施。还有一些私有地址可对设备进行诊断测试，这种私有地址被称为环回地址。A 类网络 127.0.0.0 被保留用作环回地址。Microsoft 还将一个地址范围保留以用于自动私有 IPv4 编址（APIPA）。使用 APIPA 时，如果 DHCP 服务器不可用，那么 DHCP 客户端将自动给自己配置 IPv4 地址和子网掩码。用于 APIPA 的 IPv4 地址范围为 169.254.0.1 ～ 169.254.255.254。客户端会给自己配置一个位于该范围内的地址以及默认的 B 类子网掩码 255.255.0.0。客户端将一直使用自己配置的 IPv4 地址，直到 DHCP 服务器可用为止。

　　如图 2-20 所示，私有地址保留以供私有网络使用，这些地址即便在网络外部不是唯一的，也可在网络内部使用。不需要自由访问 Internet 的主机可以无限制地使用私有地址。不过，内部网络仍然必须设计网络地址方案，确保私有网络中的主机使用其所在网络环境中唯一的 IPv4 地址。

　　位于不同网络中的主机可以使用同一个私有地址。使用此类地址作为源地址或目的地址的数据报不得出现在公有 Internet 上。位于这些私有网络边界的路由器或防火墙设备必须阻止或转换此类地址。即使此类数据报应该转发到 Internet，路由器也没有路由将其转发到相应的私有网络。

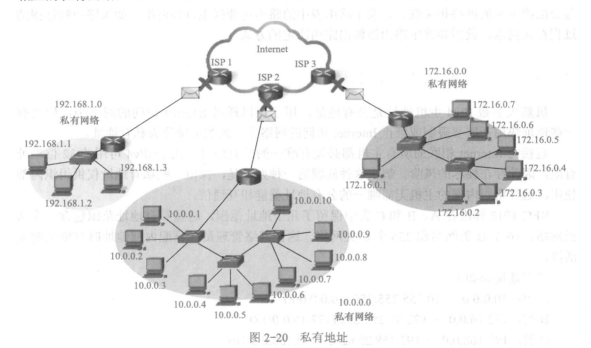

图 2-20　私有地址

2.3.5　特殊的 IPv4 地址

　　有一些地址因为各种原因而不能分配给主机。还有些特殊地址可以分配给主机，但这些主机在网络内的交互方式却受到限制。

1．网络地址

在互联网中，网络地址是指代网络的标准方式。IP 地址方案规定，网络地址包含了一个有效的网络号和一个全"0"的主机号。例如，在 A 类网络中，地址 95.0.0.0 就表示该网络的网络地址。而一个 IPv4 地址为 192.168.8.10 的主机表示其所处的网络为 192.168.8.0，主机号为 10。

这种地址不能分配给计算机或网络设备使用，因此不能作为网络通信中的地址，它仅指代一个网络。在网络的 IPv4 地址范围内，最小地址保留为网络地址，此地址主机部分的每个主机位均为 0。

2．广播地址

广播地址是用于向网络中的所有主机发送数据的特殊地址，广播地址包含了一个有效的网络号和一个全"1"的主机号。网络中的 IPv4 广播地址是指定向广播地址。不同于网络地址，广播地址用于网络中所有主机的通信。这一特殊的地址允许一个数据报发送给网络中的所有主机。广播地址使用该网络范围内的最大地址，即主机部分的各位全部为 1 的地址。在有 24 个网络位的 192.168.8.0 网络中，其广播地址为 192.168.8.255。

3．环回地址

环回地址是主机用于向自身发送通信的一个特殊地址。环回地址为同一台设备上运行的 TCP/IP 应用程序和服务之间的相互通信提供了一条捷径。同一台主机上的两项服务若使用环回地址而非分配的 IPv4 主机地址，就可以绕开 TCP/IP 协议栈的下层。通过 ping 环回地址，还可以测试本地主机上的 TCP/IP 配置。

尽管只使用 127.0.0.1 这一个环回地址，但地址 127.0.0.0 ～ 127.255.255.255 均予以保留。此地址块中的任何地址都将环回到本地主机中。此地址块中的任何地址都不会出现在任何网络中。

4．链路本地地址

地址块 169.254.0.0 ～ 169.254.255.255（169.254.0.0/16）中的 IPv4 地址被指定为链路本地地址。在没有可用 IPv4 配置的环境中，操作系统可以自动将此类地址分配给本地主机。这些地址可用于小型点对点网络中，或者供无法从动态主机配置协议（DHCP）服务器自动获取地址的主机使用。

主机不能将目的地址为 IPv4 链路本地地址的数据报发送到任何路由器转发，而应该将这些数据报的 IPv4 TTL 设置为 1。

链路本地地址不提供本地网络之外的服务。不过，许多客户机 / 服务器应用程序和点对点应用程序使用 IPv4 链路本地地址也能正常工作。

5．默认路由

0.0.0.0 表示 IPv4 默认路由。在没有更具体的路由可用时，将默认路由作为"无限"路由使用。

2.4 IPv6 地址

2.4.1 IPv6 基础

通过前面内容的学习，读者已经掌握了 IPv4 技术，这里将要探讨的是 IPv6 技术。

如果你身处办公室却能控制家里的洗衣机、电冰箱，微波炉在你回家的路上就能加热好晚餐，浴缸能自动放好温度适宜的热水……这一切已经开始步入寻常百姓的生活。而这一进程的快慢，很大程度上取决于 IPv6 的发展和普及。

IPv6 并不仅仅是一个新的第 3 层协议，而是一个新的协议族。为了支持这一新的协议，制定了协议栈各层的多个新协议，其中有新的消息协议（ICMPv6）和新的路由协议。IPv6 报头格式如图 2-21 所示，由于 IPv6 报头的大小增加，对底层网络基础架构也产生了影响。

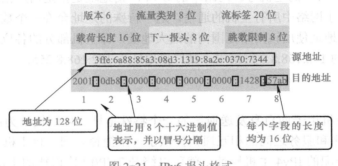

图 2-21　IPv6 报头格式

在接下来的内容中，通过对 IPv4 和 IPv6 报头的比较来介绍为什么 IPv6 能够实现比 IPv4 更强大的功能，如图 2-22 所示。

在 lPv4 中，所有报头以 32 位为单位，即基本的长度单位是 4 个字节。在 IPv6 中，报头以 64 位为单位，且报头的总长度是 40 字节。IPv6 对其报头定义了以下字段。

（1）版本　长度为 4 位，对于 IPv6，该字段值必须为 6。

（2）流量类型　长度为 8 位，指明提供了某种"区分服务"。RFC 1883 中最初定义该字段只有 4 位，并命名为"优先级字段"，后来该字段的名字改为"类别"，在最新的 IPv6 Internet 草案中，称之为"业务流类别"。该字段的定义独立于 IPv6，目前尚未在任何 RFC 中定义。该字段的默认值是全 0。

（3）流标签　长度为 20 位，用于标识属于同一业务流的数据报。一个结点可以同时作为多个业务流的发送源。流标签和源结点地址唯一标识了一个业务流。

（4）载荷长度　长度为 16 位，其中包括载荷的字节长度，即 IPv6 头后的数据报中包含的字节数。这意味着在计算载荷长度时包含了 IPv6 扩展报头的长度。

（5）下一报头　这个字段指出了 IPv6 报头后所跟的报头字段中的协议类型。与 IPv4 字段类似，下一报头字段可以用来指出高层是 TCP 还是 UDP，也可以用来指明 IPv6 扩展报头的存在。

（6）跳数限制　长度为 8 位。每当一个结点对数据报进行一次转发之后，这个字段就

会被减1。如果该字段为0，那么表示这个数据报将被丢弃。IPv4中有一个具有类似功能的生存期字段，但与IPv4不同，人们不愿意在IPv6中由协议定义数据报生存时间的上限。这意味着对过期数据报进行超时判断的功能可以由高层协议完成。

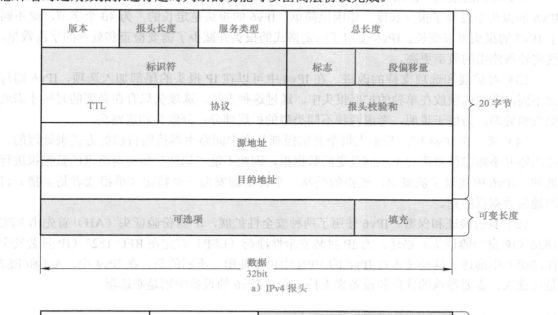

a）IPv4报头

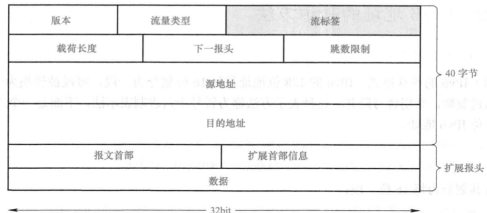

b）IPv6报头

图2-22　IPv4和IPv6报头的比较

（7）源地址　长度为128位，指出了IPv6数据报的发送方地址。

（8）目的地址　长度为128位，指出了IPv6数据报的接收方地址。这个地址可以是一个单播、多播或任播地址。如果使用了选路扩展报头（其中定义了一个数据报必须经过的特殊路由），则其目的地址可以是其中某一个中间结点的地址，而不必是最终地址。

IPv6与IPv4相比，变化体现在以下5个重要方面。

（1）扩展地址　IPv6的地址结构中除了把32位地址空间扩展到了128位外，还对IP主机可能获得的不同类型地址做了一些调整。例如，IPv6中取消了广播地址而代之以任播

地址。IPv4 中用于指定一个网络接口的单播地址和用于指定由一个或多个主机侦听的多播地址在 IPv6 中基本保持不变。关于 IPv6 的单播、多播和任播将在后文中进行讨论。

（2）简化的报头　IPv6 的基本报头有 8 个字段，而 IPv4 的基本报头有 12 个字段，其中，IPv6 的报头中没有了报头长度。原因很简单，IPv6 的报头是定长的，为 40 个字节，这不同于 IPv4 的报头可以变长。IPv6 使用了固定格式的报头并减少了需要检查和处理的字段数量，这将使得路由的效率更高。

（3）对扩展和选项支持的改进　在 IPv4 中可以在 IP 报头的尾部加入选项，IPv6 则与此不同，它把选项放在单独的扩展报头中。通过这种方法，选项头只有在必要的时候才需要检查和处理。为便于说明，考虑两种不同类型的扩展部分：分段头和选路头。

（4）流　在 IPv4 中，基本上每个数据报都是由中间路由器按照自己的方式来处理的。路由器并不跟踪任意两台主机间发送的数据报，因此不能"记住"如何对将来的数据报进行处理。IPv6 中实现了流概念，流指的是从一个特定源发向一个特定（单播或者是多播）目的地的数据报序列。

（5）身份验证和保密　IPv6 使用了两种安全性扩展，IP 身份验证头（AH）首先由 RFC 1826（IP 身份验证头）描述，而 IP 封装安全性净荷（ESP）首先在 RFC 1827（IP 封装安全性净荷）中描述。这些技术在 IPv4 的 VPN 中也在使用。不同的是，在 IPv4 中，AH 和 ESP 是可选项，需要特殊的软件和设备来支持，而在 IPv6 的设备中则是必选项。

2.4.2　IPv6 地址的表示方法

1．IPv6 地址表示

（1）IPv6 的首选格式　IPv6 的 128 位地址是每 16 位划分为一段，每段被转换为一个 4 位十六进制数，并用冒号隔开。这种表示方法称为冒号十六进制表示法。下面是一个二进制的 128 位 IPv6 地址。

```
00100000000000010000010000010000000000000000000000000000000000001
00000000000000000000000000000000000000000000000001000101111111111
```

将其划分为每 16 位一段：

```
0010000000000001 0000010000010000 0000000000000000 0000000000000001
0000000000000000 0000000000000000 0000000000000000 0100010111111111
```

将每段转换为十六进制数，并用冒号隔开：

```
2001:0410:0000:0001:0000:0000:0000:45ff
```

这就是 RFC 2373 中定义的首选格式。

（2）压缩表示　上面的 IPv6 地址中有很多 0，有的甚至一段中都是 0，表示起来比较麻烦，其实可以将不必要的 0 去掉。对于"不必要的 0"，以上面的例子来看，第二段中的 0410 省掉的是开头的 0，而不是结尾的 0，所以在压缩表示后，这段为 410，这是 IPv6 地址表示中的一个约定。对于一段中间的 0，如 2001，不省略。对于一段中全部数字都为 0 的情况，保留一个 0 即可。根据这些原则，上述地址可以表示为：

2001:410:0:1:0:0:0:45ff

这仍然很麻烦，为了方便书写，RFC 2373 中规定：当地址中存在一个或多个连续的 16
位字符为 0 时，为了缩短地址长度，可用一个 ::（双冒号）表示，但一个 IPv6 地址中只允
许有一个 ::。要注意的是，使用压缩表示时，不能将一段内有效的 0 也压缩掉。例如，不能
把 FF02:30:0:0:0:0:0:5 压缩成 FF02:3::5，而应该表示为 FF02:30::5。要确定 :: 代表多少位零，
可以计算压缩地址中的块数，用 8 减去此数，然后将结果乘以 16 即可。例如，地址 FF02::2
有两个块（"FF02"块和"2"块），这意味着其他 6 个 16 位块（总共 96 位）已被压缩。

根据这个规则，下列地址是非法的：

::AAAA::1（压缩前的地址为 0:0:AAAA:0:0:0:0:1）

3FFE::1010:2A2A::1（压缩前的地址为 3FFE:0:0:1010:2A2A:0:0:1）

（3）IPv6 地址前缀　　前缀是地址的一部分，这部分或者是固定的值，或者是路由或子
网的标识。用作 IPv6 子网或路由标识的前缀，其表示方法与 IPv4 中用 1 的个数表示子网掩
码的表示方法是相似的。IPv6 前缀用"地址 / 前缀长度"来表示。

例如，23E0:0:A4::/48 是一个路由前缀，而 23E0:0:A4::/64 是一个子网前缀。在 IPv6 中，
用于标识子网的位数总是 64，因此，64 位前缀用来表示结点所在的单个子网。对于任何少
于 64 位的前缀，要么是一个路由前缀，要么就是包含了部分 IPv6 地址空间的一个地址范围。
根据这个定义，FF00::/8 表示一个地址范围，而 3FFE:FFFF::/32 是一个路由前缀。

2．IPv6 地址的类型

（1）全球单播地址　　IPv6 使用的地址格式能向上聚合，最终到达 ISP。全球单播地址通
常由注册机构前缀、ISP 前缀、站点前缀、子网前缀和接口 ID 组成。各组织可以使用 16 位
子网字段创建自己的本地编址架构。此字段允许组织使用最多 65535 个子网。

全球单播地址如图 2-23 所示，从中可以看出如何使用注册机构前缀、ISP 前缀和站点
前缀将附加架构添加到 48 位全球路由前缀中。

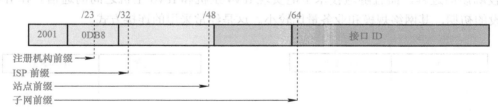

图 2-23　全球单播地址

目前的全球单播地址由 IANA 分配，使用的地址范围是从二进制值 001（2000::/3）开始的，
它占全部 IPv6 地址空间的 1/8，是最大的一块分配地址。IANA 将 2001::/16 范围内的 IPv6
地址空间分配给 5 家 RIR 注册机构（ARIN、RIPE、APNIC、LACNIC 和 AfriNIC）。

（2）多播地址　　多播地址用于标识多个接口。多播地址用于从一个源到多个目标进行
通信，数据会传送到多个接口。

（3）任播地址　　任播地址标识多个接口。使用适当的路由拓扑，定址到任播地址的数
据报将被传送到单个接口，即该地址标识的接口中最近的一个。"最近的"接口是指最近的
路由距离。

IPv6 地址总是标识接口，而不标识结点。结点由分配给其接口之一的某个单播地址标识。RFC 3513 没有定义任何类型的广播地址，而定义了 IPv6 多播地址。例如，IPv4 的子网和有限的广播地址被保留的 IPv6 多播地址 FF02::1 取代。

2.4.3 IPv6 的部署进程和过渡技术

从 IPv4 过渡到 IPv6 时，并不要求同时升级所有结点。许多过渡机制都能平滑地集成 IPv4 与 IPv6，还可以使用其他一些允许 IPv4 结点与 IPv6 结点通信的机制。不同的情况要求采取不同的策略，IPv6 过渡技术大体上可以分为以下 3 类。

1．隧道技术

在 IPv6 网络流行于全球之前，总有一些网络首先具有 IPv6 的协议栈，但是这些 IPv6 网络被运行 IPv4 的骨干网络隔离开来。这时，这些 IPv6 网络就像 IPv4 海洋中的小岛，而连接这些孤立的"IPv6 岛"就必须使用隧道技术。隧道技术目前是国际 IPv6 试验床 6Bone 所采用的技术。利用隧道技术可以通过现在运行 IPv4 的因特网骨干网络将局部的 IPv6 网络连接起来，因而是 IPv4 向 IPv6 过渡初期最易于采用的技术。

隧道技术的核心思想是通过把 IPv6 数据报文封装入 IPv4 数据报文中，让现有的 IPv4 网络成为载体以建立 IPv6 的通信，隧道端的数据报文的传送通过 IPv4 机制进行，隧道被看成一个直接连接的通道。一个隧道具有一个入口点和一个终点，为了让数据通过，必须知道两个端点的地址。确定入口点较容易，因为它出现在 IPv4 基础结构的边界。确定隧道的终点要复杂一些。根据隧道终点地址的获得方式可将隧道分为配置型隧道和自动型隧道。

隧道技术的实现过程如图 2-24 所示。隧道技术的优点在于隧道的透明性，IPv6 主机之间的通信可以忽略隧道的存在，隧道只起到物理通道的作用。它不需要大量的 IPv6 专用路由器设备和专用链路，可以明显地减少投资。其缺点是，在 IPv4 网络上配置 IPv6 隧道是一个比较麻烦的过程，而且隧道技术不能实现 IPv4 主机和 IPv6 主机之间的通信。在 IPv6 网络建设的初期，其网络规模和业务量比较小。这是经常采用的连接方式。

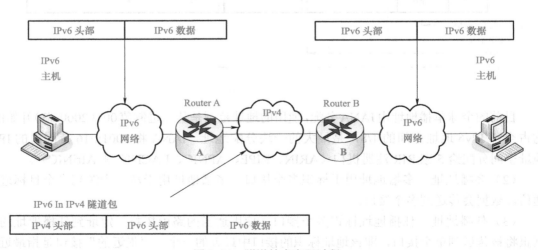

图 2-24 隧道技术实现过程

2．双协议栈

双协议栈是指在单个结点同时支持 IPv4 和 IPv6 两种协议栈，其结构如图 2-25 所示。由于 IPv6 和 IPv4 是功能相近的网络层协议，两者都应用于相同的物理平台，而且加载于其上的传输层协议 TCP 和 UDP 也没有任何区别，因此，支持双协议栈的结点既能与支持 IPv4 的结点通信，又能与支持 IPv6 的结点通信。

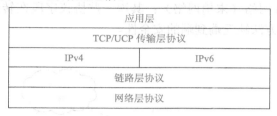

图 2-25 双协议栈结构

双协议栈技术并不要求建立隧道，只有当 IPv6 结点需利用 IPv4 的路由机制传递信息时隧道才是必需的。但隧道的建立却需要双协议栈的支持。另外，如果这台双协议栈主机配置了 6to4 地址，则也可以通过 6to4 地址和其他 6to4 主机通信。图 2-26 所示为一个双协议栈实现。

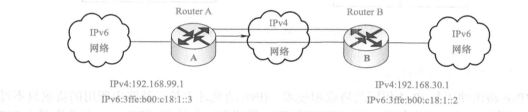

IPv4:192.168.99.1   IPv4:192.168.30.1
IPv6:3ffe:b00:c18:1::3   IPv6:3ffe:b00:c18:1::2

图 2-26 双协议栈实现

需要指出的是，两个协议栈并行工作的主要困难在于需要同时处理两套不同的地址方案。首先，双协议栈技术应该能独立地配置 IPv4 和 IPv6 的地址。IPv6/IPv4 结点的 IPv4 地址能使用传统的 DHCP、BOOTP 或手动配置的方法来获得。IPv6 的地址应能通过手动配置或借助 IPv6 的非静态或静态的自动配置机制来完成。另外，采用双协议技术首先要解决的问题是域名服务器（DNS）问题。现有的 32 位域名服务器不能控制 IPv6 使用的 128 位地址命名问题。IETF 定义了一个 IPv6 DNS 标准（RFC 1886），该规定定义了"AAAA"的记录类型，用于实现主机域名与 IPv6 地址的映射。

双协议栈技术的优点是互通性好、易于理解，缺点是需要给每个新的运行 IPv6 的网络设备和终端分配 IPv4 地址，不能解决 IPv4 地址短缺的问题。在 IPv6 网络建设的初期，由于 IPv4 地址相对充足，这种方案的实施具有可行性；但当 IPv6 网络发展到一定阶段，为每个结点分配两个全局地址的方案将会很难实现。

3．网络地址转换／协议转换（NAT-PT）技术

网络地址转换／协议转换技术将协议转换、传统的 IPv4 下的动态地址翻译（NAT）以及适当的应用层网关（ALG）几种技术结合起来，将 IPv4 地址和 IPv6 地址分别看作 NAT 技术中的内部地址和全局地址，同时根据协议不同对分组做相应的语义翻译，从而实现纯

IPv4 和纯 IPv6 结点之间的相互通信。

NAT-PT 技术简单易行，它不需要 IPv4 或 IPv6 结点进行任何更换或升级，唯一需要做的就是在网络交界处安装 NAT-PT 设备，示意图如图 2-27 所示。它有效地解决了 IPv4 结点与 IPv6 结点互通的问题。但该技术在应用上有一些限制，首先在拓扑结构上，要求一次会话中所有报文的转换都在同一个路由器上，因此网络地址转换 / 协议转换技术较适用于只有一个路由器出口的 Stub 网络（末梢网络）；其次一些协议字段在转换时不能完全保持原有的含义；最后协议转换方法缺乏端到端的安全性。

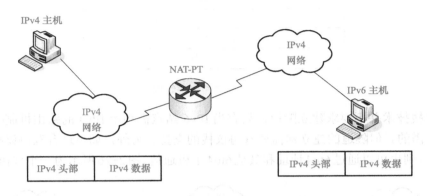

图 2-27　NAT-PT 技术示意图

2.4.4　IPv6 路由协议

IPv6 路由使用与 IPv4 相同的协议和技术。IPv6 的地址更长，其路由所用的协议只不过是 IPv4 所用协议的逻辑扩展。RFC 2080 将下一代路由信息协议（RIPng）定义为基于 RIP 的简单路由协议。RIPng 的功能与 RIP 相差无几，它提供了一种简单的方法来实施 IPv6 网络，而无须建立全新的路由协议。

RIPng 是一种距离矢量路由协议，跳数限制为 15，它使用水平分割和毒性反转更新来防止出现路由环路。由于它无须了解网络的全貌，因此实施起来很简单，只与邻居路由器交换本地消息。

RIPng 有下列特点。

1）基于 IPv4 RIP 第 2 版（RIPv2），与 RIPv2 相似。

2）使用 IPv6 进行传输。

3）包括 IPv6 前缀和下一跳 IPv6 地址。

4）使用多播地址 FF02::9 作为 RIP 更新的目的地址（这与 IPv4 中 RIP 执行的广播功能相似）。

5）在 UDP 端口 521 上发送更新。

RIPng 配置步骤如下。

步骤 1：配置接口的 IPv6 地址。

```
Router(config)#interface interface-type interface-number
Router(config-f)#ipv6 address ipv7-address/prefix-length
```

该命令用于指定要为网络接口分配的 IPv6 地址和前缀长度。默认情况下，使用该命令

设定本地站点或可汇聚全球单播地址时，自动配置本地链路地址。默认前缀长度是 64 位。

参数含义：

ipv6-address/prefix-length: IPv6 地址 / 前缀。

步骤 2：在路由器上启用 IPv6 的流量转发。

Router(config)#ipv6 unicast-routing

步骤 3：在路由器上启用 IPv6 的 RIP 路由协议。

Router(config)#ipv6 router rip name

参数含义：

name：IPv6 的 RIP 进程命名。

步骤 4：在接口上应用 IPv6 的 RIP。

Router(config)#interface interface-type interface-number

Router(config-if)#ipv6 rip name enable

步骤 5：查看 IPv6 地址的接口摘要信息。

Router#show ipv6 interface brief

步骤 6：查看 lPv6 的路由表。

Router#show ipv6 route

图 2-28 展示了一个包括两台路由器的网络，路由器 R1 与默认网络相连。在路由器 R2 和路由器 R1 上，名称 RT0 代表 RIPng 进程。通过使用 ipv6 rip RT0 enable 命令，在路由器 R1 的第一个以太网接口上启用 RIPng。路由器 R2 的输出显示，通过使用 ipv6 rip RT0 enable 命令，两个以太网接口均启用了 RIPng。

此配置允许路由器 R2 上的 Ethernet1 接口与这两台路由器各自的 Ethernet0 接口交换 RIPng 路由信息。

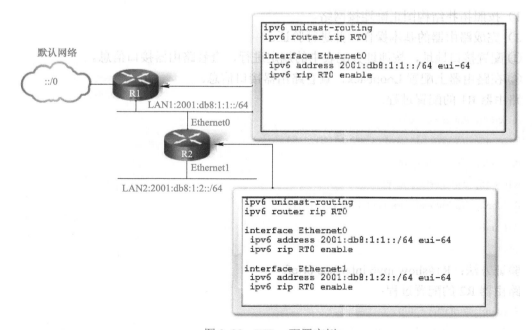

图 2-28　RIPng 配置实例

2.4.5　IPv6 配置案例

某公司现在决定部署 IPv6 网络，网络管理员被要求实现 IPv6 地址的部署和 IPv6 的 RIP 路由，地址分配表见表 2-3，路由拓扑结构图如图 2-29 所示。

表 2-3　IPv6 地址分配表

接口	IPv6 地址
R1 F0/0	FEC0:0:0:1001::1/64
Loopback0	1111:1:1:1111::1/64
R2 F0/0	FEC0:0:0:1001::2/64
R2 F0/1	FEC0:0:0:1002::1/64
R3 F0/1	FEC0:0:0:1002::2/64

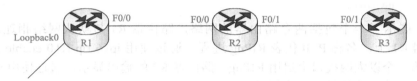

图 2-29　IPv6 部署的路由拓扑结构图

1．路由器的连接和基本配置

1）按照拓扑结构图正确连接网络。

2）完成路由器的基本操作，并进行验证。

① 配置接口地址，按地址分配表中的规定进行，查看路由器接口信息。

② 在路由器上配置 Loopback，查看路由器接口信息。

路由器 R1 的配置过程：

```
R1(config)#interface f0/0

R1(config-if)#ipv6 address FEC0:0:0:1001::1/64

R1(config-if)#no shutdown

R1(config-if)#interface loopback 0

R1(config-if)#ipv6 address 1111:1:1:1111::1/64

R1(config-if

#exit
```

验证方法：R1#show ipv6 interface brief。

路由器 R2 的配置过程：

```
R2(config)#interface f0/0

R2(config-if)#ipv6 address FEC0:0:0:1001::2/64
```

```
R2(config-if)#no shutdown
R2(config-if)#interface f0/1
R2(config-if)#ipv6 address FEC0:0:0:1002::2/64
R2(config-if)#no shutdown
R2(config-if)#exit
```

验证方法：R2#show ipv6 interface brief。

路由器 R3 的配置过程：

```
R3(config)#interface f0/1
R3(config-if)#ipv6 address FEC0:0:0:1002::2/64
R3(config-if)#no shutdown
R3(config-if)#exit
```

验证方法：R3#show ipv6 interface brief。

2．路由器上的 IPv6 的 RIP 配置

1）在 R1、R2 和 R3 上启用 IPv6 的数据报转发功能，查看配置信息。

2）在 R1、R2 和 R3 上配置 IPv6 的 RIP，查看配置信息。

3）在 R1、R2 和 R3 的相应端口上启用 RIP，发送 ping 包检测 R1、R2、R3 之间是否相通。

4）在 R1、R2 和 R3 上查看路由表。

配置路由器 R1 上 IPv6 的 RIP：

```
R1(config-if)#ipv6 uincast-routing
R1(config-if)#ipv6 router rip cisco
R1(config-if)#interface f0/0
R1(config-if)#ipv6 rip cisco enable
R1(config-if)# interface loopback 0
R1(config-if)#ipv6 rip cisco enable
```

配置路由器 R2 上 IPv6 的 RIP：

```
R2(config)#ipv6 unicast-routing
R2(config)#ipv6 router rip cisco
R2(config)#interface f0/0
R2(config-if)#ipv6 rip cisco enable
R2(config-if)#interface f0/1
R2(config-if)#ipv6 rip cisco enable
```

配置路由器 R3 上 IPv6 的 RIP：

```
R3(config)#ipv6 unicast-routing
R3(config)#ipv6 router rip cisco
R3(config)#interface f0/1
R3(config-if)#ipv6 rip cisco enable
```

使用相应的命令检测网络是否能够按照要求正常通信，参数的配置是否无误，是否与设计一致。这里以 R1 为例进行介绍，R2 和 R3 的测试方法相同。

```
R1#ping fec0:0:0:1002::2
Sending 5,100-byte ICMP Echos to FEC0:0:0:1002::2,
timeout is 2 seconds:
!!!!!  （已 ping 通）
Success rate is 100 percent(5/5),round-trip min/avg/max=1/2/4 ms
```

2.5 本章习题

2-1 选择题

1．（   ）类型的 UTP 电缆可用于将 PC 连接到交换机端口。

    A．控制台电缆   B．全反电缆

    C．交叉电缆   D．直通电缆

2．当 Web 服务器上手动配置了 IPv4 编址时，IPv4 配置（   ）属性可确定 IPv4 地址的网络部分和主机部分。

    A．DNS 服务器地址   B．子网掩码

    C．默认网关   D．网络前缀

3．如果以太网上的主机收到的帧的目的 MAC 地址与其自己的目的 MAC 地址不同，那么它将会执行（   ）操作。

    A．它会从介质中删除此帧

    B．它会将此帧转发到下一跳

    C．它会丢弃此帧

    D．它会去掉数据链路帧以检查目的 IP 地址

4．FE80::1 是（   ）类型的 IPv6 地址。

    A．全球单播   B．环回   C．多播   D．本地链路

5．以下属于 C 类 IP 地址的是（   ）。

    A．203.1.260.1   B．189.220.11.5

    C．202.206.18.1   D．255.206.2.2

6．假设一个主机的 IP 地址为 192.168.5.57，而子网掩码为 255.255.255.240，那么该主机的网络地址为（   ）。

    A．192.168.5.12   B．192.168.5.121

    C．192.168.5.120   D．192.168.5.48

7．如果使用一个 C 类网络 ID 划分 2 个子网，每个子网 31 台主机，下列（   ）掩码可以使用。

    A．255.255.255.0   B．255.255.255.192

    C．255.255.255.224   D．255.255.255.248

8．网络 192.168.254.0/26 可以支持（   ）个子网和主机。

    A．4 个子网和 64 台主机   B．2 个子网和 62 台主机

    C．254 个子网和 254 台主机   D．1 个子网和 254 台主机

9．IP 地址 224.0.0.5 代表的是（   ）。

    A．主机地址   B．网络地址

    C．多播地址   D．广播地址

10．下列选项中能够看作 MAC 地址的是（   ）。

    A．Az32:6362:2434   B．Sj:2817:8288

    C．GGG:354:665   D．A625:cbdf:6525

11．IP 地址为 192.168.100.138，子网掩码为 255.255.255.192，所在的网络地址是（   ），和 IP 地址 192.168.100.153（   ）在同一个网段。

    A．192.168.100.128，是   B．192.168.100.0，是

    C．192.168.100.138，是   D．192.168.100.128，不是

12．一个 B 类网络中，有 5 位掩码加入默认掩码，用来划分子网，每个子网最多（   ）台主机。

    A．510   B．512   C．1022   D．2046

13．下列地址表示私有地址的是（   ）。

    A．192.168.255.200   B．11.10.1.1

    C．172.172.5.5   D．172.32.67.44

14．下列（   ）地址类型用来支持多播。

    A．A 类   B．B 类

    C．E 类   D．以上 3 项都不是

15．一家小型广告公司的网络管理员选择使用 192.168.5.96/27 网络进行内部 LAN 编址，已为公司 Web 服务器分配一个静态 IP 地址，如图 2-30 所示。但是，Web 服务器无法访问 Internet。管理员检验发现，使用 DHCP 服务器分配的 IP 地址的本地工作站可以访问 Internet，并且 Web 服务器可以对本地工作站执行 ping 操作。那么哪个组件配置不正确？

图 2-30 第 2 章习题图（1）

    A．主机 IP 地址   B．DNS 地址

    C．默认网关地址   D．子网掩码

2-2 实践题

1．某公司需要创建内部网络，该公司包括工程部、技术部、市场部、财务部和办公室5 个部门，每个部门最多有 30 台计算机。

（1）若要将几个部门从网络上进行分开，且分配给该公司使用的地址为一个 C 类地址，网络地址为 192.168.1.0/24，则如何划分网络才能将几个部门分开。

（2）请计算出每个部门可用的主机地址的范围和子网掩码（255 方式），写出详细的计算过程。

2．根据图 2-31 和表 2-4 的内容，回答以下问题。

（1）PC4 所在网段的网络号是多少？

（2）PC4 的子网掩码是多少？

（3）PC4 的可用 IP 地址范围是多少？

（4）PC4 的默认网关是多少？

（5）该子网的广播地址是什么？

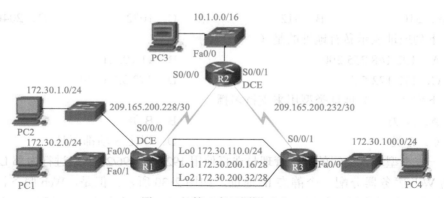

图 2-31 第 2 章习题图（2）

表 2-4 第 2 章习题表

路由器	接口	IP 地址	子网掩码	默认网关
R1	Fa0/0	172.30.1.1	255.255.255.0	N/A
	Fa0/1	172.30.2.1	255.255.255.0	N/A
	S0/0/0	209.165.200.230	255.255.255.252	N/A
R2	Fa0/0	10.1.0.1	255.255.0.0	N/A
	S0/0/0	209.165.200.229	255.255.255.252	N/A
	S0/0/1	209.165.200.233	255.255.255.252	N/A
R3	Fa0/0	172.30.100.1	255.255.255.0	N/A
	S0/0/1	209.165.200.234	255.255.255.252	N/A
	Lo0	172.30.110.1	255.255.255.0	N/A
	Lo1	172.30.200.17	255.255.255.240	N/A
	Lo2	172.30.200.33	255.255.255.240	N/A

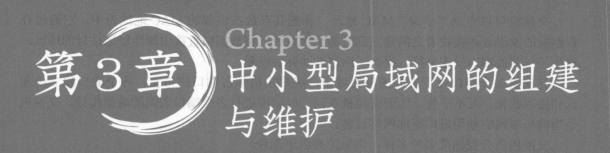

第3章 Chapter 3
中小型局域网的组建与维护

3.1 交换机技术基础

3.1.1 交换机的分类

　　1993年,局域网交换设备出现。1994年,国内掀起了交换网络技术的热潮。交换机是一种具有简化、低价、高性能和高端口密集特点的交换产品。体现了桥接技术的复杂交换技术在OSI参考模型的第二层操作。与桥接器一样,交换机按每一个数据报中的MAC地址相对简单地决策信息转发。而这种转发决策一般不考虑数据报中隐藏的更深的其他信息。与桥接器不同的是,交换机的转发延迟很小,操作接近单个局域网性能,远远超过了普通桥接互联网络之间的转发性能。

　　类似于传统的桥接器,交换机提供了许多网络互联功能。交换机能经济地将网络分成小的冲突网域,为每个工作站提供更高的带宽。协议的透明性使得交换机在软件配置简单的情况下能够直接安装在多协议网络中;交换机使用现有的电缆、中继器、集线器和工作站的网卡,不必进行高层的硬件升级;交换机对工作站是透明的,其管理开销低廉,简化了网络结点的增加、移动和网络变化的操作。

　　从外型上看,交换机(Switch)和桥接器非常相似,两者均提供了大量可供线缆连接的端口(交换机一般会比集线器的端口多一些),但它们在工作原理上有着根本的区别。交换机如图3-1所示。

图3-1 交换机

交换机可以自动"学习"MAC地址,并把其存放在内部的MAC地址表中,它通过在数据帧的发送者和接收者之间建立临时的交换路径,将数据帧直接由源地址送达目的地址,避免了与其他端口发生碰撞,提高了网络的实际吞吐量。

交换机各个端口处于不同的冲突域中,终端主机独占端口的带宽,各个端口独立地发送和接收数据,互不干扰,因而交换机在同一时刻可进行多个端口之间的数据传输。交换机是当前局域网中使用最广泛的网络设备。

交换机的分类标准多种多样,常见的有以下几种。

1)根据网络覆盖范围,可划分为局域网交换机和广域网交换机。

2)根据传输媒体和传输速度,可划分为以太网交换机、快速以太网交换机、千兆以太网交换机、FDDI交换机、ATM交换机和令牌环交换机等多种。由于以太网技术已成为当今最重要的一种局域网技术,故以太网交换机也就成了最普及的交换机。

3)根据网络构成方式,可划分为接入层交换机、汇聚层交换机和核心层交换机。

4)根据工作的协议层,可分为第二层交换机、第三层交换机和第四层交换机。

基于MAC地址工作的第二层(数据链路层)交换机最为普遍,一般应用于中小型企业的网络接入层和汇聚层。第二层交换机属于数据链路层设备,可以识别数据报中的MAC地址信息,然后根据MAC地址进行转发,并将这些MAC地址与对应的端口记录在自己内部的MAC地址表中。

基于IP地址和协议进行交换的第三层(网络层)交换机普遍应用于网络的核心层,也少量应用于汇聚层。这类交换机比第二层交换机更高档,功能更强。第三层交换机因为工作在OSI参考模型的网络层,所以它具有路由功能,可实现不同网段间数据的线速交换。

5)根据交换机所应用的网络层次,可划分为企业级交换机、部门级交换机、工作组交换机、桌面型交换机。

3.1.2 交换机的数据转发方式

局域网交换机拥有许多端口,每个端口有自己的专用带宽,并且可以连接不同的网段。交换机各个端口之间的通信是同时的、并行的,这就大大提高了信息吞吐量。为了进一步提高性能,每个端口还可以只连接一个设备。

3.1.2 交换机工作原理

为了实现交换机之间的互联或与高档服务器的连接,局域网交换机一般拥有一个或几个高速端口,如100MB以太网端口、FDDI端口或155MB ATM端口,从而保证整个网络的传输性能。

1. 交换机的特性

通过集线器共享局域网的用户不仅是共享带宽,而且是竞争带宽。可能会由于个别用户需要更多的带宽而导致其他用户的可用带宽相对减少,甚至被迫等待,因而也就耽误了通信和信息处理。利用交换机的网络微分段技术,可以将一个大型的共享式局域网分成许多独立的网段,减少竞争带宽的用户数量,增加每个用户的可用带宽,从而缓解共享网络的拥挤状况。由于交换机可以将信息迅速而直接地送到目的地,能大大提高传输速率和带宽,能保护用户以前在介质方面的投资,并提供良好的可扩展性,因此交换机不但是网桥的理想替代物，而且是集线器的理想替代物。

与网桥和集线器相比，交换机从下面几方面改进了性能。

1）通过支持并行通信，提高了交换机的信息吞吐量。

2）将传统的一个大局域网上的用户分成若干工作组，每个端口连接一台设备或一个工作组，有效地解决了拥挤现象。这种技术被称为网络微分段技术。

3）虚拟局域网（Virtual LAN）技术的出现，给交换机的使用和管理带来了更大的灵活性。

4）端口密度可以与集线器相媲美，一般的网络系统都有一个或几个服务器，而绝大部分都是普通的客户机。客户机都需要访问服务器，这样就使服务器的通信和事务处理能力成为整个网络性能好坏的关键。

交换机主要从提高连接服务器端口的速率以及相应的帧缓冲区的大小来提高整个网络的性能，从而满足用户的要求。一些高档的交换机还采用全双工技术进一步提高端口的带宽。以前的网络设备基本上都采用半双工的工作方式，即当一台主机发送数据报的时候，它就不能接收数据报，当接收数据报的时候，就不能发送数据报。由于采用全双工技术，即主机在发送数据报的同时，还可以接收数据报，普通的10Mbit/s端口就可以变成20Mbit/s端口，普通的100Mbit/s端口就可以变成200Mbit/s端口，这样就进一步提高了信息吞吐量。

2．交换机的工作原理

传统的交换机本质上是具有流量控制能力的多端口网桥，即传统的二层交换机。把路由技术引入交换机，可以完成网络层路由选择，故称为三层交换，这是交换机的新进展。交换机和网桥一样，是工作在链路层的联网设备，它的各个端口都具有桥接功能，每个端口可以连接一个LAN、一台高性能网站或服务器，能够通过自学习来了解每个端口的设备连接情况。所有端口由专用处理器进行控制，并经过控制管理总线转发信息。同时可以用专门的网管软件进行集中管理。除此之外，交换机为了提高数据交换的速度和效率，一般支持多种方式。

3．交换技术

（1）端口交换　端口交换技术最早出现在插槽式的集线器中，这类集线器的背板通常可以使用相关技术划分为多条以太网段（每条网段为一个广播域），不用网桥或路由连接，网络之间是互不相通的。以太网主模块插入后通常被分配到某个背板的网段上，端口交换可使以太网模块的端口在背板的多个网段之间进行分配。根据支持的程度，端口交换还可细分为以下几种。

1）模块交换：对整个模块进行网段迁移。

2）端口组交换：通常，模块上的端口被划分为若干组，每组端口允许进行网段迁移。

3）端口级交换：支持每个端口在不同网段之间进行迁移。这种交换技术是基于OSI第一层完成的，具有较强的灵活性和较强的负载平衡能力等优点。如果配置得当，那么还可以在一定程度上进行容错，但没有改变共享传输媒体的特点，所以不能称之为真正的交换。

（2）帧交换　帧交换是目前应用非常广泛的局域网交换技术，它通过对传统传输媒介进行微分段，提供并行传送的机制，以减小冲突域，获得高的带宽。一般来讲，不同企业产品的实现技术会有差异，但对网络帧的处理方式一般有以下几种：

①直通（Cut Through）式，人们可以理解直通式的以太网交换机为各端口间是纵横交叉的线路矩阵电话交换机。它在输入端口检测到一个数据报时，检查该数据报的报头，获取数据报的目的地址，启动内部的动态查找表，转换成相应的输出端口，在输入与输出交叉处接通，把数据报直通到相应的端口，实现交换功能。由于不需要存储，因此延迟非常小、交换非常快，这是它的优点。它的缺点是，因为数据报内容并没有被以太网交换机保存下来，所以无法检查所传送的数据报是否有误，不能提供错误检测能力。由于没有缓存，因此不能将具有不同速率的输入/输出端口直接接通，而且容易丢失。

②存储转发（Store and Forward）式，该方式是计算机网络领域应用最为广泛的方式。它对输入端口的数据报进行检查，在对错误的数据报进行处理后才取出数据报的目的地址，通过查找表转换成相应的输出端口。正因如此，存储转发式交换方式在数据处理时延时大，这是它的不足，但是它可以对进入交换机的数据报进行错误检测，有效地改善网络性能。尤其是它可以支持不同速率的端口间的转换，保持高速端口与低速端口间的协同工作。

③碎片隔离（Fragment Free）式，该方式在转发数据帧之前会过滤掉冲突帧，这些数据帧主要是错误的数据报。一般网络中，冲突帧必须小于 64 字节，因为任何大于 64 字节的数据报都会被认为是无误的。该方式在转发前要等待，直至确定接收到的数据帧大于 64 字节后才会转发，因此该方式的工作速率不如快速转发方式快，但比快速转发方式下发生的错误数据帧少。

（3）信元交换　ATM 技术代表了网络和通信技术发展的未来方向，也是解决目前网络通信中众多难题的一剂"良药"，ATM 采用固定长度的 53 个字节的信元交换。由于长度固定，因而便于用硬件实现。ATM 采用专用的非差别连接，并行运行，可以通过一个交换机同时建立多个结点，但并不会影响结点之间的通信能力。ATM 还允许在源结点和目标结点之间建立多个虚拟链接，以保障足够的带宽和容错能力。ATM 采用了统计时分电路进行复用，因而能大大提高通道的利用率。

3.1.3　交换机的登录方式

3.1.3　交换机
的登录方式

3.1.3　交换机
的基本配置

1．通过 Console 口登录交换机

第一步：如图 3-2 所示，建立本地配置环境，只需将微机（或终端）的串口通过配置电缆与以太网交换机的 Console 口连接。

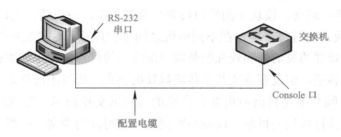

图 3-2　通过 Console 口搭建本地配置环境

第二步：在微机上运行终端仿真程序，按图 3-3 所示设置终端通信参数：波特率为 9600bit/s、8 位数据位、1 位停止位、无奇偶校验和无流量控制。之后选择终端类型为 VT100。

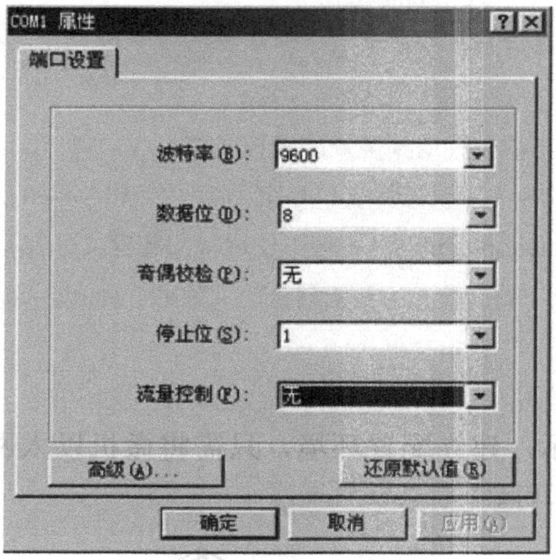

图 3-3　设置终端通信参数

第三步：以太网交换机上电，终端上显示以太网交换机自检信息，自检结束后提示用户按 <Enter> 键，之后将出现命令行提示符（如 Switch>）。

第四步：输入命令，配置以太网交换机或查看以太网交换机运行状态。若需要帮助，可以随时输入"?"。

2. 通过 Telnet 登录交换机

如果用户已经通过 Console 口正确配置以太网交换机来管理 VLAN 接口的 IP 地址（在 VLAN 接口视图下使用 ip address 命令），并已指定与终端相连的以太网端口属于该管理 VLAN（在 VLAN 视图下使用 port 命令），这时可以通过 Telnet 登录以太网交换机，然后对以太网交换机进行配置。

3.1.3　Telnet 远程管理交换机

第一步：在通过 Telnet 登录以太网交换机之前，需要通过 Console 口在交换机上配置欲登录的 Telnet 用户名和认证口令。

Telnet 用户登录时，默认需要进行口令认证，如果没有配置口令而进行 Telnet 登录，则系统会提示"password required，but none set."。

```
Switch>enable          （从用户模式进入特权模式）
Switch#configure terminal     （从特权模式进入全局配置模式）
Switch(config)#hostname SW1     （将交换机命名为"SW1"）
SW1(config)#interface vlan1     （进入交换机的管理 VLAN）
SW1(config-if)#ip address 192.168.1.254 255.255.255.0     （为交换机配置 IP 地址和子网掩码）
SW1(config-if)#no shutdown     （激活该 VLAN）
SW1(config-if)#exit      （从当前模式退到全局配置模式）
SW1(config)#line console 0      （进入控制台模式）
SW1(config-line)#password 123     （设置控制台登录密码为"123"）
```

```
SW1(config-line)#login    （登录时使用此验证方式）
SW1(config-if)#exit    （从当前模式退到全局配置模式）
SW1(config)#line  vty 0 4    （进入 Telnet 模式）
SW1(config-line)#password 456    （设置 Telnet 登录密码为"456"）
SW1(config-line)#login    （登录时使用此验证方式）
SW1(config-if)#exit    （从当前模式退到全局配置模式）
SW1(config)#enable secret 789    （设置特权口令密码为"789"）
SW1#copy  running-config startup-config    （将正在运行的配置文件保存到系统的启动配置文件）
Destination filename [startup-config]?    （系统默认的文件名"startup-config"）
Building configuration...
[OK]    （系统显示保存成功）
```

第二步：如图 3-4 所示，建立配置环境，只需将微机以太网端口通过局域网与以太网交换机的以太网端口连接即可。

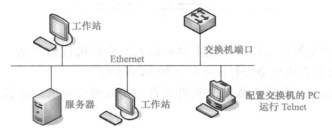

图 3-4　通过局域网搭建本地配置环境

第三步：在计算机上运行 Telnet 程序，输入与微机相连的以太网端口所属 VLAN 的 IP 地址，如图 3-5 所示。

图 3-5　运行 Telnet 程序

第四步：终端上显示"User Access Verification"，并提示用户输入已设置的登录口令，口令输入正确后则出现命令行提示符（如 Switch>）。如果出现"Too many users!"的提示，则表示当前通过 Telnet 连接到以太网交换机的用户过多，需要稍候再连（通常情况下，以太网交换机最多允许 5 个 Telnet 用户同时登录）。

第五步：使用相应命令配置以太网交换机或查看以太网交换机运行状态。需要帮助可以随时输入"?"。

注意：

① 通过 Telnet 配置交换机时，不要删除或修改对应本 Telnet 连接的交换机上的 VLAN

接口的 IP 地址，否则会导致 Telnet 连接断开。

②Telnet 用户登录时，默认可以访问命令级别为 0 级的命令。

3.2 VLAN 的划分

3.2.1 通过 VLAN 控制 广播域

3.2.1 VLAN 的定义

在标准以太网出现后，同一个交换机下的不同端口已经不在同一个冲突域中，所以连接在交换机下的主机进行点到点的数据通信时，也不再影响其他主机的正常通信。但是后来发现，应用广泛的广播报文仍然不受交换机端口的限制，而是在整个广播域中任意传播，甚至在某些情况下，单播报文也被转发到广播域的所有端口。这样一来，就大大地占用了有限的网络带宽资源，使得网络效率低下。传统以太网如图 3-6 所示。

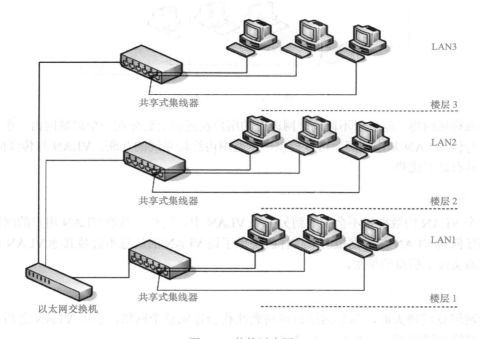

图 3-6　传统以太网

以太网处于 TCP/IP 协议栈的第二层，第二层中的本地广播报文是不能被路由器转发的，为了降低广播报文的影响，只有使用路由器来减小以太网上广播域的范围，从而降低广播报文在网络中的比例，提高带宽利用率。但这不能解决同一交换机下的用户隔离，并且使用路由器来划分广播域，无论是在网络建设成本上，还是在管理上都存在很多不利因素。为此，IEEE 专门设计了一种 802.1q 的协议标准，这就是 VLAN 技术的根本。它应用软件实现了二层广播域的划分，完美地解决了路由器划分广播域存在的困难。

总体上来说，VLAN 技术划分广播域有着很大优势。虚拟局域网（VLAN）逻辑上把网

络资源和网络用户按照一定的原则进行划分，把一个物理上的网络划分成多个小的逻辑网络。这些小的逻辑网络形成各自的广播域，也就是虚拟局域网（VLAN），如图 3-7 所示。几个部门使用一个中心交换机，但是各个部门属于不同的 VLAN，形成各自的广播域，广播报文不能跨越这些广播域传送。

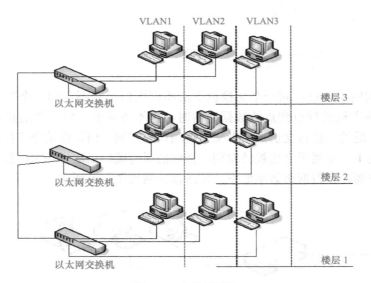

图 3-7　虚拟局域网

　　虚拟局域网将一组位于不同物理网段上的用户在逻辑上划分在一个局域网内，在功能和操作上与传统 LAN 基本相同，可以提供一定范围内终端系统的互联。VLAN 与传统的 LAN 相比，具有以下优势。

1. 增强通信的安全性

　　一个 VLAN 的数据报不会发送到另一个 VLAN 中，这样，其他 VLAN 用户的网络上是收不到任何该 VLAN 的数据报的，这样就确保了该 VLAN 的信息不会被其他 VLAN 的人窃听，从而实现了信息的保密。

2. 增强网络的健壮性

　　当网络规模增大时，部分网络出现问题往往会影响整个网络，引入 VLAN 之后，可以将一些网络故障限制在一个 VLAN 之内。

3. 虚拟工作组

　　使用 VLAN 的最终目标就是建立虚拟工作组，如图 3-8 所示。例如，在企业网中，同一个部门的网络就好像在同一个 LAN 上一样，很容易互相访问、交流信息，同时，所有的广播报文也都限制在该 VLAN 上，而不影响其他 VLAN 中的人。一个人如果从一个办公地点换到另外一个地点，而仍然在该部门，那么该用户的配置无须改变。同时，如果一个人虽然办公地点没有变，但它更换了部门，那么只需网络管理员更改一下该用户的配置即可。这个功能的目标就是建立一个动态的组织环境，当然，这只是一个理想的目标，要实现它，还需要一些其他方面的支持。

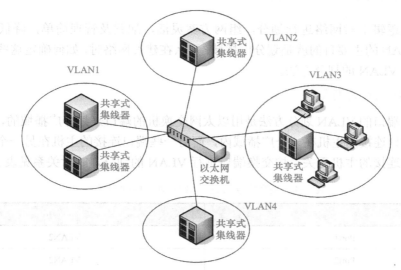

图 3-8 虚拟工作组

1）用户不受物理设备的限制，VLAN 用户可以处于网络中的任何地方。

2）VLAN 对用户的应用不产生影响：VLAN 的应用解决了许多大型二层交换网络产生的问题。

3）限制广播报文，提高带宽的利用率。

VLAN 有效地解决了广播风暴带来的性能下降问题。一个 VLAN 形成一个小的广播域，VLAN 成员都在其所属 VLAN 确定的广播域内，那么当一个数据报没有路由时，交换机只会将此数据报发送到所有属于该 VLAN 的其他端口，而不是所有的交换机端口，这样，数据报就限制在了一个 VLAN 内，在一定程度上可以节省带宽，如图 3-9 所示。

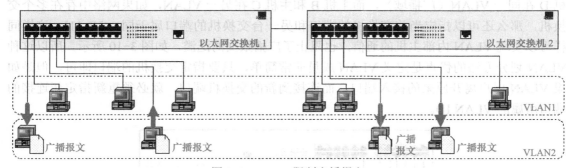

图 3-9 VLAN 限制广播报文

4．减少移动和改变的代价

所谓的动态管理网络，就是当一个用户从一个位置移动到另一个位置时，它的网络属性不需要重新配置，而是动态地完成。这种动态管理网络给网络管理者和使用者都带来了极大的好处，一个用户，无论在哪里，都能不做任何修改地接入网络，这种前景是非常美好的。当然，并不是所有定义方法的 VLAN 都能做到这一点。

3.2.2　VLAN 的划分方法

VLAN 从逻辑上对网络进行划分，组网方案灵活，配置及管理简单，降低了管理及维护的成本。VLAN 的主要目的就是划分广播域，那么在建设网络时，如何确定这些广播域呢？下面介绍几种 VLAN 的划分方法。

1．按交换端口进行划分

基于交换端口的 VLAN 划分方法是用以太网交换机的端口来划分广播域的，也就是说，交换机某些端口连接的主机在一个广播域内，而另一些端口连接的主机在另一个广播域内，VLAN 和端口连接的主机无关，按交换端口进行 VLAN 的划分，映射关系见表 3-1。

表 3-1　按交换端口进行 VLAN 划分的映射关系

端口	VLAN　ID
Port1	VLAN2
Port2	VLAN2
Port6	VLAN2
Port7	VLAN2
Port3	VLAN3
Port4	VLAN3
Port5	VLAN3

假设指定交换机的端口 1、端口 2、端口 6 和端口 7 属于 VLAN2，端口 3、端口 4 和端口 5 属于 VLAN3。此时，主机 A 和主机 C 在同一个 VLAN，主机 B 和主机 D 在另一个 VLAN，如果将主机 A 和主机 B 交换连接端口，则 VLAN 表仍然不变。如果主机 A 与主机 D 在同一 VLAN（广播域），而主机 B 和主机 C 在另一 VLAN，如果网络中存在多个交换机，那么还可以指定当前交换机的端口和另一台交换机的端口属于同一 VLAN，这样同样可以实现 VLAN 内部主机的通信，也阻止了广播报文的泛滥，如图 3-10 所示。所以这种 VLAN 划分方法的优点是定义 VLAN 成员非常简单，只要指定交换机的端口即可，但是如果 VLAN 用户离开原来的接入端口，而连接到新的交换机端口，就必须重新指定新连接的端口所属的 VLAN ID。

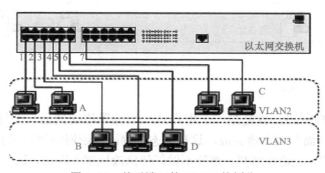

图 3-10　基于端口的 VLAN 的划分

在最初的实现中，VLAN 是不能跨越交换设备的。后来进一步的发展使得 VLAN 可以跨越多个交换设备，如图 3-11 所示。

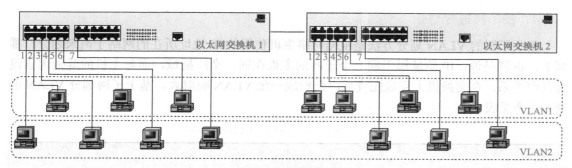

图 3-11　跨交换设备 VLAN 的划分

2. 按 MAC 地址进行划分

基于 MAC 地址的 VLAN 划分方法是根据连接在交换机上主机的 MAC 地址来划分广播域的，也就是说，某个主机属于哪一个 VLAN 只和它的 MAC 地址有关，和它连接在哪个端口或者 IP 地址没有关系。在交换机上配置完成后，会形成一张 VLAN 映射表。基于 MAC 地址划分 VLAN 的映射关系见表 3-2。

表 3-2　基于 MAC 地址划分 VLAN 的映射关系

MAC 地址	VLAN ID
MAC A	VLAN2
MAC B	VLAN3
MAC C	VLAN2
MAC D	VLAN3
……	……

这种划分 VLAN 方法的最大优点在于，当用户改变物理位置（改变接入端口）时，不用重新配置。但是人们明显可以感觉到这种方法的初始配置量很大，要针对每个主机进行 VLAN 设置。并且对于那些容易更换网络接口卡的笔记本计算机用户，会经常使交换机更改配置。

3. 按协议进行划分

基于协议的 VLAN 划分方法是根据网络主机使用的网络协议来划分广播域的，也就是说，主机属于哪一个 VLAN 决定于它所运行的网络协议（如 IP 和 IPX），而与其他因素没有关系。在交换机上完成配置后，会形成一张 VLAN 映射表。基于协议划分 VLAN 的映射关系见表 3-3。

表 3-3　基于协议划分 VLAN 的映射关系

协议类型	VLAN ID
IP	VLAN2
IPX	VLAN3
……	……

这种 VLAN 划分在实际中的应用非常少，因为目前绝大多数都是 IP 的主机，其他协议的主机组件被 IP 主机代替，所以它很难将广播域划分得更小。

4. 按子网进行划分

基于子网的 VLAN 划分方法是根据网络主机使用的 IP 地址所在的网络子网来划分广播域的，也就是说，IP 地址属于同一个子网的主机在同一个广播域，而与主机的其他因素没有任何关系。在交换机上完成配置后，会形成一张 VLAN 映射表。基于子网划分 VLAN 的映射关系见表 3-4。

表 3-4　基于子网划分 VLAN 的映射关系

IP 子网	VLAN ID
1.1.10/24	VLAN2
1.1.2.0/24	VLAN3
……	……

这种 VLAN 划分方法管理及配置灵活，网络用户可自由移动位置而不需重新配置主机或交换机，并且可以按照传输协议进行子网划分，从而实现针对具体应用服务来组织网络用户。但是，这种方法也有它不足的一面，为了判断用户的属性，必须检查每一个数据报的网络层地址，这将耗费交换机不少的资源，并且同一个端口可能存在多个 VLAN 用户。

综合来看以上各种 VLAN 划分方法，基于端口划分 VLAN 是普遍使用的方法之一，也是目前所有交换机都支持的一种 VLAN 划分方法。有少量交换机支持基于 MAC 地址的 VLAN 划分，大部分以太网交换机目前都支持基于端口的 VLAN 划分。

3.2.3　VLAN 的配置案例

假如你是某公司的一位网络管理员，公司有技术部、销售部、财务部等部门，公司领导要求你组建公司的局域网。公司规模较小，只有一个路由器，且路由器接口有限，所有部门只能使用一台交换机互联，若将所有的部门组建成一个局域网，则网速很慢，最终可能导致网络瘫痪。各部门的内部主机有一些业务往来，需要频繁通信，但部门之间为了安全并提高网速，禁止它们互相访问。要求你对交换机进行适当的配置来满足这一要求。配置方案如下。

3.2.3　VLAN 的配置案例

在一台交换机中分别划分虚拟局域网，并且使每个虚拟局域网中的成员能够互相访问，两个不同的虚拟局域网成员之间不能互相访问，VLAN 的具体划分情况见表 3-5。

表 3-5　公司交换机 VLAN 的具体划分情况

VLAN 号	包含的端口	VLAN 分配情况
2	1～5	技术部
3	7～10	销售部
4	11～24	财务部

用一台 PC 作为控制终端，通过交换机的串口登录交换机（也可以给交换机先配置一个与控制台终端在同一个网段的 IP 地址，并开启 HTTP 服务，通过 Web 界面进行管理配置），划分两个以上基于端口的 VLAN，拓扑结构如图 3-12 所示。

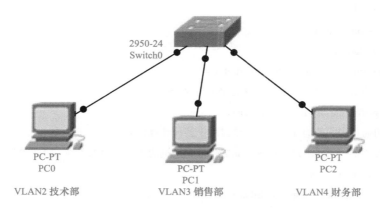

图 3-12 VLAN 划分网络的拓扑结构

为了完成工作任务提出的要求，将交换机划分成 3 个 VLAN，使每个部门的主机在相同的 VLAN 中，其中技术部在 VLAN2 中，包括 1～5 端口；销售部在 VLAN3 中，包括 6～10 端口；财务部在 VLAN4 中，包括 11～24 端口。在同一部门的用户可以相互访问，不同部门的用户不能相互访问，这样可以达到公司的要求。

1．配置 VLAN 的步骤

配置 VLAN 的步骤如下：

1）由用户模式进入特权模式。

2）创建 VLAN，并为其命名：vlan vlan-id [name vlan-name]media Ethernet [state {active|suspend}]。

3）进入交换机的以太网端口：interface ethernet unit/port。

4）指定端口类型：switch mode access/trunk（端口包括两种类型）。

5）向 VLAN 中添加端口：switch access vlan id。

6）指定级联端口：switchport mode trunk。

7）保存当前配置：copy running-config startup-config。

2．具体配置命令

公司各部门 VLAN 的配置情况：

```
Switch>enable
Switch#configure  terminal
Switch(config)#vlan 2
（创建编号为 2 的 VLAN，通常 VLAN 的编号为 1～4096，其中 VLAN1 为系统默认的管理 VLAN）
Switch(config-vlan)#name jsb    （将该 VLAN 命名为 "jsb"）
Switch(config-vlan)#exit
```

Switch(config)#vlan 3

Switch(config-vlan)#name xsb

Switch(config-vlan)#exit

Switch(config)#vlan 4

Switch(config-vlan)#name cwb

Switch(config-vlan)#exit

Switch(config)#interface range fastEthernet 0/1-5

（进入交换机的 1 ～ 5 口，"range"表示连续进入多口）

Switch(config-if-range)#switch mode access

（将交换机的端口模式改为 access，此端口用于连接计算机）

Switch(config-if-range)#switch access vlan 2 （把交换机的 1 ～ 5 口加入 VLAN2 中）

Switch(config-if-range)#exit

Switch(config)#interface range fastEthernet 0/6-10

Switch(config-if-range)#switch mode access

Switch(config-if-range)#switch access vlan 3

Switch(config-if-range)#exit

Switch(config)#interface range fastEthernet 0/11-24

Switch(config-if-range)#switch mode access

Switch(config-if-range)#switch access vlan 4

Switch(config-if-range)#end

Switch#copy running-config startup-config

（将正在运行的配置文件保存到系统的启动配置文件中）

Destination filename [startup-config]?（系统默认的文件名为"startup-config"）

Building configuration...

[OK] （系统显示保存成功）

Switch#show vlan

（查看交换机的 VLAN 信息，也可以使用"show vlan brief"命令查看 VLAN 的简要信息）

VLAN	Name	Status	Ports
1	default	active	
2	jsb	active	Fa0/1, Fa0/2, Fa0/3, Fa0/4，Fa0/5
3	xsb	active	Fa0/6, Fa0/7, Fa0/8, Fa0/9，Fa0/10
4	cwb	active	Fa0/11, Fa0/12, Fa0/13, Fa0/14，Fa0/15, Fa0/16, Fa0/17, Fa0/18，Fa0/19, Fa0/20, Fa0/21, Fa0/22, Fa0/23, Fa0/24
1002	fddi-default		act/unsup
1003	token-ring-default		act/unsup
1004	fddinet-default		act/unsup
1005	trnet-default		act/unsup

3.3 跨交换机相同 VLAN 间通信

随着网络技术的不断发展，需要网络互联处理的事务越来越多，为了适应网络需求，以太网技术也完成了一代又一代的技术更新。为了兼容不同的网络标准，端口技术变得尤为重要，它是解决网络互联互通的重要技术之一。端口技术主要包含了端口自协商、网线智能识别、流量控制、端口聚合以及端口镜像等技术，它们很好地解决了各种以太网标准互联互通存在的问题。

3.3.1 交换机的端口速率

（1）标准以太网 标准以太网是最早的一种交换以太网，实现了真正的端口带宽独享，其端口速率为固定的 10Mbit/s，它包括电端口和光端口两种。

（2）快速以太网 快速以太网是标准以太网的升级，为了兼容标准以太网技术，它实现了端口速率的自适应，其支持的端口速率有 10Mbit/s、100Mbit/s 和自适应 3 种方式。它也包括电端口和光端口两种。

（3）千兆以太网 同样，千兆以太网为了兼容标准以太网技术和快速以太网技术，也实现了端口速率的自适应，其支持的端口速率有 10Mbit/s、100Mbit/s、1000Mbit/s 和自适应方式。它也包括电端口和光端口。

（4）端口速率自协商 从几种以太网标准可以知道，除标准以太网外，它们都支持多种端口速率，那么在实际使用中，它们究竟使用何种速率与对端进行通信呢？

以太网交换机支持端口速率的手工配置和自适应。默认情况下，所有端口都为自适应工作模式，通过相互交换自协商报文进行速率匹配，其匹配结果见表 3-6。

表 3-6 端口速率匹配结果

	标准以太网（自动协商）	快速以太网（自动协商）	千兆以太网（自动协商）
标准以太网（自动协商）	10Mbit/s	10Mbit/s	10Mbit/s
快速以太网（自动协商）	10Mbit/s	100Mbit/s	100Mbit/s
千兆以太网（自动协商）	10Mbit/s	100Mbit/s	1000Mbit/s

当链路两端的一端为自协商，另一端为固定速率时，建议修改两端的端口速率，保持端口速率一致。

3.3.2 交换机端口的工作模式

由于以太网技术发展的历史原因，出现了半双工和全双工两种端口工作模式。为了网络设备的兼容性，目前新的交换机端口既支持全双工工作模式，也支持半双工工作模式。可以手工配置，也可以自协商来决定端口究竟工作在何种模式。

如果链路端口工作在自协商模式，那么与端口速率自协商一样，它们也是通过交换自协

商报文来协商端口工作模式的。实际上，端口模式和端口速率的自协商报文是同一个协商报文。在协商报文中分别用 5 位二进制位来指示端口速率和端口模式，即分别指示 10Base-T 半双工、10Base-T 全双工、100Base-T 半双工、100Base-T 全双工和 100Base-T4。千兆以太网的自协商依靠其他机制完成。

如果链路对端设备不支持自协商功能，那么自协商设备默认链路工作在半双工模式下，所以强制 10Mbit/s 全双工工作模式的设备和自协商的设备协商的结果是：自协商设备工作在 10Mbit/s 半双工工作模式，而对端工作在 10Mbit/s 全双工工作模式，这样虽然可以通信，但会产生大量的冲突，降低网络效率。所以在网络建设中应尽量避免。

另外，所有自协商功能目前都只在双绞线介质上工作。对于光纤介质，目前还没有自协商机制，所以交换机端口的速率和工作模式以及流量控制都只能手工配置。

3.3.3 交换机的端口类型

不同的网络设备根据不同的需求具有不同的网络接口，目前以太网接口有 MDI（Medium Dependent Interface，介质相关接口）和 MDI-X（Media Dependent Interface-X mode，交叉模式介绍相关接口）两种类型。MDI-X 又称为介质非相关接口（又称 MII 接口）。常见的以太网交换机所提供的端口都属于 MDI-X 接口，而路由器和 PC 提供的属于 MDI 接口。上述两种接口的引脚分布见表 3-7。

表 3-7 MDI 和 MDI-X 接口（100Base-TX）引脚分布

引脚	信号	
	MDI	MDI-X（MII）
1	BI_DA+（发）	BI_DB+（收）
2	BI_DA−（发）	BI_DB−（收）
3	BI_DB+（收）	BI_DA+（发）
4	Not used	Not used
5	Not used	Not used
6	BI_DB−（收）	BI_DA−（发）
7	Not used	Not used
8	Not used	Not used

当 MDI 接口和 MDI-X 接口连接时，需要采用直通网线（Normal Cable）；而同一类型的接口（如 MDI 和 MDI）连接时，需要采用交叉网线（Cross Cable）。这给人们进行网络设备连接带来了很多的麻烦。例如，两台交换机的普通端口或者是两台主机相连都需要采用交叉网线，而交换机与主机相连需要直通网线。以太网交换机为了简化用户操作，通过新一代的物理层芯片和变压器技术实现了 MDI 和 MDI-X 接口智能识别和转换的功能。不论使用直通网线还是交叉网线，都可以与同接口类型或不同接口类型的以太网设备互通，有效降低

了用户的工作量。

3.3.4 VLAN 的帧格式

IEEE 802.1q 协议标准规定了 VLAN 技术，它定义同一个物理链路上承载多个子网的数据流的方法。其主要内容如下。

1）VLAN 的架构。

2）VLAN 技术提供的服务。

3）VLAN 技术涉及的算法。为了保证不同厂家生产的设备能够顺利互通，IEEE 802.1q 标准规定了统一的 VLAN 帧格式以及其他重要参数。这里重点介绍标准的 VLAN 帧格式。IEEE 802.1q 标准规定在原有的标准以太网帧格式中增加一个特殊的标志域——Tag 域，用于标识数据帧所属的 VLAN ID。

从两种帧格式可以知道，VLAN 帧相对标准以太网帧在源 MAC 地址后面增加了 4 字节的 Tag 域。它包含了 2 字节的标签协议标识（TPID）和 2 字节的标签控制信息（TCI）。其中，TPID 是 IEEE 定义的新的类型，表示这是一个加了 802.1q 标准的帧。TPID 包含了一个固定的值，十六进制值为 0x8100。TCI 又分为 Priority、CFI 和 VLAN ID 这 3 个域。

4）Priority：该域占用 3 个位，用于标识数据帧的优先级。该优先级决定了数据帧的重要紧急程度，优先级超高，就越优先得到交换机的处理。这在 QoS 的应用中非常重要。它一共可以将数据帧分为 8 个等级。

5）CFI（Canonical Format Indicator）：该域仅占用 1 位。如果该位为 0，则表示该数据帧采用规范帧格式；如果该位为 1，则表示该数据帧为非规范帧格式。它在令牌环 / 源路由 FDDI 介质访问方法中用于指示是否存在 RIF 域，并结合 RIF 域来指示数据帧中地址的位次序信息。如果在 802.3 Ethernet 和 FDDI 介质访问方法中，则用于指示是否存在 RIF 域，并结合 RIF 域来指示数据帧中地址的位次序信息。

6）VLAN ID：该域占用 12 个位，明确指出该数据帧属于某一个 VLAN。所以 VLAN ID 表示的范围为 0 ～ 4095。

3.3.5 跨交换机相同 VLAN 间通信配置案例

1. 案例描述

某公司有财务部、销售部、技术部、人力资源部和研发部，其中，财务部和销售部的计算机分布在几栋楼内，公司领导要求你组建公司的局域网，使销售部内部的机器可以相互访问，而其他部门的计算机只有同办公室可以相互访问，不同办公室的计算机不能相互访问，部门之间为了安全禁止互访，要实现这一目标，需要在交换机上做适当的配置。

这里用计算机作为控制终端，通过交换机的串口登录交换机。注意，两台交换机的 VLAN 中所包含的端口不必相同。两台交换机的 VLAN 划分情况见表 3-8、表 3-9。

表 3-8　交换机 1 的 VLAN 划分情况

VLAN 号	包含的端口	VLAN 分配情况
1	1	级联端口
2	2～5	财务部
3	6～10	销售部
4	11～24	技术部

表 3-9　交换机 2 的 VLAN 划分情况

VLAN 号	包含的端口	VLAN 分配情况
1	1	级联端口
3	2～4	销售部
5	5～12	财务部
6	13～16	人力资源部
7	17～24	研发部

　　设备与配线：交换机两台、兼容 VT-100 的终端设备或能运行终端仿真程序的计算机（两台以上）、RS-232 电缆、RJ-45 接头的网线（若干）。以思科设备为例，拓扑结构如图 3-13 所示。

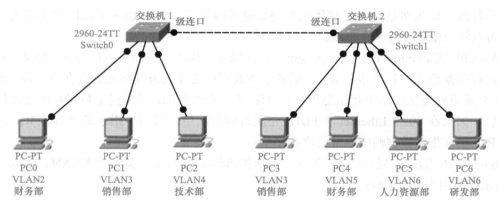

图 3-13　跨交换机相同 VLAN 间通信网络的拓扑结构（思科设备）

2．配置过程

（1）配置跨交换机相同 VLAN 间通信的具体步骤　具体步骤如下。

1）由用户模式进入特权模式。

2）创建 VLAN，并为其命名：vlan vlan-id [name vlan-name]media Ethernet [state {active|suspend}]。

3）进入交换机的以太网端口：interface ethernet unit/port。

4）指定端口类型：switch mode access/trunk（端口包括两种类型）。

5）向 VLAN 中添加端口：switch access vlan id。

6）指定级联端口：switchport mode trunk。

7）保存当前配置：copy running-config startup-config。

（2）具体的配置命令　这里以交换机1的配置为例进行介绍。

1）配置交换机的系统名为"Switch1"：

```
Switch>enable
Switch#configure  terminal
Switch(config)#hostname Switch1
```

2）在交换机上划分 VLAN2：

```
Switch1(config)#vlan 2
Switch1(config-vlan)#name cwb
Switch1(config-vlan)#exit
Switch1(config)#interface  range  fastEthernet 0/2-5
Switch1(config-if-range)#switch  mode access
Switch1(config-if-range)#switch access vlan 2
Switch1(config-if-range)#exit
```

3）在交换机上划分 VLAN3：

```
Switch1(config)#vlan 3
Switch1(config-vlan)#name xsb
Switch1(config-vlan)#exit
Switch1(config)#interface  range  fastEthernet 0/6-10
Switch1(config-if-range)#switch  mode access
Switch1(config-if-range)#switch access vlan 3
Switch1(config-if-range)#exit
```

4）在交换机上划分 VLAN4：

```
Switch1(config)#vlan 4
Switch1(config-vlan)#name jsb
Switch1(config-vlan)#exit
Switch1(config)#interface  range  fastEthernet 0/11-24
Switch1(config-if-range)#switch  mode access
Switch1(config-if-range)#switch access vlan 4
Switch1(config-if-range)#exit
```

5）设置级联端口：

```
Switch1(config)#interface  fastEthernet 0/1        （进入交换机的 1 口）
switch1(config-if)#switchport mode trunk
```
（设置接口模式为"trunk"，交换机两端的级联端口都要进行这样的配置）

6）保存：

```
Switch1(config-if)#end        （由任何模式直接退到特权模式）
Switch1#copy  running-config startup-config
```
（将正在运行的配置文件保存到系统的启动配置文件中）

Destination filename [startup-config]? （系统默认的文件名为"startup-config"）

Building configuration...

[OK] （系统显示保存成功）

7）查看 VLAN 信息：

Switch#show vlan

（查看交换机的 VLAN 信息，也可以使用"show vlan brief"命令查看 VLAN 的简要信息，如图 3-14 所示）

```
VLAN Name(VLAN名称)              Status（状态）  Ports（端口）
---- -------------------------- -------------  ----------------------------
1    default          (激活状态) active        Gig1/1, Gig1/2
2    cwb                         active        Fa0/2, Fa0/3, Fa0/4, Fa0/5
3    xsb                         active        Fa0/6, Fa0/7, Fa0/8, Fa0/9
                                               Fa0/10
4    jsb                         active        Fa0/11, Fa0/12, Fa0/13, Fa0/14
                                               Fa0/15, Fa0/16, Fa0/17, Fa0/18
                                               Fa0/19, Fa0/20, Fa0/21, Fa0/22
                                               Fa0/23, Fa0/24

1002 fddi-default      (1002-1005为系统  act/unsup
1003 token-ring-default               act/unsup
1004 fddinet-default   备用的默认VLAN)  act/unsup
1005 trnet-default                    act/unsup

VLAN Type SAID      MTU   Parent RingNo BridgeNo Stp  BrdgMode Transl Trans2
---- ---- --------- ----- ------ ------ -------- ---- -------- ------ ------
1    enet 100001    1500  -      -      -        -    -        0      0
2    enet 100002    1500  -      -      -        -    -        0      0
3    enet 100003    1500  -      -      -        -    -        0      0
4    enet 100004    1500  -      -      -        -    -        0      0
1002 fddi 101002    1500  -      -      -        -    -        0      0
--More--
```

图 3-14　查看 VLAN 信息

3.4　链路聚合技术

3.4.1　链路聚合的作用

以太网技术经历了从 10Mbit/s 标准以太网到 100Mbit/s 快速以太网，到现在的 1000Mbit/s 以太网，提供的网络带宽越来越大，但是仍然不能满足某些特定场合的需求，特别是集群服务。

到目前为止，主机以太网网卡基本都只有 100Mbit/s 的带宽，而集群服务器面向的是成百上千的访问用户，如果仍然采用 100Mbit/s 的网络接口提供连接，那么必然成为用户访问服务器的瓶颈。由此产生了多网络接口卡的连接方式，一台服务器同时能通过多个网络接口提供数据传输，以提高用户访问速率。这就涉及用户究竟占用哪一个网络接口的问题。同时，为了更好地利用网络接口，人们也希望在没有其他网络用户时，唯一的用户可以占用尽可能大的网络带宽。这些就是链路聚合技术要解决的问题。同样在大型局域网中，为了有效转发和交换所有网络接入层的用户数据流量，核心层设备之间或者是核心层和汇聚层设备之间，都需要提高链路带宽。这也是链路聚合技术广泛应用的原因所在。

在解决上述问题的同时，链路聚合还有其他的优点。例如，采用聚合远远比采用更高带宽的网络接口卡更容易，成本更加低廉。

从上述需求可以看出链路聚合主要应用于以下场合。

1）交换机与交换机之间的连接：汇聚层交换机到核心层交换机或核心层交换机之间的

连接。

2）交换机与服务器之间的连接：集群服务器采用多网卡与交换机连接，以提供集中访问。

3）交换机与路由器之间的连接：交换机和路由器采用链路聚合可以解决广域网和局域网连接瓶颈的问题。

4）服务器与路由器之间的连接：集群服务器采用多网卡与路由器连接，以提供集中访问。

特别是在服务器采用链路聚合时，需要专有的驱动程序配合完成。链路聚合（Trunking）是将多个端口聚合在一起，形成一个汇聚组，以实现出 / 入负荷在各成员端口中的分担，同时也提供了更高的连接可靠性。

一台 S2008-EI 最多可以有 4 个汇聚组，S2017-EI 最多可以有 8 个汇聚组，S2403H-EI 最多可以有 12 个汇聚组。每个汇聚组最多可以有 8 个固定端口。其中，S2017-EI 中同一个组内的端口必须属于端口 1 ～ 8 或端口 9 ～ 16。S2403H-EI 中同一个组内的端口必须属于端口 1 ～ 8、端口 9 ～ 16 或端口 17 ～ 24。

在一个汇聚组中，端口号最小的作为主端口，其他的作为成员端口。同一个汇聚组中，成员端口的链路类型与主端口的链路类型应保持一致。如果主端口为 Trunk 端口，则成员端口也应为 Trunk 端口；如果主端口的链路类型改为 Access，则成员端口的链路类型也应改为 Access。

3.4.2　链路聚合的实现条件

链路聚合技术可以在不改变现有网络设备以及原有布线的条件下，将交换机的多个低带宽交换端口捆绑成一个高带宽的链路，通过这几个端口进行链路负载平衡，避免链路出现拥塞现象。可以将 2 个、3 个或 4 个端口进行捆绑，分别负责特定端口的数据转发，防止单条链路转发速率过低而出现丢包现象。

1）链路聚合技术的优点如下。

● 价格便宜，性能接近千兆以太网。

● 不需要重新布线，无须考虑千兆以太网传输距离的限制。

● 链路聚合可以捆绑任何相关的端口，也可以随时取消设置，提供了很高的灵活性。

● 链路聚合可以提供负载均衡以及系统容错功能。由于 Trunking 实时平衡各个交换机端口和服务器接口的流量，会自动将故障端口从 Trunking 组中撤销，重新分配各个 Trunk 端口的流量，从而实现系统容错。

2）链路聚合技术的配置要求如下。

● 链路聚合中的端口必须属于一个 VLAN。

● 链路聚合中端口的带宽、双工模式必须相同。

● 链路聚合中端口间的连接线要相同，应同时是双绞线或光纤等。

3）链路聚合的端口要求如下。

● 聚合端口必须属于同一个 VLAN。

● 聚合端口的属性必须相同（包括端口带宽及速率）。

● 聚合端口使用的传输媒体必须一致。

● 一个静态聚合最多可以包含 4 个 10/100Mbit/s 端口或 2 个千兆端口。

4）进行链路汇聚时应注意的问题如下。

● 应在系统视图下进行配置。

● 进行汇聚的以太网端口必须同为 10M_FULL（10Mbit/s 速率，全双工模式）、100M_FULL（100Mbit/s 速率，全双工模式）或 1000M_FULL（1000Mbit/s 速率，全双工模式），否则无法实现汇聚。

● 目前不支持 ingress 汇聚模式。

● link-aggregation 命令用来将一组端口设置为汇聚端口，并把端口中端口号最小的作为主端口；undo link-aggregation 命令用来删除以太网端口汇聚。

在完成聚合配置后，在特权模式下执行 show 命令可以显示配置后以太网端口汇聚的运行情况，通过查看显示信息验证配置的效果。

如果指定了汇聚端口组的主端口，则显示相关汇聚端口组的信息；如果不指定汇聚端口组的主端口，则显示所有的汇聚端口的相关信息。

5）以太网链路聚合配置出现故障时的故障排除。

故障现象：当配置链路聚合时，出现配置不成功的提示信息。

故障排除：①检查输入的起始端口是否小于结束端口，如果是则转②。②检查所配置的端口是否属于其他已存在的汇聚组，如果否则转③。③检查所汇聚端口的速率是否相同且为全双工模式，如果是则转④。④如果正确，则转而配置该链路聚合。

3.4.3 链路聚合配置案例

1. 案例描述

某公司分为总公司和分公司两部分，总公司和分公司之间通过两台交换机组成一个局域网，由于很多数据流量是跨交换机进行转发的，因此需要提高交换机之间的传输带宽，并实现链路冗余备份，为此网络管理员在两台交换机之间采用 4 根双绞线互连，并将相应的两个端口聚合为一个逻辑端口，现在要在交换机上做适当的配置来实现这一目标。

设备与配线：交换机两台、兼容 VT-100 的终端设备或能运行终端仿真程序的计算机（两台）、RS-232 电缆、RJ-45 接头的网线（若干），拓扑结构如图 3-15 所示。

图 3-15　链路聚合组网的拓扑结构

2．链路聚合的配置步骤

1）由用户试图进入系统视图。

2）进入将要进行聚合的以太网端口：interface ethernet unit/port。

3）为此端口设置双工状态和速率。

4）指定实现链路聚合的端口。

5）保存当前配置：save。

3．具体的配置命令

这里以交换机 1 为例进行介绍。

1）创建聚合通道 1：

```
Switch>enable
Switch#confure terminal
Switch(config)#hostname Switch1
Switch1(config)#interface port-channel 1( 创建一个聚合通道，要指定一个唯一的通道组号，组号的范围
为 1 ～ 6。要取消通道，则在此命令前加 "no" )
```

2）向聚合通道中加入端口：

```
Switch1(config)#interface fastEthernet 0/1          （进入聚合端口）
Switch1(config-if)#channel-group 1 mode on          （将此端口加入通道 1）
Switch1(config)#interface fastEthernet 0/2          （进入聚合端口）
Switch1(config-if)#channel-group 1 mode on          （将此端口加入通道 1）
```

3）设置聚合通道端口的速率和双工状态：

```
Switch1(config)# interface port-channel 1           （进入聚合组 1）
Switch1(config-if)#switch mode trunk      （当此端口连接交换机时，需要设置级联端口）
Switch1(config-if)#speed 100      （设置聚合组中的物理端口速率为 100Mbit/s）
Switch1(config-if)#duplex full      （设置聚合组中的物理端口双工状态为全双工）
Switch1(config-if)#exit
```

4）设置负载均衡模式：

```
Switch1(config)#port-channel  load-balance dst-mac      （配置负载均衡模式）
```

5）查看聚合通道信息：

```
Switch1#show etherchannel  summary
Flags:  D - down          P - in port-channel
        I - stand-alone  s - suspended
        H - Hot-standby (LACP only)
        R - Layer3        S - Layer2
        U - in use        f - failed to allocate aggregator
        u - unsuitable for bundling
        w - waiting to be aggregated
        d - default port
```

```
Number of channel-groups in use: 1
Number of aggregators:          1

Group  Port-channel  Protocol    Ports
------+------------+-----------+-------------------------------
1    Po1(SU)       PAgP        Fa0/1(P) Fa0/2(P)
```

6）交换机 2 的配置方法与此类似，不再介绍。

3.5　生成树协议

3.5.1　生成树协议的冗余功能

生成树协议（Spanning Tree Protocol，STP）用于检测和避免网络环路，提供连接设备之间的链路备份。生成树协议可以保证两个站点之间的连接中只有一条路径生效，在主路径失效时，又可以备份路径来继续提供连接。该协议可应用于环路网络，通过一定的算法实现路径冗余，同时将环路网络修剪成无环路的树形网络，从而避免报文在环路网络中无限循环。

在局域网中，为了提供可靠的网络连接，就需要网络提供冗余链路。所谓"冗余链路"，其道理和走路一样简单，这条路不通，走另一条路就可以了。冗余就是准备两条以上的通路，如果哪一条路不通了，就从另外的一条路走。

交换机之间具有冗余链路本来是一件很好的事情，但是有可能它引起的问题比它能够解决的问题还要多。如果真的有两条以上的路，就必然形成了一个环路，交换机并不知道如何处理环路，只是周而复始地转发帧，形成一个"死循环"，如图 3-16 所示。最终这个死循环会造成整个网络处于阻塞状态，导致网络瘫痪。

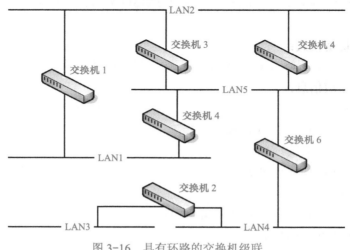

图 3-16　具有环路的交换机级联

第 2 层的交换机和网桥作为交换设备都具有一个相当重要的功能，那就是它们能够记住在一个接口上所收到的每个数据帧的源设备的硬件地址，也就是源 MAC 地址，而且它们会把这个硬件地址信息写到转发/过滤表的 MAC 数据库中，这个数据库一般称为 MAC 地址表。当在某个接口收到数据帧的时候，交换机就查看其目的硬件地址，并在 MAC 地址表中找到其外出的接口，这个数据帧只会被转发到指定的目的端口。

整个网络开始启动的时候，交换机初次加电，还没有建立 MAC 地址表。当工作站发送数据帧到网络的时候，交换机要将数据帧的源 MAC 地址写进 MAC 地址表，此时只能将这个帧扩散到网络中，因为并不知道目的设备在什么地方。

为了解决冗余链路引起的问题，IEEE 通过了 IEEE 802.1d 协议，即生成树协议。生成树协议的作用是将一个存在物理环路的交换网络变成一个没有环路的逻辑树形网络。IEEE 802.1d 协议通过在交换机上运行一套复杂算法 STA，使冗余端口处于"阻断状态"，使得接入网络的计算机在与其他计算机通信时只有一条链路，如图 3-17 所示。这样既能保障网络正常运转，又能保证冗余能力。

STP 中，首先推举一个网桥 ID 最低的交换机作为生成树的根结点，交换机之间通过交换 BPDU（桥接协议数据单元），得出从根结点到其他所有结点的最佳路径。

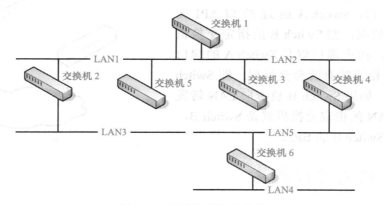

图 3-17 逻辑树形网络结构

那么为什么要制定 IEEE 802.1w 协议呢？原来 IEEE 802.1d 协议虽然解决了链路闭合引起的死循环问题，但是生成树的收敛（指重新设定网络时的交换机端口状态）过程需要 1min 左右的时间。对于以前的网络来说，1min 的阻断是可以接受的，毕竟人们以前对网络的依赖性不强，但是现在情况不同了，人们对网络的依赖性越来越强，1min 的网络故障足以带来巨大的损失，因此 IEEE 802.1d 协议已经不能适应当前网络的需求了，于是 IEEE 802.1w 协议问世了。IEEE 802.1w 协议使收敛过程由原来的 1min 减少到现在的 $1 \sim 10s$，因此 IEEE 802.1w 又称为快速生成树协议。对于现在的网络来说，这个速度足够快了。

3.5.2 生成树协议的工作原理

生成树协议的基本原理是通过在交换机之间传递一种特殊的协议报文（在 IEEE 802.1d 中这种协议报文被称为"配置消息"）来确定网络的拓扑结构。配置消息中包含了足够的信

息来保证交换机完成生成树计算。

配置消息中主要包括以下内容。

- 树根的 ID：由树根的优先级和 MAC 地址组合而成。
- 到树根的最短路径开销。
- 指定交换机的 ID：由指定交换机的优先级和 MAC 地址组合而成。
- 指定端口的 ID：由指定端口的优先级和端口编号组成。
- 配置消息的生存期：MessageAge。
- 配置消息的最大生存期：MaxAge。
- 配置消息发送的周期：HelloTime。
- 端口状态迁移的延时：ForwardDelay。

对一台交换机而言，指定交换机就是与本机直接相连并且负责向本机转发数据报的交换机，指定端口就是指定交换机向本机转发数据的端口；对于一个局域网而言，指定交换机就是负责向这个网段转发数据报的交换机，指定端口就是指定交换机向这个网段转发数据的端口。如图 3-18 所示，AP1、AP2、BP1、BP2、CP1、CP2 分别表示 Switch A、Switch B、Switch C 的端口，Switch A 通过端口 AP1 向 Switch B 转发数据，则 Switch B 的指定交换机就是 Switch A，指定端口就是 Switch A 的端口 AP1；与 LAN 相连的有两台交换机，即 Switch B 和 Switch C，如果 Switch B 负责向 LAN 转发数据报，则 LAN 的指定交换机就是 Switch B，指定端口就是 Switch B 的 BP2。

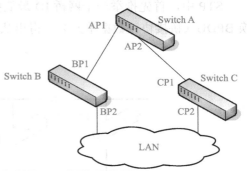

图 3-18　指定交换机和指定端口示意图

3.5.3　生成树协议算法

下面结合例子说明生成树协议算法实现的计算过程。以太网交换机组网的拓扑结构如图 3-19 所示。

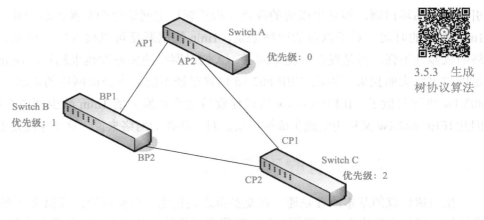

3.5.3　生成树协议算法

图 3-19　以太网交换机组网的拓扑结构

为描述方便，这里仅给出配置消息中的 4 项：树根 ID（以以太网交换机的优先级表示）、到树根的最短路径开销、指定交换机的 ID（以以太网交换机的优先级表示）、指定端口的 ID（以端口号表示）。如图 3-19 所示，Switch A 的优先级为 0，Switch B 的优先级为 1，Switch C 的优先级为 2，各个链路的路径开销分别为 5、10、4。

（1）初始状态 各台交换机的各个端口在初始时会生成以自己为根的配置消息，根路径开销为 0，指定交换机的 ID 为自身交换机的 ID，指定端口的 ID 为本端口的 ID。

● Switch A：

端口 AP1 配置消息：{0，0，0，AP1}。

端口 AP2 配置消息：{0，0，0，AP2}。

● Switch B：

端口 BP1 配置消息：{1，0，1，BP1}。

端口 BP2 配置消息：{1，0，1，BP2}。

● Switch C：

端口 CP1 配置消息：{2，0，2，CP1}。

端口 CP2 配置消息：{2，0，2，CP2}。

（2）选出最优配置消息 各台交换机都向外发送自己的配置消息，当某个端口收到比自身的配置消息优先级低的配置消息时，交换机会将接收到的配置消息丢弃，对该端口的配置消息不做任何处理。当端口收到比本端口配置消息优先级高的配置消息时，交换机就用接收到的配置消息中的内容替换该端口的配置消息中的内容。然后以太网交换机将该端口的配置消息和交换机上的其他端口的配置消息进行比较，选出最优的配置消息。

（3）配置消息的比较原则 ①树根 ID 较小的配置消息优先级高。②若树根 ID 相同，则比较根路径开销，比较方法为：将配置消息中的根路径开销加上本端口对应的路径开销，得到它们的和（设为 S），则 S 较小的配置消息优先级较高。③若根路径开销也相同，则依次比较指定交换机的 ID、指定端口的 ID、接收该配置消息的端口 ID 等。

为便于表述，这里假设只需比较树根 ID 就可以选出最优配置消息。

3.5.4 生成树协议配置案例

3.5.4 生成树
协议配置案例 1

1．案例描述

（1）案例一 某公司财务部与销售部的计算机分别通过两台交换机接入公司总部，由于这两个部门经常有业务往来，因此要求保持两个部门的网络畅通。为了提高网络的可靠性，你作为网络管理员用两条链路将交换机互联，分别使用交换机的 1、2 口进行互联，交换机 1 为根交换机，公司拓扑结构如图 3-20 所示。现在要求你在交换机上配置 STP 或 RSTP，使网络既有冗余又避免环路。

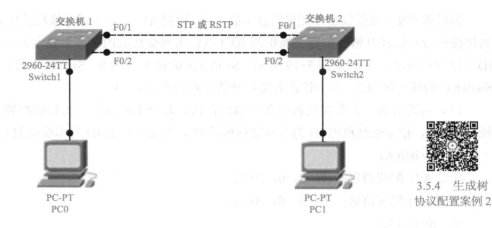

图 3-20 公司拓扑结构

（2）案例二 某企业网络的生成树协议配置组网拓扑结构如图 3-21 所示，公司包括销售部、财务部、人力资源部、技术部共 4 个部门，分别对应了 VLAN11、VLAN12、VLAN13、VLAN14 共 4 个 VLAN，通过交换机 Switch3 进行互联，汇聚层和核心层使用两台交换机 Switch1 和 Switch2。为了保证网络的可靠性，要求在交换机上配置 MSTP 来实现网络的冗余备份。配置要求如下。

1）配置 MSTP，创建两个 MSTP 实例：Instance1、Instance2。其中，Instance1 包括 VLAN11、VLAN12，而 Instance2 包括 VLAN13、VLAN14。

2）设置 S3750-A 交换机为 Instance1 的生成树根，是 Instance2 的生成树备份根。

3）设置 S3750-B 交换机为 Instance2 的生成树根，是 Instance1 的生成树备份根。

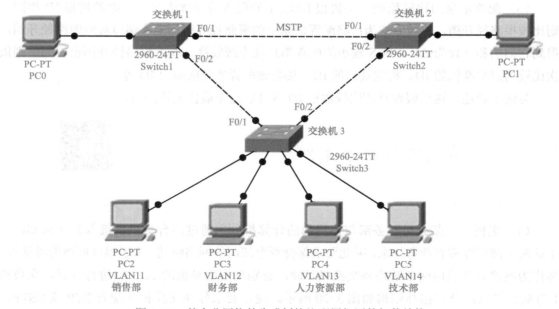

图 3-21 某企业网络的生成树协议配置组网的拓扑结构

2．配置过程

案例一的配置过程如下。

1）Switch 1 的配置如下。

● 配置交换机的系统名、管理 IP 地址和 Trunk。

```
Switch>enable
Switch#configure terminal
Switch(config)#hostname Switch1      （更改系统名）
Switch1(config)#interface vlan 1         （设置管理 IP 地址）
Switch1(config)#ip address 192.168.1.1 255.225.255.0
Switch1(config)#no shutdown
Switch1(config)#interface fastEthernet 0/1
Switch1(config-if)#switchport mode trunk    （设置级联端口）
Switch1(config-if)#exit
Switch1(config)#interface fastEthernet 0/2
Switch1(config-if)#switchport mode trunk    （设置级联端口）
```

● 在交换机上启动 RSTP，设置 Switch1 为根桥。

Switch1(config)#spanning-tree vlan 1 priority 4096（默认优先级为32768，其取值为 1024 的倍数，值越小优先级越高。Switch1 为根桥，Switch2 要选取到达 Switch1 的根路径，有两条路径，Cost 值都为 19，这是由于 Switch2 在 F0/1 接口上收到的 BPDU 中，发送者 Switch1 端口号为 F0/1，在 F0/2 接口上收到的 BPDU 中，发送者端口号为 F0/2，所有 F0/1 被选举为根端口，F0/2 则只能被阻断）。

```
Switch1(config)#spanning-tree mode rapid-pvst      （设置使用 RSTP）
Switch1(config)#interface range  fastethernet 0/1-2
Switch1(config-if-range)#duplex full      （指定端口为全双工模式）
Switch1(config-if-range)#spanning-tree link-type point-to-point
（将链路类型标识为点到点模式）
```

● 查看快速生成树协议的状态。

```
Switch1#show spanning-tree
VLAN0001
   Spanning tree enabled protocol rstp
   Root ID    Priority    4097
              Address     0040.0B7D.4393
              This bridge  is the root
              Hello Time  2 sec  Max Age 20 sec  Forward Delay 15 sec
   Bridge ID  Priority    4097  (priority 4096 sys-id-ext 1)
              Address     0040.0B7D.4393
              Hello Time  2 sec  Max Age 20 sec  Forward Delay 15 sec
```

Aging Time 20					
Interface	Role	Sts	Cost	Prio.Nbr	Type
Fa0/1	Desg	FWD	19	128.3	P2p

2）Switch2 的配置方法与 Switch1 类似，但不用设置生成树协议的优先级，默认为 32768。

案例二的配置过程如下。

1）Switch1 的配置如下。

● 设置交换机的系统名、VLAN。

```
Switch>enable
Switch#configure terminal
Switch(config)#hostname Switch1
Switch1(config)#vlan 11
Switch1(config-vlan)#exit
Switch1(config)#vlan 12
Switch1(config-vlan)#exit
Switch1(config)#vlan 13
Switch1(config-vlan)#exit
Switch1(config)#vlan 14
Switch1(config-vlan)#exit
```

● 设置级联端口。

```
Switch1(config)#interface fastethernet 0/1
Switch1(config-if)#switchport mode trunk
Switch1(config-vlan)#exit
Switch1(config)#interface fastethernet 0/2
Switch1(config-if)#switchport mode trunk
Switch1(config-if)# exit
```

● 配置 MSTP。

```
Switch1(config)#spanning-tree mode mst( 配置 MSTP，默认为 PVST)
Switch1(config)#spanning-tree mst configuration( 进入 MSTP 的配置模式 )
Switch1(config-mst)#name TEST-MST( 对 MSTP 进行命名，Switch1 与 Switch2 的命名要相同 )
Switch1(config-mst)#revision 1( 配置 MSTP 的 revision 编号，只有名字和 revision 编号相同的交换机才
能位于同一个 MSTP 区域 )
Switch1(config-mst)#instance 1 vlan 11-12( 把 VLAN11、VLAN12 映射到 Instance1)
Switch1(config-mst)#instance 2 vlan 13-14( 把 VLAN13、VLAN14 映射到 Instance2，一共 3 个 MSTP 实
例，Instance0 是系统实例 )
Switch1(config-mst)#exit
Switch1(config)#spanning-tree mst 1 priority 8192( 设置 Switch1 为 MSTP Instance1 的根桥 )
Switch1(config)#spanning-tree mst 2 priority 12288( 设置 Switch1 为 MSTP Instance2 的备份根 )
```

● 查看快速生成树协议的状态。

```
Switch1#show spanning-tree
MST00
    Spanning tree enabled protocol mstp
    Root ID    Priority    32768
               Address     0040.0B7D.4393
               This bridge  is the root
               Hello Time  2 sec  Max Age 20 sec  Forward Delay 15 sec
    Bridge ID  Priority    32768    (priority 32768 sys-id-ext 0)
               Address     0040.0B7D.4393
               Hello Time  2 sec  Max Age 20 sec  Forward Delay 15 sec
               Aging Time 20

Interface          Role  Sts   Cost          Prio.Nbr   Type
Fa0/1              Root  FWD   200000        128.15     P2p
Fa0/2              Altn  BLK   200000        128.17     P2p Bound(PVST)
```

2）Switch2 的配置如下。

```
Switch2(config)#spanning-tree mode mst( 配置 MSTP，默认为 PVST)
Switch2(config)#spanning-tree mst configuration( 进入 MSTP 的配置模式 )
Switch2(config-mst)#name TEST-MST ( 对 MSTP 进行命名，Switch1 与 Switch2 的命名要相同 )
Switch2(config-mst)#revision 1( 配置 MSTP 的 revision 编号，只有名字和 revision 编号相同的交换机才
能位于同一个 MSTP 区域 )
Switch2(config-mst)#instance 1 vlan 11-12( 把 VLAN11、VLAN12 映射到 Instance1)
Switch2(config-mst)#instance 2 vlan 13-14 ( 把 VLAN13、VLAN14 映射到 Instance2，一共 3 个 MSTP 实例，
Instance0 是系统实例 )
Switch2(config-mst)#exit
Switch2(config)#spanning-tree mst 1 priority 12288 ( 设置 Switch2 为 MSTP Instance1 的备份根 )
Switch2(config)#spanning-tree mst 2 priority 8192 ( 设置 Switch2 为 MSTP Instance2 的根桥 )
```

3）Switch3 的配置如下。

● 设置交换机的系统名、VLAN。

```
Switch>enable
Switch#configure terminal
Switch(config)#hostname Switch3
```

● 创建 VLAN。

```
Switch3(config)#vlan 11
Switch3(config-vlan)#exit
Switch3(config)#vlan 12
Switch3(config-vlan)#exit
```

```
Switch3(config)#vlan 13
Switch3(config-vlan)#exit
Switch3(config)#vlan 14
Switch3(config-vlan)#exit
```

● 向 VLAN 中添加端口。

```
Switch3(config)#interface range fastethernet 0/3-5
Switch3(config-if-range)#switch  mode access
Switch3(config-if-range)#switchport access vlan 11
Switch3(config)#interface range fastethernet 0/7-10
Switch3(config-if-range)#switch  mode access
Switch3(config-if-range)#switchport access vlan 12
Switch3(config)#interface range fastethernet 0/11-15
Switch3(config-if-range)#switch  mode access
Switch3(config-if-range)#switchport access vlan 13
Switch3(config)#interface range fastethernet 0/17-20
Switch3(config-if-range)#switch  mode access
Switch3(config-if-range)#switchport access vlan 14
```

● 设置交换机的级联端口。

```
Switch3(config)#interface range fastethernet 0/1-2 Switch3(config-if-range)#switch  mode trunk
```

3.6 端口—MAC 地址表的绑定与应用

3.6.1 交换机的工作原理

交换机之所以能够直接对目的结点发送数据报，而不是像集线器那样以广播方式对所有的结点发送数据报，关键的技术就是交换机可以识别联在网络上的结点的网卡 MAC 地址，并把它们放到一个称为 MAC 地址表的地方。这个 MAC 地址表存放于交换机的缓存中，并记住这些地址，这样，当需要向目的地址发送数据时，交换机就可在 MAC 地址表中查找这个 MAC 地址的结点位置，然后直接向这个位置的结点发送数据。所谓的"MAC 地址数量"，是指交换机的 MAC 地址表中最多可以存储的 MAC 地址数量。存储的 MAC 地址数量越多，那么数据转发的速率和效率也就越高。

对于不同档次的交换机，每个端口所能支持的 MAC 数量不同。交换机的每个端口都需要足够的缓存来记住这些 MAC 地址，所以 Buffer（缓存）容量的大小就决定了相应交换机所能记忆的 MAC 地址数量。通常，交换机能够记住 1024 个 MAC 地址基本上就可以了，一般的交换机通常都能做到这一点，所以如果在网络规模不是很大的情况下，无须对该参数考虑太多。当然越是高档的交换机，能记住的 MAC 地址数就越多，在选择时要视所联网络的规模而定。

以太网交换机利用"端口—MAC 地址表"进行信息的交换，因此，端口—MAC 地址表的建立和维护显得相当重要。一旦端口—MAC 地址表出现问题，就可能造成信息转发错误。那么，交换机中的端口—MAC 地址表是怎样建立和维护的呢？

这里有两个问题需要解决：一是交换机如何知道哪台计算机连接到哪个端口；二是当计算机在交换机的端口之间移动时，交换机如何维护端口—MAC 地址表。显然，通过人工建立交换机的端口—MAC 地址表是不切实际的，交换机应该自动建立端口—MAC 地址表。

通常，以太网交换机利用"地址学习"法来动态建立和维护端口—MAC 地址表。以太网交换机的"地址学习"是通过读取帧的源地址并记录帧进入交换机的端口进行的。当得到 MAC 地址与端口的对应关系后，交换机将检查端口—MAC 地址表中是否已经存在该对应关系。如果不存在，交换机就将该对应关系添加到端口—MAC 地址表；如果已经存在，那么交换机将更新该表项。因此，在以太网交换机中，地址是动态学习的。只要这个结点发送信息，交换机就能捕获到它的 MAC 地址与其所在端口的对应关系。

在每次添加或更新端口—MAC 地址表的表项时，添加或更改的表项会被赋予一个计时器。这使得该端口与 MAC 地址的对应关系能够存储一段时间。如果在计时器溢出之前没有再次捕获到该端口与 MAC 地址的对应关系，那么该表项将被交换机删除。通过移走过时的或老的表项，交换机维护了一个精确且有用的端口—MAC 地址表。

交换机建立起端口—MAC 地址表之后，就可以对通过的信息进行过滤了。以太网交换机在地址学习的同时还检查每个帧，并基于帧中的目的地址做出是否转发或转发到何处的决定。

两个以太网和两台计算机通过以太网交换机相互连接，通过一段时间的地址学习，交换机形成了图 3-22 所示的端口—MAC 地址表。

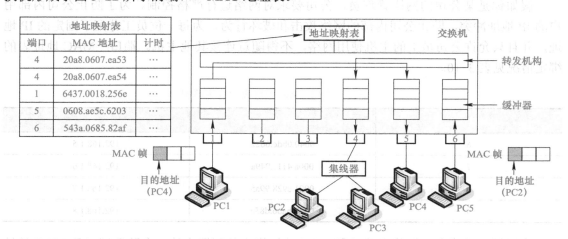

图 3-22 交换机端口—MAC 地址表的形成过程

当 PC1、PC5 同时通过交换机传送以太网帧时，交换控制中心根据地址映射表的对应关

系找出对应帧目的地址的输出端口，从而可以为 PC1 ~ PC4 建立端口 1 ~ 5 的连接；也可以同时为 PC5 ~ PC2 建立端口 6 ~ 4 的连接，即同时建立多个并发连接。

当 PC2 向 PC3 发送数据帧时，交换机发现 PC2 与 PC3 在交换机的同一端口，交换机在接收到该数据帧时，它不转发而是丢弃该帧，即交换机可以隔离本地信息，从而避免网络上不必要的数据流动。这是交换机通信过滤的主要优点，也是它与集线器截然不同的地方。集线器需要在所有端口上重复所有的信号，每个与集线器相联的网段都将"听"到局域网上的所有信息流。而交换机所联的网段只"听"到发给它们的信息流，减少了局域网上总的通信负载，因此提供了更多、更好的带宽。

当 PC1 向 PC6 发送数据帧时，交换机发现 PC6 不在地址映射表中，交换机将向除了PC1 所在端口 1 之外的所有端口转发数据。

当 PC6 向 PC1 发送数据帧时，交换机获得 PC6 与交换机端口的对应关系，并将得到的信息存储到地址映射表中。

3.6.2　端口—MAC 地址表的配置过程

端口—MAC 地址表的配置过程如下。

1）由用户模式进入特权模式。

2）指定端口的安全模式，绑定 MAC 地址到端口：switch port port- security mac-address MAC-Address。其中，mac-address 为计算机网卡的 MAC 地址。

3）保存当前配置：save。

3.6.3　端口—MAC 地址表绑定的配置案例

3.6.3　端口—MAC 地址表绑定的配置案例 1　　　3.6.3　端口—MAC 地址表绑定的配置案例 2

1．案例描述

假如你是某公司的网络管理员，公司要求对网络进行严格控制。为了防止公司内部用户的 IP 地址冲突，防止公司内部的网络攻击和破坏行为，为每一位员工分配了固定的 IP 地址，并且只允许公司员工的主机使用网络，不得随意连接其他主机。端口—MAC 地址表的绑定情况见表 3-10。

表 3-10　端口—MAC 地址表的绑定情况

交换机的端口号	计算机的 MAC 地址	IP 地址
6	0040.0bdc.6622	192.168.1.5
7	000a.411e.949a	192.168.1.6
8	0001.c928.99a5	192.168.1.7
9	00d0.bab6.d85e	192.168.1.8

本案例要求读者掌握静态端口和 MAC 地址绑定的配置方法，会验证端口和 MAC 地址绑定的功能。MAC 地址绑定指将用户的使用权限和机器的 MAC 地址绑定起来，限制用户在固定的机器上网，从而保障安全，防止账号盗用。由于 MAC 地址可以修改，因此这个方

法可以起到一定的作用，但仍有漏洞。

设备与配线：交换机一台、兼容 VT-100 的终端设备或能运行终端仿真程序的计算机（两台）、RS-232 电缆、RJ-45 接头的网线（若干），拓扑结构如图 3-23 所示。

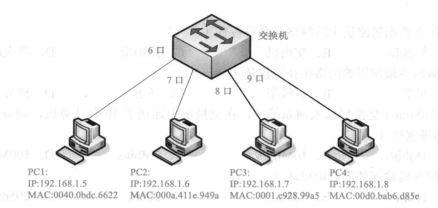

图 3-23 端口—MAC 地址绑定组网的拓扑结构

2．具体的配置命令

1）将 PC1 绑定于交换机的 6 口。

```
Switch>enable
Switch#configure terminal
Switch(config)#interface fastethernet 0/6      （进入交换机的 6 口）
Switch(config-if)#switch mode access
（将交换机的端口设置为访问模式，即用来接入计算机）
Switch(config-if)#switchport port-security      （打开交换机的端口安全功能）
Switch(config-if)#switchport port-security maximum 1
（允许该端口下的 MAC 条目的最大数量为 1，即只允许接入一个设备）
Switch(config-if)#switchport port-security violation shutdown （违反规则就关闭端口）
Switch(config-if)#switch port port-security mac-address 0040.0bdc.6622
（将计算机 PC1 绑定于交换机的 6 口）
```

2）其他端口的配置方法与此类似。

3）查看交换机的端口—MAC 地址表，见表 3-11。

```
Switch#show mac-address-table
```

表 3-11 端口—MAC 地址表

VLAN 编号	MAC 地址	类型	端口
1	0001.c928.99a5	STATIC	Fa0/8
1	000a.411e.949a	STATIC	Fa0/7
1	0040.0bdc.6622	STATIC	Fa0/6
1	00d0.bab6.d85e	STATIC	Fa0/9

3.7 本章习题

3-1 选择题

1. 工作在数据链路层上的网络互联设备有（　　）。

    A. 集线器　　　　　B. 交换机　　　　　　C. 路由器　　　　　　D. 防火墙

2. 局域网中最常用的网络拓扑结构是（　　）。

    A. 星形　　　　　　B. 总线型　　　　　　C. 环形　　　　　　　D. 树形

3. 在 10Mbit/s 交换型以太网系统中，在交换机中连接了 10 台计算机，则每台计算机得到的平均带宽是（　　）。

    A. 1Mbit/s　　　　　B. 10Mbit/s　　　　　C. 2Mbit/s　　　　　D. 100Mbit/s

4. 双绞线传输媒体的跨距可达（　　）。

    A. 100m　　　　　　B. 185m　　　　　　　C. 200m　　　　　　　D. 205m

5. 交换机首次登录必须通过（　　）方式。

    A. 超级终端　　　　B. Telnet　　　　　　C. Web　　　　　　　D. 网管软件

6. 交换机无论当前处于何种状态，使用（　　）命令会立即退回到特权模式。

    A. copy　　　　　　B. reboot　　　　　　C. exit　　　　　　　D. ctrl+z

7. 三层交换机与二层交换机的区别是（　　）。

    A. 三层交换机支持 VLAN，但二层交换机不支持

    B. IP 地址可以分配给三层交换机的物理端口，但二层交换机不支持此项功能

    C. 三层交换机维护 IP 地址表，而不是 MAC 地址表

    D. 三层交换机可以获取与其每个端口关联的 MAC 地址，但二层交换机不支持此项功能

8. 网络技术人员正在尝试输入以下命令来配置接口：Switch(config)#ip address 192.168.1.10 255.255.255.0，然而设备拒绝该命令，此问题的原因是（　　）。

    A. 命令是在错误的操作模式下输入的

    B. 命令语法错误

    C. 子网掩码信息不正确

    D. 接口是关闭的，在交换机接收 IP 地址之前必须先将其启用

9. 为了能够远程管理交换机，管理员可用（　　）命令配置远程访问地址。

    A. FastEthernet0/1　　　　　　　　B. VLAN 1

    C. vty 0　　　　　　　　　　　　　D. console 0

10. 销售部的两名员工使用笔记本计算机办公，他们上不同班次的班，并共享办公室中的同一个以太网端口。下列（　　）命令仅允许这两台笔记本计算机办公，他们使用该以太网端口，并在违规时创建违规日志条目，但不会关闭端口。

    A. switchport mode access

        switchport port-security

    B. switchport mode access

```
        switchport port-security
        switchport port-security maximum 2
        switchport port-security mac-address sticky
        switchport port-security violation restrict
```
C. switchport mode access
```
        switchport port-security maximum 2
        switchport port-security mac-address sticky
```
D. switchport mode access
```
        switchport port-security maximum 2
        switchport port-security mac-address sticky
        switchport port-security violation protect
```

3–2 实践题

1．为交换机设置控制台（CON）、VTY 和特权密码（特权密码为 network），请写出具体的配置命令。

2．交换机中已划分了两个 VLAN，VLAN10 包括 1～5 口，VLAN20 包括 6～10 口，则在当前状态下使用什么命令才能将 15、17 口加入 VLAN20，添加完成后用 show vlan 20 可以查看到什么样的结果？

3．如图 3-24 所示，将 PC1、PC2 分别绑定于交换机 SW1 的 Fa0/1、Fa0/2 接口，并将 PC1、PC2、Server 加入 VLAN99 中，能对交换机 SW1、SW2 进行远程管理，并将 SW1、SW2 中的配置文件备份到 Server 中。

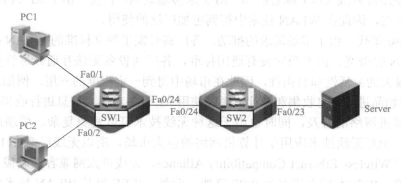

图 3-24　第 3 章习题图

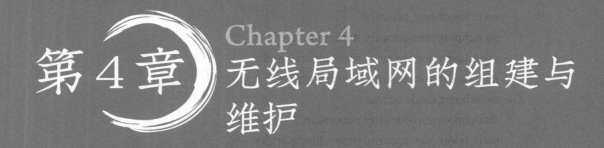

第4章 无线局域网的组建与维护

4.1 无线局域网概述

无线局域网（Wireless Local Area Network，WLAN）是计算机网络与无线通信技术相结合的产物。它利用射频（RF）技术，取代双绞线、铜线构成局域网络，提供传统有线局域网的所有功能，网络所需的基础设施不必埋在地下或隐藏在墙里，能够随着需求进行空间移动或变化。

WLAN 使用无线信道来接入网络，为通信的移动化、个人化和多媒体应用提供了潜在的方法，并成为宽带接入的有效方法之一。WLAN 技术主要应用 2.4GHz 和 5GHz 的频率波段，这是世界范围内为非特性设备保留的波段。与有线的 LAN 使用双绞线、光纤等传输介质不同，WLAN 使用红外线（IR）或者射频（RF）来传输数据。目前，由于 RF 具有传播距离长、带宽较大的特点，因此在 WLAN 技术中得到更加广泛的使用。

20 世纪 80 年代，由于市场需求的推动，各厂商开发了独立标准的 WLAN 技术，只能提供 1 ～ 2Mbit/s 的带宽。由于当时没有通用标准，各厂商设备无法互通。尽管如此，由于无线技术具有极大的灵活性和自由性，因此在市场中得到一定程度的应用。例如，零售业中使用 RF 设备对物品进行信息收集和统计，医院使用 RF 设备对病人信息进行收集和传递。

随着计算机网络的普及，同时也由于这种无线技术可以避免复杂、烦琐的布线，越来越多的厂商意识到无线技术应用于计算机网络的巨大市场，所以无线厂商在 1991 年联合成立了 WECA（Wireless Ethernet Compatibility Alliance，无线以太网兼容性联盟），以建议和制定通用标准。WECA 后来更名为 WiFi 联盟。此外，IEEE 也是 WLAN 技术的主要标准制定者。1997 年，IEEE 发布了无线局域网的 802.11 系列标准。紧接着，1999 年，IEEE 批准了 IEEE 802.11a（频段为 5GHz，速率为 54Mbit/s）标准和 IEEE 802.11b（频段为 2.4GHz，速率为 11Mbit/s）标准。

2003 年 6 月又批准了 IEEE 802.11g（频段为 2.4GHz，速率为 54Mbit/s）标准，由于和 IEEE 802.11b 使用相同的频段，因此，IEEE 802.11g 能够向下兼容 IEEE 802.11b。IEEE 802.11g 由于具有良好的兼容性，同时能提供更高的传输速率，因此采用 802.11g 标准的 WLAN 设备在网络中得到了广泛的应用。目前，IEEE 802.11 系列的标准仍在补充当中，WLAN 技术的传输速率也从 1Mbit/s 提高到 54Mbit/s。而即将推出的 IEEE 802.11n 标准能将传输速率提升到

300 ～ 600Mbit/s，覆盖范围可以达到数千米，使 WLAN 的移动性得到极大增强。

4.1.1　无线局域网的特点

无线网络与有线网络的用途十分类似，两者最大的差别在于传输媒介的不同。无线网络利用无线电技术取代网线，可以和有线网络互为备份。无线局域网的特点如下。

（1）灵活性和移动性　在有线网络中，网络设备的安放位置受网络位置的限制，而在无线局域网中，网络设备在无线信号覆盖区域内的任何一个位置都可以接入网络。无线局域网的另一个优点在于其移动性，连接到无线局域网的用户可以移动且能同时与网络保持连接。

（2）安装便捷　无线局域网可以免去或最大程度地减少网络布线的工作量，一般只要安装一个或多个接入点设备，就可建立覆盖整个区域的局域网络。

（3）易于进行网络规划和调整　对于有线网络来说，办公地点或网络拓扑的改变通常意味着重新建网。重新布线是一个昂贵、费时和琐碎的过程，无线局域网可以避免或减少以上情况的发生。

（4）故障定位容易　有线网络一旦出现物理故障，尤其是由于线路连接不良而造成的网络中断，往往很难查明，而且检修线路需要付出很大的代价。无线局域网则很容易定位故障，只需更换故障设备即可恢复网络连接。

（5）易于扩展　无线局域网有多种配置方式，可以很快从只有几个用户的小型局域网扩展到具有上千用户的大型网络，并且能够提供结点间"漫游"等有线网络无法实现的特性。

由于无线局域网有以上诸多优点，因此其发展十分迅速。最近几年，无线局域网已经在企业、医院、商店、工厂和学校等场合得到了广泛的应用。

无线局域网在能够给网络用户带来便捷和实用的同时，也存在着一些缺陷。无线局域网的不足之处体现在以下几个方面。

（1）性能　无线局域网是依靠无线电波进行传输的。这些无线电波通过无线发射装置进行发射，而车辆、树木和其他障碍物都可能阻碍无线电波的传输，所以会影响网络的性能。

（2）速率　无线信道的传输速率与有线信道相比要低得多。无线局域网的最大传输速率为 1Gbit/s，只适合个人终端和小规模网络应用。

（3）安全性　本质上无线电波不要求建立物理的连接通道，无线信号是发散的。从理论上讲，很容易监听到无线电波广播范围内的任何信号，造成通信信息泄露。

4.1.2　无线局域网频谱

WLAN 是计算机网络与无线通信技术相结合的产物，使用无线通信技术将计算机设备互联起来而构成的可以互相通信和实现资源共享的网络体系。WLAN 的本质特点是不再使用通信电缆将计算机与网络连接起来，而是通过无线的方式连接，从而使网络的构建和终端的移动更加灵活。

从专业角度讲，无线局域网利用了无线多址信道的一种有效方法来支持计算机之间的通信，并为通信的移动化、个性化和多媒体应用提供了可能。图 4-1 所示为不同无线数据技术的覆盖区域及数据传输速率。

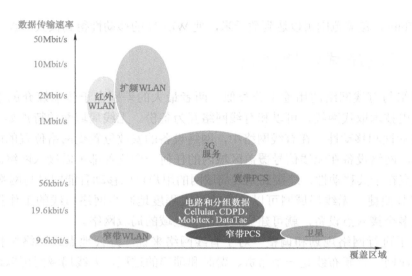

图 4-1 不同无线数据技术的覆盖区域及数据传输速率

无线信号是能够在空气中进行传播的电磁波，无线信号不需要任何物理介质，它在真空环境中也能够传输。无线电波不仅能够穿透墙体，还能够覆盖比较大的范围，所以无线技术成为一种组建网络的通用方法，图 4-2 所示为电磁波中的编码信号，图 4-3 所示为无线频谱。

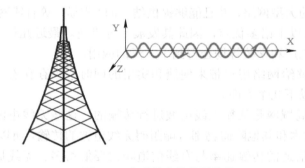

图 4-2 电磁波中的编码信号

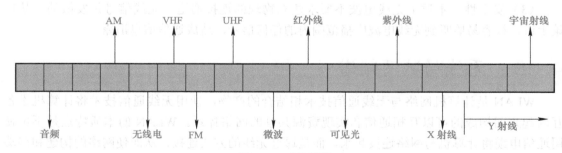

图 4-3 无线频谱

WLAN 运行在 2.4 ～ 2.4835GHz 的微波频段上，所有的波都以光速传播，这个速度可以被精确地称为电磁波速度。所有的波都遵守公式：频率 × 波长 = 光速。

各种电磁波之间的主要区别就是频率。如果电磁波频率低，那么它的波长就长；如果电磁波的频率高，那么它的波长就短。波长表示正弦波的两个相邻波峰之间的距离。无线通信使用的电磁波频率范围和波段见表 4-1。

表 4-1 无线通信使用的电磁波频率范围和波段

频段名称	频段范围	波段名称		波长范围
极低频（ELF）	3 ～ 30Hz	极长波		100 ～ 10Mm（10^8 ～ 10^7m）
超低频（SLF）	30 ～ 300Hz	超长波		10 ～ 1Mm（10^7 ～ 10^6m）
特低频（ULF）	300 ～ 3000Hz	特长波		1000 ～ 100km（10^6 ～ 10^5m）
甚低频（VLF）	3 ～ 30kHz	甚长波		100 ～ 10km（10^5 ～ 10^6m）
低频（LF）	30 ～ 300kHz	长波		10 ～ 1km（10^4 ～ 10^3m）
中频（MF）	300 ～ 3000kHz	中波		1000 ～ 100m（10^3 ～ 10^2m）
高频（HF）	3 ～ 30MHz	短波		100 ～ 10m（10^2 ～ 10m）
甚高频（VHF）	30 ～ 300MHz	超短波（米波）		10 ～ 1m
特高频（UHF）	300 ～ 3000MHz		分米波	1 ～ 0.1m（1 ～ 10^{-1}m）
超高频（SHF）	3 ～ 30GHz	微波	厘米波	10 ～ 1cm（10^{-1} ～ 10^{-2}m）
极高频（EHF）	30 ～ 300GHz		毫米波	10 ～ 1mm（10^{-2} ～ 10^{-3}m）
至高频（THF）	300 ～ 3000GHz	亚毫米波		1 ～ 0.1mm（10^{-3} ～ 10^{-4}m）
		光波		3×10^{-3} ～ 3×10^{-5}mm（3×10^{-6} ～ 3×10^{-8} m）

4.1.3 WLAN 传输技术

随着无线局域网技术的广泛应用和普及，用户对数据传输速率的要求越来越高。但是在室内这个较为复杂的电磁环境中，多径效应、频率选择性衰落和其他干扰源的存在使得实现无线信道中的高速数据传输比有线信道更加困难，WLAN 需要采用合适的调制技术。

扩频通信技术是一种信息传输方式，其信号所占用的频带宽度远大于所传输信息必需的最小带宽。频带的扩展是通过一个独立的码序列，用编码及调制的方法来实现的，与所传信息数据无关。在接收端则用同样的码进行接收、解扩及恢复所传信息数据。

扩频技术又分为跳频扩频（Frequency Hopping Spread Spectrum，FHSS）技术及直接序列扩频（Direct Sequence Spread Spectrum，DSSS）技术两种。此两种技术能够在复杂的电磁环境中保持通信信号的稳定性及保密性。

1. FHSS 技术

FHSS 是一种利用频率捷变将数据扩展到频谱的 83MHz 以上的扩频技术。频率捷变是指无线设备在 RF 频段内快速改变发送频率的一种能力。跳频技术是依靠快速地转换传输的频率来实现的，每一个时间段内使用的频率和前后时间段使用的频率都不一样，所以发送者和接收者必须保持一致的跳变频率，这样才能保证接收的信号正确。

在 FHSS 系统中，载波根据伪随机序列来改变频率或跳频，有时载波也称为跳码。伪随机序列定义了 FHSS 信道，跳码是一个频率的列表。载波以指定的时间间隔跳到该列表中的频率上，发送器使用这个跳频序列来选择它的发射频率。载波在指定的时间内保持频率不变。

接着发送器花少量的时间跳到下一个频率上,当遍历了列表中的所有频率后,发送器就会重复这个序列。这种方式的缺点是速度慢,只能达到 1Mbit/s,如图 4-4 所示。

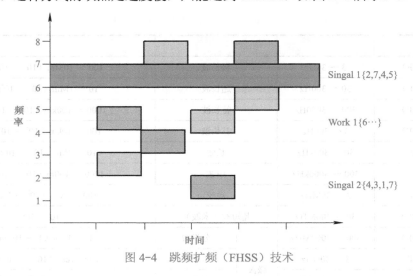

图 4-4　跳频扩频(FHSS)技术

2．DSSS 技术

基于 DSSS 的调制技术有 3 种。最初 IEEE 802.11 标准制定了在 1Mbit/s 数据传输速率下采用 DBPSK。若提供 2Mbit/s 的数据传输速率,则要采用 DQPSK,这种方法每次处理两个比特码元,称为双比特。第三种是基于 CCK(Complementary Code Keying,补码键控)的 QPSK,是 802.11b 标准采用的基本数据调制方式。CCK 调制技术采用了补码序列与直接序列扩频技术,是一种单载波调制技术,通过 PSK 方式传输数据,传输速率分为 1Mbit/s、2Mbit/s、5.5Mbit/s 和 11Mbit/s。CCK 通过与接收端的 Rake 接收机配合使用,能够在高效率地传输数据的同时有效地克服多径效应。IEEE 802.11b 使用了 CCK 调制技术来提高数据传输速率,最高可达 11Mbit/s。但是如果传输速率超过 11Mbit/s,那么 CCK 为了对抗多径干扰,需要进行更复杂的均衡及调制,实现起来非常困难。直接序列扩频(DSSS)技术如图 4-5 所示。其中,Barker 序列将用户传输的数据进行重新编码,在无线传输方面存在优势,可以有效降低干扰数据。

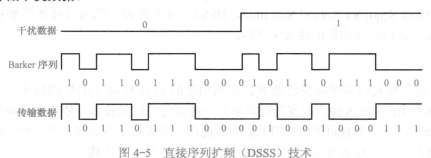

图 4-5　直接序列扩频(DSSS)技术

3．PBCC 调制技术

PBCC 调制技术已作为 802.11g 的可选项被采纳。PBCC 也是单载波调制,但它与 CCK

不同，它使用了更多复杂的信号星座图。PBCC 采用 8PSK，而 CCK 使用 BPSK/QPSK。另外，PBCC 使用了卷积码，而 CCK 使用区块码。因此，它们的解调过程是不同的。PBCC 可以完成更高速率的数据传输，其传输速率包括 11Mbit/s、22Mbit/s 和 33Mbit/s。

4．OFDM 技术

OFDM（Orthogonal Frequency Division Multiplexing，正交频分复用）技术是一种无线环境下的高速多载波传输技术。无线信道的频率响应曲线大多是非平坦的，而 OFDM 技术的主要思想就是在频域内将给定信道分成多个正交子信道，在每个子信道上使用一个子载波进行调制，并且各子载波并行传输，从而有效地抑制无线信道的时间弥散所带来的 ISI（符号间干扰）。这样就减少了接收机内均衡的复杂度，有时甚至可以不采用均衡器，仅通过插入循环前缀的方式来消除 ISI 的不利影响。OFDM 信号频谱如图 4-6 所示。

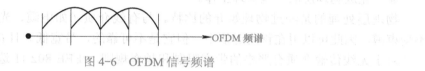

图 4-6　OFDM 信号频谱

OFDM 技术有非常广阔的发展前景，已成为第 4 代移动通信的核心技术。IEEE 802.11a/g 标准为了支持高速数据传输都采用了 OFDM 调制技术。目前，OFDM 结合时空编码、分集、干扰［包括符号间干扰（ISI）和邻道干扰（ICI）］抑制以及智能天线技术，最大程度地提高物理层的可靠性。若再结合自适应调制、自适应编码以及动态子载波分配、动态比特分配算法等技术，则可以使其性能进一步优化。

4.1.4　无线局域网参考模型

1．物理层

物理层是 OSI 的第 1 层，它为设备之间的数据通信提供传输媒介及各种物理设备，为数据传输提供可靠的环境，物理层示意图如图 4-7 所示。

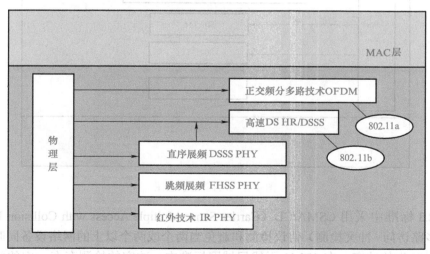

图 4-7　物理层示意图

IEEE 802.11 最初的版本颁布于 1997 年，其中包含了 3 种物理层。

● 直序展频 DSSS PHY。

● 跳频展频 FHSS PHY。

● 红外技术 IR PHY。

后来，进一步开发了 2 种以无线技术为基础的物理层。

● 802.11a：正交频分多路技术 OFDM。

● 802.11b：高速 DS HR/DSSS。

802.11 物理层的主要功能如下。

● 为数据端设备提供传送数据的通路。

● 传输数据。

● 完成物理层的一些管理工作。

物理层处理的是经过物理媒介的比特。与有线介质（如电缆、光纤）相比，无线介质不受束缚，因此可以用在移动通信中，但它是不可靠的，带宽低并且有广播的特性。

对于无线传输介质有严格的带宽限制和频率规则，IEEE 802.11 选择了免许可证的 ISM 频带的 2.4 ～ 2.4385GHz 段。

由于 WLAN 的通信环境比较恶劣，信号会随时间和空间等多种途径衰减，不可避免地要受到一些无线和非无线设备的干扰。IEEE 802.11 引入了新的无线传输技术，即扩频技术。

2．数据链路层

802.11 标准的数据链路层分为两个子层：逻辑链路（LLC）层和媒体访问控制（MAC）层。802.11 协议的数据链路层使用与 802.2 标准完全相同的 LLC 层以及 802 标准中的 48 位 MAC 地址，这使得无线和有线之间的桥接非常方便，MAC 层示意图如图 4-8 所示。

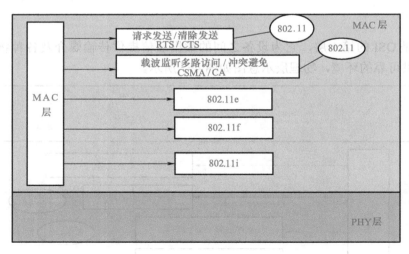

图 4-8　MAC 层示意图

在 802.3 标准中采用 CSMA/CD（Carrier Sense Multiple Access with Collision Detection，载波监听多路访问 / 冲突检测）协议检测和避免当两个或两个以上的网络设备同时需要进行数据传送时产生的冲突。在 802.11 无线局域网标准中，冲突的检测存在一定的问题，称为

"Near/Far"现象。这是由于要检测冲突，设备必须能够一边接收数据信号一边传送数据信号，而这在无线局域网中是无法办到的。

鉴于这个差异，在 802.11 标准中对 CSMA/CD 进行了一些调整，采用了新的协议 CSMA/CA（Carrier Sense Multiple Access with Collision Avoidance，载波监听多路访问 / 冲突避免）。CSMA/CA 利用 ACK 信号来避免冲突的发生，只有当客户端收到网络上返回的 ACK 信号后才确认送出的数据已经正确到达目的地。

在 CSMA/CA 中，当一个工作站希望在无线局域网中发送数据时，如果没有探测到网络中正在传输数据，则等待一段时间，再随机选择一个时间片继续探测，如果无线局域网中仍然没有活动，就将数据发送出去。接收端的工作站如果收到发送端的完整数据就回发一个 ACK 数据报，如果这个 ACK 数据报被发送端收到，则这个数据发送过程完成，否则数据报就在发送端等待一段时间后重传。

802.11 MAC 层还提供了两个强大的功能：CRC（Cyclical Redundancy Check，循环冗余校验）和包分片。在 802.11 标准中，每一个在无线网络中传输的数据报都被附加上了校验位，以保证它在传输的时候没有出现错误，这和 Ethernet 中通过上层 TCP/IP 来对数据进行校验有所不同。包分片指允许大的数据报在传输的时候被分成较小的部分分批传输。这在网络十分拥挤或者存在干扰的情况下（大数据报在这种环境下传输容易遭到破坏）是一个非常有用的特性。这项技术大大减小了许多情况下数据报被重传的概率，从而提高了无线网络的整体性能。MAC 层负责将收到的被分片的大数据报进行重新组装，对于上层协议来说，这个分片的过程是完全透明的。

4.2　无线局域网技术标准

在 1997 年，IEEE 发布了 IEEE 802.11 标准，这也是无线局域网领域内的第一个国际上被认可的标准。该标准定义了物理层和媒体访问控制（MAC）协议的规范，允许无线局域网及无线设备制造商在一定范围内建立互操作网络设备。

1999 年 9 月，IEEE 又提出了 802.11b "High Rate" 标准，用来对 802.11 标准进行补充，802.11b 在 802.11 的 1Mbit/s 和 2Mbit/s 速率下又增加了 5.5Mbit/s 和 11Mbit/s 两个新的网络吞吐速率。利用 802.11b，移动用户能够获得同以太网一样的性能、网络吞吐率和可用性。这个技术使得管理员可以根据环境选择合适的局域网技术来构造自己的网络，满足他们的商业用户和其他用户的需求。

802.11 标准主要工作在 OSI 七层模型的最低两层上，并在物理层上进行了一些改进，加入了高速数字传输的特性和连接的稳定性。

4.2.1　IEEE 802.11 标准

1997 年，IEEE 802.11 标准的制定是无线局域网发展的里程碑，它是由大量的局域网以及计算机专家审定通过的标准。IEEE 802.11 标准定义了单一的 MAC 层和多样的物理层，其物理层标准主要有 IEEE 802.11b、IEEE 802.11a 和 IEEE 802.11g。表 4-2 所示为 IEEE

802.11 中的部分标准及其说明。

表 4-2　IEEE 802.11 中的部分标准及其说明

IEEE 标准	说明
802.11a	制定 5GHz 频段上的物理层规范
802.11b	制定 2.4GHz 频段上更高速率的物理层规范。在 2.4GHz 频段上运用 DSSS 技术，且由于这个衍生标准的产生，将原来无线网络的传输速率提升至 11Mbit/s，并可与以太网相媲美
802.11d	当前 802.11 标准中规定的操作仅在几个国家中是合法的，而制定该标准的目的是扩充 802.11 无线局域网在其他国家的应用
802.11e	该标准主要是为了改进和管理 WLAN 的服务质量（QoS），保证能在 802.11 无线网络上进行语音、音频、视频的传输等
802.11f	该标准是为了可以在多个厂商的无线局域网内实现访问互操作，保证网络内访问点之间信息的互换
802.11g	该标准是 802.11b 的扩充，目的是制定更高速率的物理层规范
802.11h	该标准主要是为了增强 5GHz 频段的 802.11 MAC 规范及 802.11a 高速物理层规范；增强信道能源测度和报告机制，以便改进频谱和传送功率管理
802.11i	增强 WLAN 的安全和鉴别机制
802.11j	日本所采用的等同于 802.11h 的协议
802.11k	该标准可用于无线电广播资源管理。通过部署此功能，服务运营商与企业客户将能更有效地管理无线设备和 AP 设备 / 网关之间的连接
802.11n	此标准将使得 802.11a、802.11g 无线局域网的传输速率提升一倍

表 4-3 所示为各无线标准在工作频段、传输速率和传输距离等方面的对比。

表 4-3　无线标准对比表

无线技术与标准	802.11a	802.11b	802.11g	802.11n	蓝牙
推出时间	1999 年	1999 年	2002 年	2006 年	1994 年
工作频段	5GHz	2.4GHz	2.4GHz	2.4GHz 和 5GHz	2.4GHz
最高传输速率	54Mbit/s	11Mbit/s	54Mbit/s	108Mbit/s 以上	2Mbit/s
实际传输速率	31Mbit/s	6Mbit/s	20Mbit/s	大于 30Mbit/s	低于 1Mbit/s
传输距离	80m	100m	150m 以上	100m 以上	10 ～ 30m
主要业务	数据、图像、语音	数据、图像	数据、图像、语音	数据、语音、高清图像	语音、数据
成本	低	低	低	低	低

1. IEEE 802.11a

IEEE 802.11a 规定的频段为 5GHz，用 OFDM 技术来调制数据流。OFDM 技术的最大优势是其无与伦比的多途径回声反射，特别适合于室内及移动环境，最大传输速率为 54Mbit/s。

2. IEEE 802.11b

IEEE 802.11b 工作于 2.4GHz 频段，根据实际情况采用 5.5Mbit/s、2Mbit/s 和 1Mbit/s 带宽，带宽最高可达 11Mbit/s，实际的工作速度在 6Mbit/s 左右，与普通的 10Base-T 规格有线局域网几乎处于同一水平。802.11b 标准扩大了无线局域网的应用领域。IEEE 802.11b 使用的是开放的 2.4GHz 频段，不需要申请就可使用。既可作为对有线网络的补充，也可独立组网，从而使网络用户摆脱网线的束缚，实现真正意义上的移动应用。

802.11b 无线局域网与 IEEE 802.3 以太网的工作原理类似，都是采用载波侦听的方式来控制网络中信息的传送。不同之处是，以太网采用 CSMA/CD（载波监听多路访问／冲突检测）技术，网络上的所有工作站都监听网络中有无信息发送，当发现网络空闲时即发出自己的信息，如同抢答一样，只能有一台工作站抢到发言权，其余工作站需要继续等待。如果一旦有两台以上的工作站同时发出信息，则网络中就会发生冲突，这些冲突信息就会丢失，之后各工作站继续抢夺发言权。802.11b 无线局域网则引进了 CA（Collision Avoidance，冲突避免）技术，从而避免了网络中冲突的发生，可以大幅度提高网络效率。

3. IEEE 802.11g

IEEE 组织从 2001 年 11 月就开始草拟 802.11g 标准，802.11g 与 802.11a 具有相同的 54Mbit/s 数据传输速率。另外，它还有一种重要的优势，就是对 802.11b 设备向后兼容。这意味着 802.11b 客户端可以与 802.11g 接入点配合使用，而 802.11g 客户端也可以与 802.11b 接入点配合使用。因为 802.11g 和 802.11b 都工作在不需申请的 2.4GHz 频段，所以对于那些已经采用了 802.11b 无线基础设施的企业来说，移植到 802.11g 将是一种合理的选择。

需要指出的是，802.11b 产品无法"软件升级"到 802.11g，这是因为 802.11g 无线收发装置采用了一种与 802.11b 不同的芯片组，以提供更高的数据传输速率。但是，就像以太网和快速以太网的关系一样，802.11g 产品可以在同一个网络中与 802.11b 产品结合使用。由于 802.11g 与 802.11b 工作在同一个无须申请的频段，所以它需要共享 3 个相同的频段，这将会限制无线容量和可扩展性。

4. IEEE 802.11n

IEEE 在 2003 年 9 月成立 802.11n 工作小组，目的是制定一项新的高速无线局域网标准 802.11n。802.11n 工作小组是由高吞吐量研究小组发展而来的。

IEEE 802.11n 计划将 WLAN 的传输速率从 802.11a 和 802.11g 的 54Mbit/s 增加至 108Mbit/s 以上，最高速率可达 320Mbit/s，成为 802.11b、802.11a、802.11g 之后的另一个重要标准。和其他的 802.11 标准不同，802.11n 协议为双频工作模式（包含 2.4GHz 和 5GHz 两个工作频段）。这样 802.11n 保障了与以往的 802.11a、802.11b、802.11g 标准兼容。

IEEE 802.11n 计划采用 MIMO（Multiple input Multiple Output，多进多出）与 OFDM 相结合的方式使传输速率成倍提高。随着天线技术及传输技术的发展，无线局域网的传输距离大大增加，可以达到几千米（并且能够保障 100Mbit/s 的传输速率）。IEEE 802.11n 标准全面改进了 802.11 标准，不仅涉及物理层标准，而且采用新的无线传输技术提升 MAC 层的性能，优化数据帧结构，提高网络的吞吐量。

5. IEEE 802.11i

由于无线传输的安全性很差，所以 IEEE 802.11i 标准结合 IEEE 802.1x 中的用户端口身份验证和设备验证对 WLAN MAC 层进行修改与整合，并定义了严格的加密格式和鉴权机制，以改善 WLAN 的安全性。IEEE 802.11i 标准主要包括两项内容："WiFi 保护访问"（WiFi Protected Access，WPA）技术和"强健安全网络"（Robust Security Network，RSN）。

IEEE 802.11i 标准在 WLAN 网络建设中是相当重要的，数据的安全性是 WLAN 设备制

造商和 WLAN 网络运营商应该考虑的头等工作。

6．IEEE 802.11e、IEEE 802.11f、IEEE 802.11h

IEEE 802.11e 标准对 WLAN MAC 层协议提出改进，可支持多媒体传输，以及支持所有 WLAN 无线广播接口的服务质量（QoS）保证机制。

IEEE 802.11f，定义访问结点之间的通信，支持 IEEE 802.11 的接入点互操作协议（Inter Access Point Protocol，IAPP）。

IEEE 802.11h 用于 IEEE 802.11a 的频谱管理技术。

4.2.2　IEEE 802.11 与 OSI

IEEE 802.11 标准主要对无线局域网的物理层和媒体访问控制层做了规定，保证各厂商的产品在同一物理层上可以互相操作，在逻辑链路控制层是一致的，在 MAC 层以下对网络应用是透明的。

在 MAC 层以下，IEEE 802.11 规定了 3 种发送及接收技术：扩频（Spread Spectrum）技术、红外（Infrared）技术、窄带（Narrow Band）技术。扩频分为直接序列扩频和跳频扩频。直接序列扩频技术通常会结合码分多址（CDMA）技术。图 4-9 所示为 IEEE 802.11 与 OSI 模型。

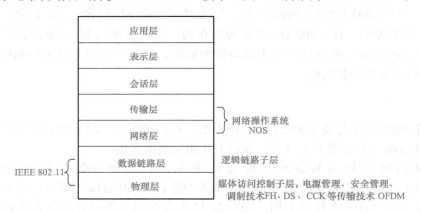

图 4-9　IEEE 802.11 与 OSI 模型

IEEE 802 LAN 定义了媒体访问控制（MAC）层和物理层（PHY）的操作，其系列标准如图 4-10 所示。

IEEE 802.2 逻辑链路控制 (LLC)						OSI 2层 MAC
IEEE 802.3 Ethernet 以太网	IEEE 802.4 Token Bus 令牌环总线	IEEE 802.5 Token Ring 令牌环	IEEE 802.11 WLAN 无线局域网	IEEE 802.15 WPAN 蓝牙	IEEE 802.16 BWA 宽带无线	OSI 1层 PHY

图 4-10　IEEE 802 LAN 系列标准

4.2.3　IEEE 802.11 工作方式

　　IEEE 802.11 定义了两种类型的设备：一种是无线终端站，通常由一台 PC 加上一块无线网卡构成；另一种为无线接入点（Access Point，AP），它的作用是提供无线和有线网络之间的桥接。一个无线接入点（AP）通常由一个无线输出口和一个有线的网络接口构成。桥接软件符合 IEEE 802.1d 桥接协议。无线接入点（AP）就像是无线网络的一个无线基站，将多个无线的接入站聚合到有线的网络上。无线的终端可以是 IEEE 802.11 PCMCIA 卡、PCI 接口、ISA 接口的，或者是非计算机终端上的嵌入式设备（如 IEEE 802.11 手机）。

　　IEEE 802.11 定义了两种模式：Infrastructure 模式和 Ad-Hoc 模式。Infrastructure（基础架构）模式中，无线网络至少有一个和有线网络连接的无线接入点，以及一系列无线终端站，这种配置称为一个 BSS（Basic Service Set，基本服务集）。一个 ESS（Extended Service Set，扩展服务集）是由两个或多个 BSS 构成的一个单一子网。

4.3　无线局域网的组网模式

　　WLAN 的组网模式只有两种，一种就是类似于对等网的 Ad-Hoc 模式，另一种则是类似于有线局域网中星型结构的 Infrastructure 模式。

4.3.1　Ad-Hoc 模式

　　Ad-Hoc 模式是点对点的对等结构，相当于有线网络中的两台计算机直接通过网卡互联，中间没有集中接入设备，信号直接在两个通信端进行点对点传输，如图 4-11 所示。

图 4-11　Ad-Hoc 模式

　　在有线 LAN 中，如果将多台计算机互联在一起，则可以使用交换机，如果没有交换机，那么需要在计算机上安装多块网卡来实现，这会增加构建网络的成本，也会增加计算互联的复杂程度。在 WLAN 中，没有物理传输介质，而是以无线电波的形式发散传播，所以在 WLAN 中的对等连接模式中，各用户无须安装多块 WLAN 网卡，也无需交换机，相比有线网络来说，组网方式要简单许多。

　　由于使用 Ad-Hoc 对等结构，网络通信中没有信号交换设备，网络通信效率较低，所以仅适用于较少数量的无线结点互联（通常在 5 台主机以内）。另外，由于这一模式没有中心管理单元，所以这种网络在可管理性和扩展性方面受到一定的限制，连接性能也不是很好。而且各无线结点之间只能单点通信，不能实现交换连接。这种无线网络模式通常只适用于临时的无线应用环境，如小型会议室、家庭无线网络等。

此外，为了达到无线连接的最佳性能，所有主机最好都使用同一品牌、同一型号的无线网卡，并且要详细了解相应型号的网卡是否支持 Ad-Hoc 网络连接模式，因为有些无线网卡只支持 Infrastructure（基础架构）模式。绝大多数无线网卡是同时支持两种网络结构模式的。

4.3.2 Infrastructure 模式

Infrastructure（基础架构）模式属于集中式结构，其中，无线 AP 相当于有线网络中的交换机或集线器，起着集中连接无线结点和数据交换的作用。通常，无线 AP 会提供一个有线以太网接口，用于与有线网络设备的连接，如以太网交换机。Infrastructure 模式如图 4-12 所示。

Infrastructure 模式具有在网络中易于扩展，便于集中管理，能提供用户身份验证等方面的优势，数据传输性能也明显高于 Ad-Hoc 模式。在 Infrastructure 模式中，可以通过速率的调整来发挥相应网络环境下的最佳连接性能。AP 和无线网卡还可针对具体的网络环境调整网络连接速率，如 11Mbit/s 的 IEEE 802.11b 的速率可以调整为 1Mbit/s、2Mbit/s、5.5Mbit/s 和 11Mbit/s。

在实际的网络应用环境中，网络连接性能往往受到多方面因素的影响，所以实际连接速率要远低于理论速率。

由于上述原因，AP 和无线网卡可针对特定的网络环境动态调整速率。由于无线网络部署的场景不同、应用的要求不同，所以需要对连接 AP 的无线结点的数量进行控制。如果应用对于带宽的要求较高（如多媒体教学、电话会议和视频点播等），那么单个 AP 所连接的无线结点数要少些；对于带宽要求较低的应用，单个 AP 所连接的无线结点数可以适当多些。如果是支持 IEEE 802.11a 或 IEEE 802.11g 的 AP，因为它的速率可达到 54Mbit/s，理论上单个 AP 的连接结点数在 100 个以上，但实际应用中所连接的用户数最好在 20 个以内。同时，要求单个 AP 所连接的无线结点在其有效的覆盖范围内，这个距离通常为室内 100m 左右，室外则可达 300m 左右。

BSS（Basic Service Set，基本服务集）包含一个 AP 和若干个移动终端，所有无线设备都关联到一个无线访问点上。该无线访问点连接其他有线设备（也可能不连接其他有线设备），并且由该无线访问点控制和主导整个 BSS 中全部数据的传输过程，如图 4-13 所示。

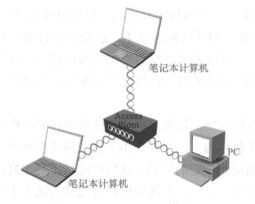

图 4-12　Infrastructure 模式

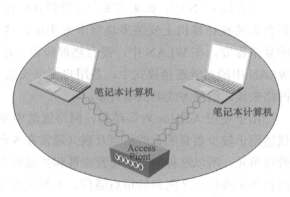

图 4-13　BSS（基本服务集）

一个 BSS 可以通过 AP 来进行扩展。当超过一个 BSS 连接到有线 LAN 时，就称为 ESS （Extended Service Set，扩展服务集），一个或多个以上的 BSS 即可被定义成一个 ESS，如图 4-14 所示。用户可以在 ESS 上漫游及存取 BSS 系统中的任何资源。

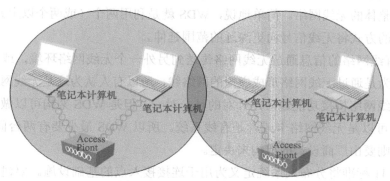

图 4-14　ESS（扩展服务集）

ESSID 可以称作无线网络的名称。在 Infrastructure 模式的网络中，每个 AP 必须配置一个 ESSID，每个客户端必须与 AP 的 ESSID 匹配才能接入无线网络中。

如果单个 AP 不满足覆盖范围，那么可以增加任意多的单元来扩展，建议相互邻接的 BSS 单元存在 10%～15% 的重叠，这样可以允许远程用户进行漫游而不丢失 RF 连接。为了确保最好的性能，位于边缘的单元应该使用不同的信道。

另外，Infrastructure 模式的 WLAN 不仅可以应用于独立的无线局域网中，如小型办公室无线网络、SOHO 家庭无线网络，也可以以它为基本网络结构单元组建成庞大的 WLAN 系统，如 ISP 在"热点"位置为各移动办公用户提供的无线上网服务，以及宾馆、酒店、机场为用户提供的无线上网区等。

图 4-15 所示的是一家宾馆的无线网络方案，宾馆中各楼层的无线用户通过接入该楼层的、与有线网络相连接的无线 AP 实现与 Internet 的连接。

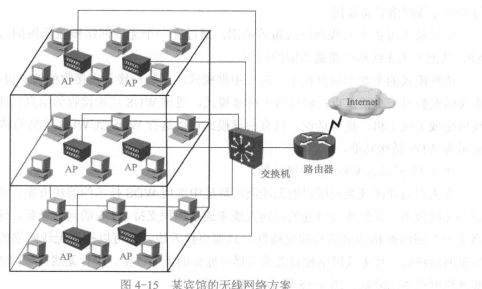

图 4-15　某宾馆的无线网络方案

4.3.3　无线分布式系统

无线分布式系统（Wireless Distribution System，WDS）是指用多个无线网络相互连接的方式构成一个整体的无线网络。简单地说，WDS 就是利用两个（或两个以上）的无线 AP，通过相互连接的方式将无线信号向更深远的范围延伸。

WDS 把有线网络的信息通过无线网络传送到另外一个无线网络环境，或者是另外一个有线网络。因为是通过无线网络形成虚拟的网络线，所以有人认为这是无线网络桥接功能。严格来说，无线网络桥接功能通常是针对的是一对一，但是 WDS 架构可以做到一对多，并且桥接的对象可以是无线网络卡或者是有线系统。所以 WDS 最少要有两台同功能的 AP，最多时的数量则要由厂商设计的架构来决定。

IEEE 802.11 标准将分布式系统定义为用于连接接入点的基础设施。要建立分布式无线局域网，需要在两个或多个接入点配置相同的服务集标识符（SSID）。配置了相同 SSID 的接入点在二层广播域中组成了一个单一逻辑网络，这意味着它们都必须能通信。分布式系统就是用来连接它们的，使它们能够通信。

WDS 经常部署在跨越两座建筑物搭建的无线局域网上。最基本的无线分布式系统（WDS）由两个接入点组成，它们能互相转发信息。

在使用 WDS 来规划网络时，首先所有 AP 必须是同品牌，同型号才能很好地在一起工作。WDS 工作在 MAC 层和物理层，两个设备必须相互配置对方的 MAC 地址。WDS 可以被链接在多个 AP 上，但对等的 MAC 地址必须配置正确，并且对等的两个 AP 必须配置相同的信道和相同的 SSID。

WDS 具有桥接（Bridge）和中继（Repeater）两种不同的应用模式。

桥接模式用于连接两个不同的局域网，桥接两端的无线 AP 只与另一端的 AP 沟通，不与其他无线网络设备连接。

中继模式可扩大无线网络的覆盖范围，通过在一个无线网络覆盖范围的边缘增加无线 AP，达到扩大无线网络覆盖范围的目的。

两种模式的主要不同点在于：对于中继模式，从某一接入点接收的信息可以通过 WDS 连接转发到另一个接入点；然而对于桥接模式，通过 WDS 连接接收的信息只能被转发到有线网络或无线主机。换句话说，只有中继模式可以进行 WDS 到 WDS 信息的转发。图 4-16 所示为 WDS 桥接功能。

图 4-17 所示为 WDS 的中继功能。

在大型商业区或企业用户的无线组网环境中选用 WDS 技术的解决方案，可以在本区域做到无线覆盖，又能通过可选的定向天线来连接远程支持 WDS 的同类设备。这样就大大提高了整个网络结构的灵活性和便捷性，只要更换天线，就可以扩展无线网络的覆盖范围或实现网络桥接，使无线网络建设者购买尽可能少的无线设备，进行无线局域网的多种连接，实现组网成本的降低。图 4-18 所示是 WDS 的应用。

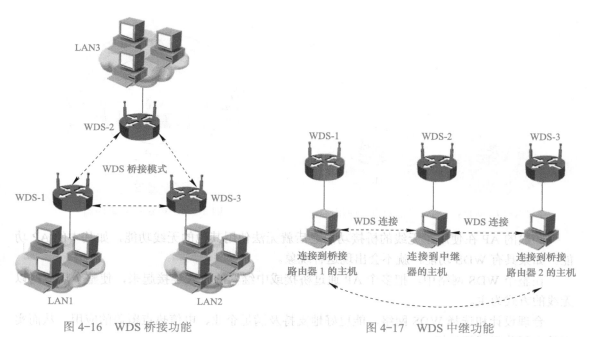

图 4-16 WDS 桥接功能

图 4-17 WDS 中继功能

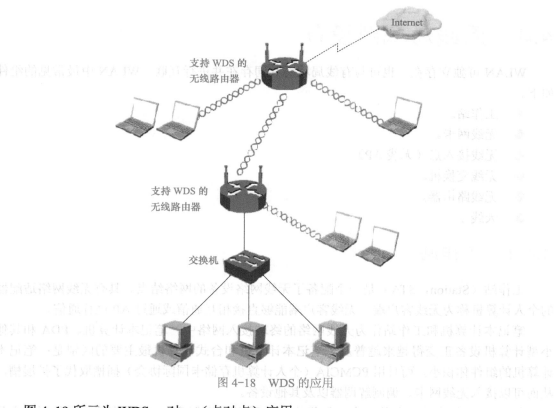

图 4-18 WDS 的应用

图 4-19 所示为 WDS 一对一（点对点）应用。

图 4-20 所示为 WDS 一对多应用。

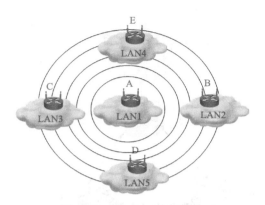

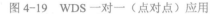

图 4-19　WDS 一对一（点对点）应用　　　　　图 4-20　WDS 一对多应用

一般的 AP 在使用了无线的桥接功能之后就无法使用其他的无线功能，如基本的 AP 功能。如果具有 WDS 功能，就不会出现这种现象。

在整个 WDS 网络中，把多个 AP 通过桥接或中继器的方式连接起来，使整个局域网以无线的方式为主。

合理设计和选择 WDS 网络，能更好地支持及满足企业、电信热点覆盖的应用，从而实现扩大覆盖区域的目标。

4.4　无线局域网设备

WLAN 可独立存在，也可与有线局域网共同存在并进行互联。WLAN 中最常见的组件如下。

- 工作站。
- 无线网卡。
- 无线接入点（无线 AP）。
- 无线交换机。
- 无线路由器。
- 天线 。

4.4.1　工作站

工作站（Station，STA）是一个配备了无线网络设备的网络结点。具有无线网络适配器的个人计算机称为无线客户端。无线客户端能够直接相互通信或通过 AP 进行通信。

笔记本计算机和工作站作为无线网络的终端接入网络中。笔记本计算机、PDA 和其他小型计算机设备正变得越来越普及，笔记本计算机和台式计算机最主要的区别是：笔记本计算机的组件体积小，而且用 PCMCIA（个人计算机存储卡国际协会）插槽取代了扩展槽，从而可以接入无线网卡、调制解调器以及其他设备。

使用 WiFi 标准的设备的一个明显优势就是预装了无线网卡，可以直接与其他无线产品或者其他符合 WiFi 标准的设备进行交互。

4.4.2 无线网卡

无线网卡（Wireless LAN Card）作为无线网络的接口，可实现与无线网络的连接，作用类似于有线网络中的以太网网卡。无线网卡根据接口类型的不同，主要分为 3 种，即 PCMCIA 无线网卡、PCI 接口无线网卡和 USB 接口无线网卡。

PCMCIA 无线网卡仅适用于笔记本计算机，支持热插拔，可以非常方便地实现移动式无线接入。PCI 接口无线网卡适用于台式计算机，安装起来相对要复杂些。USB 接口无线网卡适用于笔记本计算机和台式计算机，支持热插拔，而且安装简单，即插即用。目前，USB 接口的无线网卡得到了大量用户的青睐。

无线网卡的主要功能是通过无线设备透明地传输数据报，工作在 OSI 参考模型的第 1 层和第 2 层。除了用无线连接取代线缆连接外，这些适配器就像标准的网络适配器那样工作，不需要其他特别的无线网络功能。RG-WG54U 是锐捷网络推出的基于 IEEE 802.11g 标准的无线局域网外置 USB 网卡，如图 4-21 所示。图 4-22 所示为思科 LINKSYS USB 无线网卡，型号为 WUSB54GC。

图 4-21　RG-WG54U 无线局域网外置 USB 网卡　　　　图 4-22　思科 LINKSYS USB 无线网卡

4.4.3 无线接入点

1. 无线接入点的作用

无线接入点（AP）的作用是提供无线终端的接入功能，类似于以太网中的集线器。当网络中增加一个无线 AP 之后，即可成倍地扩展网络覆盖直径。另外，也可使网络中容纳更多的网络设备。通常情况下，一个 AP 最多可以支持 30 台计算机的接入，推荐数量为 25 台以下。思科 AIR-AP1242G-P-K9 无线 AP 如图 4-23 所示，锐捷 RG-P-720 双路双频三模室内型无线 AP 如图 4-24 所示。

无线 AP 基本上都拥有一个以太网接口，用于实现与有线网络的连接，从而使无线终端能够访问有线网络或 Internet 的资源。单纯性无线 AP 就是一个无线的交换机，仅提供一个无线信号发射的功能。单纯性无线 AP 的工作原理是将网络信号通过双绞线传输，经过 AP 产品的编译，将电信号转换成无线电信号发送出去。根据不同的功率，可以实现不同程度、不同范围的网络覆盖，一般无线 AP 的最大覆盖距离可达 300m。此外，一些 AP 还具有高级的功能以实现网络接入控制，如 MAC 地址过滤等。

图 4-23　思科 AIR-AP1242G-P-K9 无线 AP　　图 4-24　锐捷 RG-P-720 双路双频三模室内型无线 AP

无线 AP 主要用于宽带家庭、大楼内部以及园区内部，可覆盖几十米至上百米。大多数无线 AP 还带有接入点客户端模式（AP Client），可以和其他 AP 进行无线连接，扩大网络的覆盖范围。

2. 无线 AP 的组网模式

AP 可支持 6 种工作模式。

● Infrastructure（基础架构）模式：由 AP、无线工作站以及分布式系统（DSS）构成，覆盖的区域称为基本服务集（BSS）。其中，AP 用于在无线终端和有线网络之间接收、缓存和转发数据，所有的无线通信都经过 AP 完成。

● 点对点桥接模式：两个有线局域网通过两台 AP 将它们连接在一起，使两个有线局域网之间通过无线方式实现互联和资源共享，也可以实现有线网络的扩展。

● 点对多点桥接模式：点对多点的无线网桥能够把多个离散的远程网络联成一体，通常以一个网络为中心点发送无线信号，其他接收点进行信号接收。

● AP 客户端模式：该模式看起来比较特别。中心的 AP 设置成 AP 模式，可以提供中心有线局域网络的连接和自身无线覆盖区域的无线终端接入；远端有线局域网络或单台 PC 所连接的 AP 设置成 AP Client 客户端模式，远端无线局域网络便可访问中心 AP 所连接的局域网络了。

● 无线中继模式：无线中继模式可以实现信号的中继和放大，从而扩大无线网络的覆盖范围。WDS 的无线中继模式提供了全新的无线组网模式，适用于那些场地开阔、不便于铺设以太网线的场所，如大型开放式办公区域、仓库、码头等。

● 无线混合模式：该模式可以支持点对点、点对多点、中继应用模式下的 AP，可同时在两种工作模式状态工作。这种模式充分体现了灵活、简便的组网特点。

4.4.4　无线交换机

在商用领域，为了使运作更方便快捷，企业中使用个人移动设备（如 Notebook、PDA、WiFi Phone 等具备无线上网功能的移动装置）也日益渐多，当无线技术在企业广泛应用，面临大量设置、集中管理的问题时，企业用户呼唤着新技术及新产品的出现，于是以无线网络控制器作为集中管理机制的无线交换机就产生了。思科 AIR-WLC2106-K9 无线交换机如图 4-25 所示，锐捷 RG-MXR-8 无线交换机如图 4-26 所示。

图 4-25　思科 AIR-WLC2106-K9 无线交换机

图 4-26　锐捷 RG-MXR-8 无线交换机

早期的无线网络通信是基于 AP 实现的，这种传统意义上的 AP 是最早构成无线网络的结点，当然，它很稳定，并且遵循 IEEE 802.11 系列无线标准。但是在越来越多的使用环境下，第一代无线产品 AP 已经开始在很多方面变得不再适用，甚至出现了一些问题，最明显的就是不好管理。在这种趋势的催生下，Symbol 于 2002 年 9 月提出了一个全新的无线网络理念——无线交换机系统。

无线交换机系统摒除了以 AP 为基础传输平台的传统方式，转而采用了 back-end 和 front-end 方式。将一台无线交换机置于用户的机房内，称为 back-end 方式；而将若干类似于天线功能的 Access Port 置于前端，称为 front-end 方式。

4.4.5　无线路由器

无线路由器是带有无线覆盖功能的路由器，它主要在用户上网和无线覆盖时应用。市场上流行的无线路由器一般都支持专线 XDSL、CABLE、动态 XDSL、PPTP 这 4 种接入方式，它还具有其他一些网络管理的功能，如 DHCP 服务、NAT 防火墙、MAC 地址过滤等功能。

根据 IEEE 802.11 标准，一般的无线路由器所能覆盖的最大距离通常为 300m，不过覆盖的距离主要与环境的开放与否有关。在设备不加外接天线的情况下，在视野所及之处，覆盖距离约 300m；若属于半开放性空间或有隔离物的区域，在 35 ～ 50m；如果借助于外接天线（做链接），距离则可以达到 50km 甚至更远，这要视天线本身的增益而定。因此，需视用户的需求而加以应用。

无线路由器也像其他无线产品一样属于射频（RF）系统，需要工作在一定的频率范围之内，才能够与其他设备相互通信，人们把这个频率范围称为无线路由器的工作频段。但不同的产品由于采用不同的网络标准，故采用的工作频段也不太一样。目前，无线路由器主要遵循 IEEE 802.11b、IEEE 802.11a、IEEE 802.11g 等网络标准。

4.4.6　天线

在无线网络中，使用天线可以达到增强无线信号的目的，可以把它理解为无线信号的放大器。天线的分类多种多样，可分为定向天线、全向天线、单极化、双极化天线、常规天线、隐蔽天线、普通天线和特殊天线等。

天线的两个最重要的参数就是方向性和天线增益。方向性指的是天线辐射和接收是否有指向，即天线是否对某个角度过来的信号特别灵敏及辐射能量是否集中在某个角度上。

增益表示天线功率放大倍数，数值越大表示信号的放大倍数就越大，也就是说增益数值越

大，信号越强，传输质量就越好。**dBi** 是功率增益的单位。目前市场中销售的无线路由大多都是自带 **2dBi** 或 **3dBi** 的天线，用户可以按不同需求更换为 **4dBi**、**5dBi** 甚至是 **9dBi** 的天线。

1. 定向天线和全向天线

根据天线辐射方向的不同，可分为定向天线和全向天线。定向天线指在某一个或某几个特定方向上发射及接收无线电波的能力特别强，而在其他方向发射及接收无线电波的能力特别弱的一种天线。采用定向天线的目的是增加辐射功率的有效利用率，增加保密性。定向天线能量集中，增益相对全向天线要高，适合于远距离点对点通信，同时由于具有方向性，因此抗干扰能力比较强。例如，在一个小区里，当需要横跨几幢楼建立无线连接时，就可以选择这类天线，如图 4-27 所示。

全向天线安装起来比较方便，可以将信号均匀分布在中心点周围的全方位区域，不需要考虑两端天线安装角度的问题。全向天线的特点是覆盖面积广、承载功率大、架设方便、极化方式（水平极化或垂直极化）可灵活选择，如图 4-28 所示。

图 4-27 定向天线

图 4-28 全向天线

2. 单极子天线和双极子天线

根据天线极化方式的不同，可分为单极子天线和双极子天线。

现在市面上买到的天线多为双极子天线。双极子天线由两根粗细和长度都相同的导线构成，中间为两个馈电端。图 4-29a 所示为单极子天线，图 4-29b 所示为双极子天线。双极子天线的性能要比单极子天线的优异。

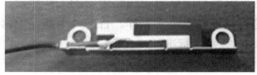
a）单极子天线

b）双极子天线

图 4-29 单极子天线和双极子天线

3. 常规天线和隐式天线

根据天线架构的不同，可分为常规天线和隐式天线。对于无线设备，其标志性的特点就是具有一根或多根天线。高增益天线和多天线多入多出（**MIMO**）等技术都能有效增大信号覆盖范围，但随着无线设备的不断改进，出于便携性、美观性等方面的考虑，一些厂商采用内置天线设计，通过牺牲性能来换取更小巧的体积和更时尚的外观，如

图 4-30 所示。

常规天线就不用多介绍了，一般普通无线路由器背后都配有一根或多根无线天线，如图 4-31 所示。

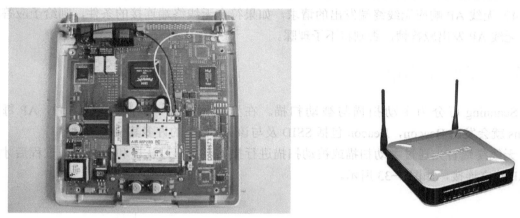

图 4-30 隐式天线   图 4-31 常规天线

4. 特殊天线

实际上，特殊天线的分类不是特别严格，毕竟特殊天线所具备的功能和作用是多方面的。吸顶天线、网状天线都可以列入特殊天线行列，如图 4-32 所示。

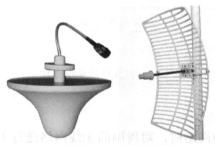

图 4-32 特殊天线

4.5 无线连接技术

在无线网络中，当无线终端接入网络时，需要经过 Scanning（扫描）、Joining（加入）、Authentication（验证）与 Association（结合）4 个阶段。

通过 Scanning 之后，无线终端可以得到多个可加入的 WLAN 信息。

Joining 指无线终端内部需决定应与哪一个 WLAN 结合。

Joining 之后则为与 AP 之间的 Authentication（验证）与 Association（结合）两个动作。

Scanning 发生于所有其他动作之前，因为 Client 靠 Scanning 来找寻找 WLAN。

无线连接就是无线终端与 AP 的无线握手过程，包括如下几个阶段。

1）无线 AP 通过广播 Beacon（无线信标）帧，在网络中寻找 AP。

2）当网络中的 AP 收到了无线终端发出的广播 Beacon 帧之后，无线 AP 也发送广播 Beacon 帧用来回应无线终端。

3）当无线终端收到 AP 的响应之后，无线终端向目标 AP 发起 Request Beacon（请求帧）。

4）无线 AP 响应无线终端发出的请求，如果符合无线终端连接的条件，则给予应答，即向无线 AP 发出应答帧，否则将不予理睬。

4.5.1　Scanning

Scanning 可分为主动扫描与被动扫描。在无线网络中，STA 发现 AP 时，AP 每隔 100ms 就会发出 Beacon，Beacon 包括 SSID 及与该 AP 相关的许多其他参数。

无线终端首先通过主动扫描或被动扫描进行接入，在通过认证和关联两个过程后才能和 AP 建立连接，如图 4-33 所示。

图 4-33　建立无线连接的过程

1．主动扫描

当无线终端主动寻找无线网络时，对周围的无线网络进行主动扫描，主动扫描时，由无线终端发出一个探测帧要求到网络上。这个要求会包含单一 SSID 或广播型 SSID 的探测帧。假如是单一 SSID 的探测帧，则 SSID 相同的 AP 会回应。如果探测帧中的 SSID 属于广播型，则所有的 AP 都会响应。发出探测帧的目的是寻找 WLAN。一旦发现适当的 AP，此无线终端即可开始做验证与结合动作。

依据是否携带指定 SSID，主动扫描可以分为以下两种。

第一种：当无线终端不携带指定 SSID 发送探测请求帧时，无线终端预先配有一个信道列表，无线终端在信道列表中的信道上广播探测请求帧。AP 收到探测请求帧后，回应探测响应帧。无线终端会选择信号最强的 AP 进行关联。这种方法适用于无线终端通过主动扫描获知是否存在可使用的无线网络服务的情况，过程如图 4-34 所示。

第二种：当无线终端携带指定 SSID 发送探测请求帧时，只会单播发送探测请求帧，相应的 AP 接收后回复请求。这种方法适用于无线客户端通过主动扫描接入指定无线网络的情况，过程如图 4-35 所示。

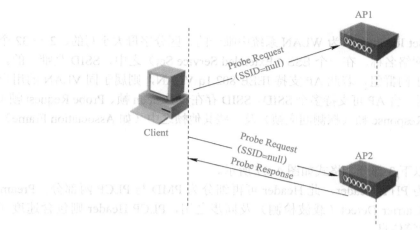

SSID（Service Set Identifier，服务集标识符）用于把 WLAN 划分成几个需要不同身份验证的子网络。SSID 通常由 AP 广播出来，通过系统自带的扫描功能可以查看当前区域内的 SSID。考虑到安全性，可以不广播 SSID……

图 4-34 主动扫描过程（不携带指定 SSID 发送探测请求帧）

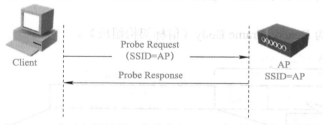

图 4-35 主动扫描过程（携带指定 SSID 发送探测请求帧）

2. 被动扫描

被动扫描是指无线终端通过监听 AP 定期发送的 Beacon（无线信标）帧来发现网络。用户预先配有用于扫描的信道列表，在每个信道上都监听信标。例如，基础架构模式下由 AP 送出的 Beacon 帧，或 Ad-Hoc 模式下无线终端轮流送出的 Beacon 帧。然后比较各个 Beacon 帧，找出将要 Joining 的 SSID 值，之后则启动验证与结合动作。若有多个 SSID，则选取信号最强以及封包错误率最低的 AP。

被动扫描要求 AP 周期性发送 Beacon 帧。当用户需要节省电量时，可以使用被动扫描。VoIP 语音终端通常使用被动扫描方式，过程如图 4-36 所示。

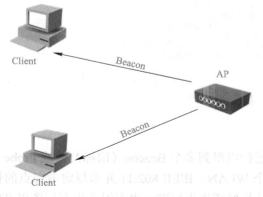

图 4-36 被动扫描过程

3. SSID

SSID（Service Set Identifier）为 WLAN 系统中唯一的、区分字母大小写的、2～32 个字母所表示的 WLAN 网络名称。在一个 ESS（Extended Service Set）之中，SSID 是唯一的。相同 SSID 下的 AP 属于同群组，若此 AP 支持 IEEE 802.1q VLAN，则属于同 VLAN 的用户亦属于同 SSID，此时同一台 AP 可支持多个 SSID。SSID 存在于 Beacon 帧、Probe Request 帧（探测查询帧）、Probe Response 帧（探测回应帧）及一些其他帧之中（如 Association Frame）。

4. Beacon 帧

Beacon 帧分为以下 3 部分，格式如图 4-37 所示。

● 第一部分为 PHY Header，此 Header 可再细分为 PMD 与 PLCP 两部分。Preamble 用来让接收者进行 Carrier Detect（载波检测）及同步之用，PLCP Header 则包含速度（如 5.5Mbit/s）、帧长度等信息。

● 第二部分为 MAC Header，包括 Frame Control、BSSID 等字段。其中，BSSID 表示 AP 的 MAC 地址。

● 第三部分为 Beacon Frame Body（信标架构组成）。

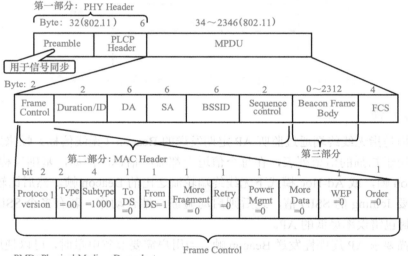

图 4-37　Beacon 帧格式

4.5.2　Joining

当无线终端用户通过扫描得到多个 Beacon（信标）帧或 Probe Response（响应）帧的信息后，应考虑加入哪一个 WLAN。IEEE 802.11 并未规定考虑点的优先级，而由厂商自行来定义。很多生产厂商以信号好坏作为标准，也有很多生产厂商以 STA 的多个 SSID 的顺序作为首选标准。

4.5.3　Authentication 和 Association

当无线终端与 AP 完成 Scanning 和 Joining 的过程后，由 AP 通过 Authentication 和 Association 两动作完成 WLAN 的连接动作。WLAN 的连接包括两个步骤：第一个步骤为 Authentication，第二个步骤为 Association。Association 是指第 2 层（MAC）的结合，而 Authentication 只与 PC 卡有关（因 WEP Key 或 SSID 等设定只与网卡有关）。这个观念在 WLAN 的安全、除错上都很重要。

Authentication 是与 WLAN 相连的第一个动作，是 AP 响应无线终端的联机请求所做的验证动作。有时该动作是虚的，无线终端也可以不需要身份证明即能完成验证。这个"虚验证"为一般 AP 与网卡出厂的预设状态。架构模式下，由无线终端送出一个验证请求到 AP 而开始验证程序。验证程序可在 AP 上执行，或 AP 会将验证请求传送到上游的验证主机。例如，RADIUS 会依照程序透过 AP 而验证无线终端，最后通过 AP 告诉无线终端验证是否成功完成。

4.6　无线局域网安全

WLAN 技术标准制定者—— IEEE 802.11 工作组从一开始就把安全作为关键的课题。最初的 IEEE 802.11—1999 标准所定义的 WEP 机制（WEP 本意是"等同有线的安全"）存在诸多缺陷，所以 IEEE 802.11 在 2002 年迅速成立了 IEEE 802.11i 工作组，提出了 AES-CCM 等安全机制。此外，我国国家标准化组织针对早期 IEEE 802.11 和 IEEE 802.11i 标准中的不足，对现有的 WLAN 安全标准进行了改进，制定了 WAPI 标准。

按照安全的基本概念，安全主要包括以下几方面。

● 认证（Authenticity）：确保访问网络资源的用户身份是合法的。
● 加密（Confidentiality）：确保所传递的信息即使被截获了，截获者也无法获得原始的数据。
● 完整性（Integrity）：如果所传递的信息被篡改，那么接收者能够检测到。

此外，还需要提供有效的密钥管理机制，如密钥的动态协商机制，以实现无线安全方案的可扩展性。

可以说，WLAN 安全标准的完善主要是围绕上述内容展开的，所以可以围绕这些方面来理解上述的 WLAN 安全标准。

4.6.1　IEEE 802.11—1999 安全标准

IEEE 802.11—1999 把 WEP 机制作为安全的核心内容，包括了以下内容。

● 身份认证采用了 Open System 认证和共享密钥认证。
● 数据加密采用 RC4 算法。
● 完整性校验采用了 ICV。
● 密钥管理不支持动态协商，密钥只能静态配置，完全不适合企业等大规模部署

场景。

4.6.2　IEEE 802.11i 标准

IEEE 802.11i 工作组针对 IEEE 802.11 标准的安全缺陷进行了相应的改进，认证基于成熟的 802.1x、Radius 体系，并在 IEEE 802.11i 协议中进行了定义，具体如下。

- 数据加密采用 TKIP 和 AES-CCM。
- 完整性校验采用了 Michael 和 CBC 算法。
- 基于 4 次握手过程实现了密钥的动态协商。

4.6.3　我国 WAPI 安全标准

针对 WLAN 安全问题，我国制定了自己的 WLAN 安全标准——WAPI。与其他 WLAN 安全体制相比，WAPI 认证的优越性集中体现在以下几个方面。

- 支持双向鉴别。
- 使用数字证书。

从认证等方面看，WAPI 标准主要包括以下内容。

- 认证基于 WAPI 独有的 WAI 协议，使用证书作为身份凭证。
- 数据加密采用 SMS4 算法。
- 完整性校验采用了 SMS4 算法。
- 基于 3 次握手过程完成单播密钥协商，两次握手过程完成多播密钥协商。

4.6.4　WEP

WEP（Wired Equivalent Privacy，有线等效加密），又称无线加密协议（Wireless Encryption Protocol），是保护无线网络（WiFi）信息安全的体制。因为无线网络是用无线电传播信息的，因此它特别容易被窃听。WEP 的设计目的是提供与传统的有线局域网大体相当的机密性。

WEP 是 1999 年 9 月通过的 IEEE 802.11 标准的一部分，使用 RC4（Rivest Cipher）串流加密技术达到机密性，并使用 CRC-32 校验和达到资料正确性。

4.6.5　WPA

WPA（WiFi Protected Access，WiFi 保护接入）有 WPA 和 WPA2 和 WPA3 这 3 个标准，是一种保护无线计算机网络（WiFi）安全的系统。WPA 占据了 IEEE 802.11i 标准的大部分，是在 IEEE 802.11i 完备之前替代 WEP 的过渡方案。WPA 的设计可以用在所有的无线网卡上，但未必能用在第一代的无线取用点上。WPA2 定义了完整的标准，但不能用在某些版本较旧的网卡上。这两个都提供优良的保全能力，但也都有明显的问题。

WPA2 是经由 WiFi 联盟验证过的 IEEE 802.11i 标准的认证形式。WPA2 实现了 IEEE 802.11i 的强制性元素，特别是 Michael 算法由公认彻底安全的 CCMP 信息认证码所取代，

RC4 也被 AES 取代。微软 Windows XP 对 WPA2 的正式支持于 2005 年 5 月 1 日推出，但网络卡的驱动程序可能要更新。

预共享密钥（Pre-Shared Key，PSK）模式又称为个人模式，是设计给负担不起 802.1x 验证服务器的成本和复杂度的家庭及小型企业网络用的，每一个使用者必须输入密语来使用网络，而密语可以是 8 ～ 63 个 ASCII 字符或是 64 个十六进制数字（256 位二进制数）。使用者可以自行斟酌要不要把密语存在计算机里以省去重复输入的麻烦，但密语一定要存在 WiFi 取用点里。

WiFi 联盟在 WPA、WPA2 企业版的认证计划里添加了 EAP（可扩充认证协议），这是为了确保通过 WPA 企业版认证的产品之间可以互通。先前只有 EAP-TLS（Transport Layer Security）通过 WiFi 联盟的认证。

目前包含在认证计划内的 EAP 有下列几种。

- EAP-TLS。
- EAP-TTLS/MSCHAPv2 。
- PEAPv0/EAP-MSCHAPv2。
- PEAPv1/EAP-GTC。
- EAP-SIM。

4.6.6　IEEE 802.1x 标准

最初，由于 IEEE 802 局域网标准定义的局域网并不提供接入认证，只要用户能接入局域网接入设备（如局域网交换机），就可以访问局域网中的设备或资源。在早期的局域网应用环境中，安全问题并不多。但现今，随着网络内部攻击的泛滥，内部网络的安全已经受到越来越多的重视，内部网络设备的非法接入也成了极大的安全隐患。此外，由于移动办公的大规模发展，尤其是无线局域网的应用和局域网接入在运营商网络上的大规模开展，都有必要对端口加以控制以实现用户级的接入控制。

起初 IEEE 802.1x 的开发是为了解决 WLAN 用户的接入认证问题，后来由于其具有成本低、灵活性高和扩展性好等优势而得到广泛的部署和应用，现在也被用来解决有线局域网的安全接入问题。

IEEE 802.1x 标准是一种基于端口的网络接入控制（Port Based Network Access Control）协议。"基于端口的网络接入控制"是指在局域网接入设备的端口级别对所接入的设备进行认证和控制。如果连接到端口上的设备能够通过认证，则端口就被开放，终端设备就被允许访问局域网中的资源；如果连接到端口上的设备不能通过认证，则端口就相当于被关闭，终端设备就无法访问局域网中的资源。

4.6.7　IEEE 802.1x 认证体系

IEEE 802.1x 标准定义了一个 Client/Server（客户端 / 服务器）的体系结构，用来防止非授权的设备接入局域网中。IEEE 802.1x 体系结构中包括 3 个组件，即恳求者系统（Supplicant System）、认证系统（Authentication System）和认证服务器系统（Authentication Server System），如图 4-38 所示。

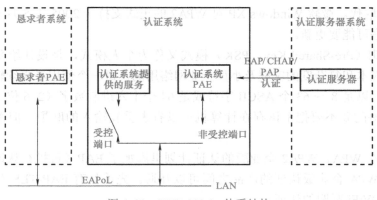

图 4-38　IEEE 802.1x 体系结构

1．IEEE 802.1x 体系结构中的组件

（1）恳求者系统　恳求者系统也称为客户端，是位于局域网链路一端的实体，它被连接到该链路另一端的设备端（认证系统）进行认证。恳求者系统通常为一个支持 IEEE 802.1x 认证的用户终端设备（如安装了 IEEE 802.1x 客户端软件的 PC，或者 Windows XP 系统提供的客户端），用户通过启动客户端软件触发 IEEE 802.1x 认证。

（2）认证系统　认证系统对连接到链路对端的恳求者系统进行认证，它作为恳求者与认证服务器之间的"中介"。认证系统通常为支持 IEEE 802.1x 标准的网络设备，如以太网交换机、无线接入点等，它为恳求者系统提供接入局域网的服务端口，该端口可以是物理端口，也可以是逻辑端口。认证系统的每个端口内部都包含受控端口和非受控端口。非受控端口始终处于双向联通状态，主要用来传递 EAPoL（Extensible Authentication Protocol over LAN，基于局域网的扩展认证协议）帧，可随时保证接收认证请求者发出的 EAPoL 报文；受控端口只有在认证通过的状态下才打开，用于传递网络资源和服务。在认证通过之前，IEEE 802.1x 只允许 EAPoL 报文通过端口；认证通过以后，正常的用户数据可以顺利地通过端口进入网络中。

认证系统与认证服务器系统之间也运行 EAP，认证系统将 EAP 帧封装到 RADIUS 报文中，并通过网络发送给认证服务器系统。当认证系统接收到认证服务器系统返回的认证响应后（被封装在 RADIUS 报文中），再从 RADIUS 报文中提取出 EAP 信息并封装成 EAP 帧发送给恳求者系统。

（3）认证服务器系统　认证服务器系统是为认证系统提供认证服务的实体，通常它都是一个 RADIUS 服务器，用于实现用户的认证、授权和计费。该服务器用来存储用户的相关信息，如用户的账号、密码以及用户所属的 VLAN、用户的访问控制列表等。它通过从认证系统收到的 RADIUS 报文中读取用户的身份信息，使用本地的认证数据库进行认证，然后将认证结果封装到 RADIUS 报文中返回给认证系统。

2．IEEE 802.1x 的工作机制

IEEE 802.1x 认证使用了 EAP 在恳求者系统与认证服务器系统之间交互身份认证信息，下面的描述中，客户端表示恳求者系统，交换机表示认证系统，RADIUS 服务器表示认证服务器。

● 在客户端与交换机之间，EAP 报文直接被封装到 LAN 协议中（如 Ethernet），即 EAPoL 报文，如图 4-39 所示。

EAP - MD5	PAP	CHAP	EAP - TLS	LEAP	PEAP
EAP					
802.1x					
LAN					

图 4-39　EAPoL 报文

● 在交换机与 RADIUS 服务器之间，EAP 报文被封装到 RADIUS 报文中，即 EAPoRADIUS 报文。此外，在交换机与 RADIUS 服务器之间还可以使用 RADIUS 协议交互 PAP 和 CHAP 报文。

● 交换机在整个认证过程中不参与认证，所有的认证工作都由 RADIUS 服务器完成。 RADIUS 可以使用不同的认证方式对客户端进行认证，如 EAP-MD5、PAP、CHAP、EAP-TLS、LEAP、PEAP 等。

● 当 RADIUS 服务器对客户端身份进行认证后，将认证结果（接收或拒绝）返回给 交换机，交换机根据认证结果决定受控端口的状态。

IEEE 802.1x 的工作机制如图 4-40 所示。

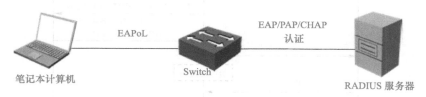

图 4-40　IEEE 802.1x 的工作机制

3．IEEE 802.1x 的认证过程

从认证方式来说，IEEE 802.1x 支持两种认证模式，即 EAP 中继模式和 EAP 终结模式。 两种模式的报文交互过程略有不同。

（1）EAP 中继模式　EAP 中继模式是 IEEE 802.1x 标准中定义的认证模式，正如之前 介绍的，交换机将 EAP 报文封装到 RADIUS 报文中，通过网络发送到 RADIUS 服务器。对 于这种模式，需要 RADIUS 服务器支持 EAP 属性。

使用 EAP 中继模式的认证方式有 EAP-MD5、EAP-TLS（Extensible Authentication Protocol-Transport Layer Security，扩展认证协议 - 传输层安全）、EAP-TTLS（Extensible Authentication Protocol-Tunneled Transport Layer Security，扩展认证协议 - 隧道传输层安全） 和 PEAP（Protected EAP，受保护的 EAP）。

● EAP-MD5：这种方式验证客户端的身份，RADIUS 服务器给客户端发送 MD5 挑战 值（MD5 Challenge），客户端用此挑战值对身份验证密码进行加密。

● EAP-TLS：这种方式同时验证客户端与服务器的身份，客户端与服务器互相验证 对方的数字证书，保证双方的身份都合法。

● EAP-TTLS：它是 EAP-TLS 的一种扩展认证方式，它使用 TLS 建立起来的安全隧道传递身份认证信息。

● PEAP：与 EAP-TTLS 相似，也首先使用 TLS 建立起安全隧道。在建立隧道的过程中，只使用服务器的证书，客户端不需要证书。安全隧道建立完毕后，可以使用其他认证协议〔如 EAP-Generic Token Card（EAP-GTC）、Microsoft Challenge Authentication Protocol Version 2〕对客户端进行认证，并且认证信息的传递是受保护的。

图 4-41 所示为使用 EAP-MD5 认证方式的 EAP 中继模式的认证过程。

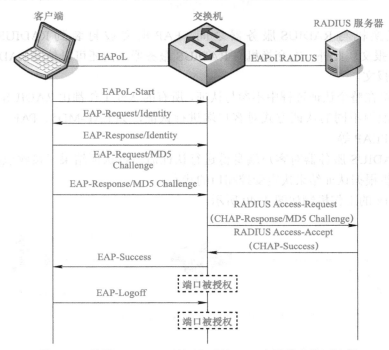

图 4-41　使用 EAP-MD5 认证方式的 EAP 中继模式认证过程

EAP 中继模式（EAP-MD5）的认证过程如下。

1）客户端启动 IEEE 802.1x 客户端程序，向交换机发送一个 EAPoL 报文，表示开始进行 IEEE 802.1x 接入认证。

2）如果交换机端口启用了 IEEE 802.1x 认证，将向客户端发送 EAP-Request/Identity 报文，要求客户端发送其使用的用户名（ID 信息）。

3）客户端响应交换机发送的请求，向交换机发送 EAP-Response/Identity 报文，报文中包含客户端使用的用户名。

4）交换机将 EAP-Response/Identity 报文封装到 RADIUS 的 Access-Request 报文中，通过网络发送给 RADIUS 服务器。

5）RADIUS 服务器收到交换机发送的 RADIUS 报文后，使用报文中的用户名信息在本地用户数据库中查找对应的密码，之后用随机生成的挑战值（MD5 Challenge）与密码进行 MD5 运算，产生一个 128 位的散列值。同时，RADIUS 服务器也将此挑战值通过 RADIUS 的 Access-Challenge 报文发送给交换机。

6）交换机从 RADIUS 报文中提取出 EAP 信息（其中包括挑战值），封装到 EAP-Request/MD5 Challenge 报文中发送给客户端。

7）客户端使用报文中的挑战值与本地的密码也进行 MD5 运算，产生一个 128 位的散列值，封装到 EAP-Response/MD5 Challenge 报文中发送给交换机。

8）交换机将 EAP-Response/MD5 Challenge 信息封装到 RADIUS Access-Request 报文中发送给 RADIUS 服务器。

9）RADIUS 服务器对收到的客户端的散列值与自己计算的散列值进行比较，如果相同则表示用户合法，认证通过，并返回 RADIUS Access-Accept 报文，其中包含 EAP-Success 信息。

10）交换机收到认证通过的信息后，将连接客户端的端口"开放"，并发送 EAP-Success 报文给客户端，以通知客户端验证通过。

11）客户端可以通过发送 EAP-Logoff 报文通知交换机主动下线，终止认证状态。交换机收到 EAP-Logoff 报文后将端口"关闭"。

从 EAP 中继模式的认证过程可以看出，交换机在整个认证中扮演着一个中间人的角色，对 EAP 报文进行透传。

（2）EAP 终结模式　EAP 终结模式即交换机将 EAP 信息终结，交换机与 RADIUS 服务器之间无须交互 EAP 信息，也就是说，RADIUS 服务器无须支持 EAP 属性。如果网络中的 RADIUS 服务器不支持 EAP 属性，则可以使用这种认证模式。

在 EAP 终结模式中可以使用 PAP 与 CHAP 认证方式，并且推荐使用 CHAP 认证方式，因为 PAP 使用明文传送用户名和密码信息。

图 4-42 所示为使用 CHAP 认证方式的 EAP 终结模式的认证过程。

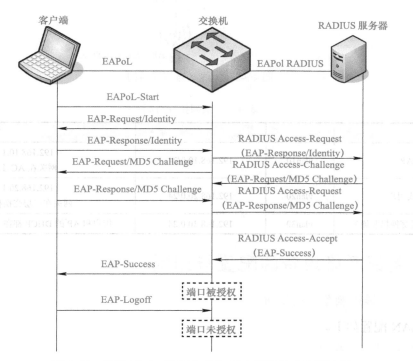

图 4-42　使用 CHAP 认证方式的 EAP 终结模式认证过程

从图 4-42 可以看出，在 EAP 终结模式中，MD5 挑战值是由交换机生成的，随后交换机会将客户端的用户名、MD5 挑战值和客户端计算的散列值一同发送给 RADIUS 服务器，再由 RADIUS 服务器进行认证。对于 EAP 终结模式，交换机与 RADIUS 服务器之间只交换两条消息，减少了信息的交互量，减轻了 RADIUS 服务器的压力。

4.7 无线局域网组建案例

4.7.1 工作情景描述

小张在某企业担任网络管理员的职务，需要配置一个开放式无线网络，并为客户端动态分配地址。网络中的 AP 需要由 AC 统一进行管理和配置，无线 AP 通过 AC 下发配置和管理，无线 AP 能发出信号和接入无线客户端。无线网络拓扑结构如图 4-43 所示。组网拓扑分析见表 4-4。

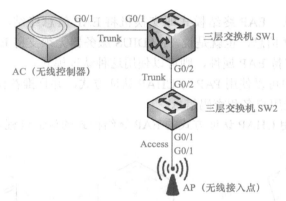

图 4-43　无线网络拓扑结构

表 4-4　组网拓扑分析

设备	VLAN	IP	网关
AP	vlan10	192.168.10.0/24	192.168.10.1 网关在 AC 上
无线用户	vlan20	192.168.20.0/24	192.168.20.1 网关在三层交换机上
AC（与三层交换机互通）	vlan30	192.168.30.0/24	用户和 AP 的 DHCP 都在三层交换机上

4.7.2 无线网络设备的配置与调试

1. AC（无线控制器）的配置

1）VLAN 配置如下。

```
AC>enable（进入特权模式）
AC#configure terminal（进入全局配置模式）
```

AC(config)#vlan10（AP 的 VLAN）

AC(config-vlan)#vlan20（用户的 VLAN）

AC(config-vlan)#vlan30（AP 与三层交换机 (SW1) 互联的 VLAN）

2）配置 AP VLAN 网关。

AC(config)#interface vlan10（AP 的网关）

AC(config-int-vlan)#ip address 192.168.10.1 255.255.255.0（IP 不必配置）

AC(config-int-vlan)#interface vlan20（用户的 SVI 接口必须配置）

AC(config-int-vlan)#exit

3）wlan-config 配置，创建 SSID。

AC(config)#wlan-config 2 student（配置 wlan-config，id 是 2，无线信号 SSID 是 student）

AC(config-wlan)#exit

4）ap-group 配置，关联 wlan-config 和用户 VLAN。

AC(config)#ap-group student_group

AC(config-ap-group)#interface-mapping 2 20（把 wlan-config 2 和 vlan20 进行关联，2 是 wlan-config，20 是 vlan）

5）把 AC 上的配置分配到 AP 上。

AC(config)#ap-config xxx（把 AP 组的配置关联到 AP 上，xxx 为某个 AP 的名称时，表示只在该 AP 下应用 ap-group；第一次部署时，默认 xxx 是 AP 的 MAC 地址）

AC(config-ap-config)#ap-group student_group

注意：ap-group student_group 要配置正确，否则会出现无线用户搜索不到 SSID 的问题。

6）配置路由和 AC 接口地址。

AC(config)#ip route 0.0.0.0 0.0.0.0 192.168.30.2（默认路由 192.168.30.2 是三层交换机的地址）

AC(config)#interface vlan30（与三层交换机相连使用的 VLAN）

AC(config-int-vlan)#ip address 192.168.30.1 255.255.255.0

AC(config-int-vlan)#interface loopback 0

AC(config-int-loopback)ip address 1.1.1.1 255.255.255.255（必须是 loopback 0，用于 AP 寻找 AC 的地址，DHCP 中的 option138 字段）

AC(configint-loopback)#interface GigabitEthernet 0/1

AC(config-int-GigabitEthernet0/1)#switchport mode trunk（与三层交换机相连的接口）

7）保存配置。

AC(config-int-GigabitEthernet0/1)#end（退出到特权模式）

AC#write（确认配置正确，保存配置）

2．三层交换机 SW1 的配置

1）VIAN 配置，创建用户 VLAN、AP VLAN 和互联 VLAN。

SW1>enable（进入特权模式）

SW1#configure terminal（进入全局配置模式）

SW1(config)#vlan10（AP 的 VLAN）

SW1(config-vlan)#vlan 20（用户的 VLAN）

SW1(config-vlan)#vlan 30（与 AC 互联的 VLAN）

SW1(config-vlan)#exit

2）配置接口和接口地址。

SW1(config)# interface GigabitEthernet 0/1

SW1(config-int-GigabitEthernet 0/1)#switchport mode trunk（与 AC 无线交换机相连的接口）

SW1(config int-GigabitEthernet 0/1)#interface GigabitEthernet 0/2

SW1(config-int-GigabitEthernet 0/2)#switchport mode trunk（与接入交换机相连的接口）

SW1(config-int-GigabitEthernet 0/2)#interface vlan 10（AP 的同一个网段的地址，用于 AP 的 DHCP 寻址，如果不配置地址，那么 AP 将获取不到 IP）

SW1(config-int-vlan)#ip address 192.168.10.2 255.255.255.0

SW1(config-int-vlan)#interface vlan20（无线用户的网关地址）

SW1(config-int-vlan)#ip address 192.168.20.1 255.255.255.0

SW1(config-int-vlan)#interface vlan 30（和 AC 无线交换机的互联地址）

SW1(config-int-vlan)#ip address 192.168.30.2 255.255.255.0

SW1(config-int-vlan)#exit

3）配置 AP 的 DHCP。

SW1(config)#service dhcp（开启 DHCP 服务）

SW1(config)#ip dhcp pool ap_student（创建 DHCP 地址池，名称是 ap_ student）

SW1(config-dhcp)#option 138 ip 1.1.1.1（配置 option 字段，指定 AC 的地址，即 AC 的 loopback 0 地址）

SW1(config-dhcp)#network 192.168.10.0 255.255.255.0（分配给 AP 的地址）

SW1(config-dhcp)#default-route 192.168.10.1（分配给 AP 的网关地址）

SW1(config-dhcp)#exit

注意：AP 的 DHCP 中的 option 字段、网段、网关要配置正确，否则会出现 AP 获取不到 DHCP 信息而导致无法建立隧道的情况。

4）配置无线用户的 DHCP。

SW1(config)#ip dhcp pool user_student（配置 DHCP 地址池，名称是 user_student）

SW1(config-dhcp)#network 192.168.20.0 255.255.255.0（分配给无线用户的地址）

SW1(config-dhcp)#default-route 192.168.20.1（分配给无线用户的网关）

SW1(config-dhcp)#dns-server 8.8.8.8（分配给无线用户的 DNS）

SW1(config-dhcp)#exit

5）配置静态路由。

SW1(config)#ip route 1.1.1.1 255.255.255.255 192.168.30.1（配置静态路由，指明到达 AC 的 loopback 0 的路径）

6）保存配置。

SW1(config)#exit（退出到特权模式）

SW1#write（确认配置正确，保存配置）

3．配置二层交换机

1）VLAN 配置（接入交换机只配置 AP 的 VLAN 就可以了）。

```
SW2>enable（进入特权模式）
SW2#configure terminal（进入全局配置模式）
SW2(config)#vlan10（AP 的 VLAN）
SW2(config-vlan)#exit
```

2）配置接口。

```
SW2(config)#interface GigabitEthernet 0/1
SW2(config-int-GigabitEthernet 0/1)#switchport access vlan10（与 AP 相连的接口，加入 AP 的 VLAN）
SW2(config-int-GigabitEthernet 0/1)#interface GigabitEthernet 0/2
SW2(config-int-GigabitEthernet 0/2)#switchport mode trunk（与核心交换机相连的接口）
```

3）保存配置。

```
SW2(config-int-GigabitEthernet 0/2)#end（退出到特权模式）
SW2#write（确认配置正确，保存配置）
```

4．验证配置

1）使用无线客户端连接无线网络。

2）在无线交换机上使用 show ap-config summary 命令查看 AP 的配置，使用 show ap-config running-config 可查看 AP 详细配置。

3）使用 show ac-config client summary by-ap-name 可查看无线客户端。

4.8　本章习题

4-1 选择题

1．IEEE（　　　）标准可使无线网卡连接到由不同制造商制造的无线 AP。

　　A．802.2　　　　　　B．802.3　　　　　　C．802.11　　　　　　D．802.12

2．为了确保 WLAN 的安全，在实际部署中需要采用某种方式对 WLAN 数据流进行加密。下列选项中，不属于 WLAN 加密机制的是（　　　）。

　　A．WEP　　　　　　B．TKIP　　　　　　C．AES　　　　　　　D．802.1x

3．在设计及规划 WLAN 时，要确保相邻 AP 的信道不重叠，802.11 无线局域网不重叠的信道为（　　　）。

　　A．1 6 11　　　　　B．1 2 3　　　　　　C．9 10 11　　　　　D．2 7 12

4．一台无线主机需要请求 IP 地址，（　　　）可用于处理该请求。

　　A．FTP　　　　　　B．HTTP　　　　　　C．ICMP　　　　　　D．DHCP

5．（　　　）方法可以管理对无线网络的争用访问。

　　A．令牌传递　　　B．CSMA/CA　　　　C．优先排序　　　　D．CSMA/CD

4-2 实践题

1．搜索你目前所处位置的无线信号，并做如下测试。

（1）用 WIS 搜索无线信号，选择其中一个无线信号进行连接。

（2）记录无线信号的名称、信号强度、工作信道、工作频段等信息。

2．请自己设计一个无线网络，撰写一个无线网络设计方案，需要涉及设备选型、AP 的安装位置、无线的设备配置等方面。

3．根据项目完成练习，具体要求如下。

（1）用户所属 VLAN10，IP 地址为 192.168.1.0/24。

（2）设置 SSID 加密方式为 WPA2，密钥为长学号。

（3）为了提高网络安全性，将 SSID 设置为隐藏模式。

（4）将 PC1 的 MAC 地址添加到黑名单，将 PC2 的 MAC 地址添加到白名单，分别测试及连接 SSID。

第5章 网络互联
Chapter 5

5.1 三层交换机的基本配置

通过前面章节的学习可以知道，交换机工作在第2层，路由器工作在第3层，那么什么是三层交换机呢？三层交换机同时具有二层交换机的功能和三层路由选择的功能，同时采用了硬件转发技术来实现数据的线速转发。

可以通过在路由器上配置单臂路由来实现不同VLAN之间的通信。在网络中用户数量较少的情况下，使用单臂路由没有问题，但是随着用户数量的增加，路由器与交换机之间的这条链路的利用率会越来越高，这条链路变成了整个网络的瓶颈。

这就好比一幢大楼的出口通道，如果大楼里的很多人同时要从楼内出来，那么这个出口通道就会变得很拥挤，无论这座楼内的楼梯修得多么宽，楼内的人出门的速度都会因为出口通道的制约而变慢。三层交换机可用来解决路由器与二层交换机之间的链路成为整个网络瓶颈的问题。

5.1.1 三层交换机的工作原理

三层交换机要执行3层信息的硬件交换，路由处理器（第3层引擎）必须将有关路由选择的3层信息下载到硬件中，以便对数据报进行处理。为完成在硬件中处理数据报的高层信息，交换机使用传统的多层交换（Multilayer Switching，MLS）体系结构或基于CEF（快速转发）的MLS体系结构。传统的MLS是一种老式特性，而所有新型的Catalyst交换机都支持CEF的多层交换。

MLS让ASIC（Application-Specific Integrated Circuit，应用专用集成电路）能够对路由的数据报执行第2层重写操作。第2层重写操作包括重写源MAC地址和目标MAC地址，以及写入重新计算得到的循环冗余校验码（CRC）。

传统MLS的交换机使用一种MLS协议从MLS路由器获悉第2层重写信息。传统MLS也被称作基于网流的交换。使用传统MLS时，路由处理器（第3层引擎）和交换ASIC协同工作，在交换机上建立第3层条目。这种条目包含源地址、目标地址或完整的流信息。

使用传统MLS时，交换机将流中的第1个数据报转发给第3层引擎，后者以软件交换的方式对数据报进行处理。对数据流中的第1个数据报进行路由处理后，第3层引擎对硬件交换组件进行编程，使之为后续的数据报选择路由。

传统的 MLS 如图 5-1 所示，处于 VLAN2 中的主机要将数据报发送给连接在 VLAN3 中的主机。

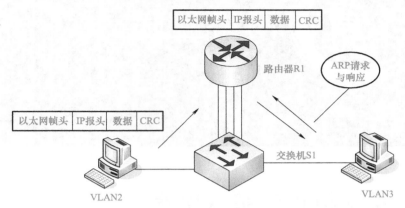

图 5-1　传统的 MLS

VLAN2 的主机将一系列数据报发送给默认网关。三层交换机是主机的网关，因此，三层交换机上的 VLAN2 端口接收主机发来的数据报。这个数据报中，源 MAC 地址是 VLAN2 主机的 MAC 地址，目标 MAC 地址是默认网关的 MAC 地址。

三层交换机的第 3 层引擎接收这个数据报后，在转发数据报前重写第 2 层封装。三层交换机需要使用 ARP 来获得 VLAN3 主机的 MAC 地址。

三层交换机用 VLAN3 的主机的 MAC 地址作为发送帧的目标 MAC 地址来封装数据帧，并重写 CRC 值，同时在硬件中创建一个 MLS 条目，以便能够重写和转发这个流中后续的数据报。

5.1.2　VLAN 间路由

在开始学习三层交换机之前，先学习在路由器上配置单臂路由实现 VLAN 间通信的方法。VLAN 是端口的一种逻辑组合，配置在二层交换机上的 VLAN 可以隔离流量，连接在不同 VLAN 上的主机不能直接通信。各个 VLAN 使用路由连接起来才能通信，并能够对跨 VLAN 的流量的数据报进行操作和控制。有一种比较常用的配置 VLAN 之间通信的方法称为单臂路由。路由器和交换机之间使用 IEEE 802.1q 标准的中继链路连接，单个中继链路承载多个 VLAN 的流量。

VLAN2 中的主机与 VLAN3 中的主机需要通信，为了执行 VLAN 间路由选择的功能，路由器必须知道如何才能到达所有互联的 VLAN，所以对于每个 IEEE 802.1q 中继链路的 VLAN，路由器必须具有独立的逻辑连接，如图 5-2 所示。

路由器能够以下列方式来执行 VLAN 间的路由选择。

● 每台主机将去往其他子网的流量发向默认网关。

● 因为已经将路由器配置为可以处理 VLAN2 和 VLAN3 之间的流量，所以路由器将接收来自 VLAN2 和 VLAN3 的数据报。

● 路由器根据三层 IP 地址来确定外出的接口和 VLAN。

● 路由器重写二层帧头中的源 MAC 地址、目的 MAC 地址、CRC 校验等信息，并采

用标记或封装数据报的方法来识别适当的 VLAN。

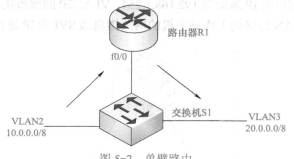

路由器R1

f0/0

交换机S1

VLAN2
10.0.0.0/8

VLAN3
20.0.0.0/8

图 5-2　单臂路由

5.1.2　单臂路由的配置案例 1

5.1.2　单臂路由的配置案例 2

配置单臂路由，主要包含以下步骤。

第一步：配置路由器的子接口。

第二步：在子接口封装 VLAN 中继协议。

第三步：配置子接口的 IP 地址，使之成为相应 VLAN 的网关。

```
Router>enable   （从用户模式进入特权模式）

Router#configure  terminal  （从特权模式进入全局配置模式）

Router(config)#interface fastEthernet  0/0  （进入路由器的 f0/0 端口）

Router(config-if)#no  shutdown   （激活 f0/0 端口）

Router(config)#interface fastEthernet 0/0.1

Router(config-subif)#encapsulation dot1q 2

Router(config-subif)#ip address 20.1.1.1 255.0.0.0

Router(config-subif)#exit

Router(config)#interface fastEthernet 0/0.2

Router(config-subif)#encapsulation dot1q 3

Router(config-subif)#ip address 30.1.1.1 255.0.0.0

Router(config-subif)#end
```

第四步：交换机与路由器连接的端口配置为中继模式。

使用单臂路由实现 VLAN 间的路由是一种解决方案，但却不是一种具有扩展性的解决方案。当 VLAN 的数量不断增加时，配置单臂路由的方法就不能再使用了。当网络内的主机和交换机不断增多，流经路由器与交换机主机链路的流量也变得非常大，此时，这条链路也将变成整个网络的瓶颈。

5.1.3　SVI

最早使用路由器做单臂路由时，一般需要在 LAN 接口上设置对应各 VLAN 的子接口。而三层交换机在实现不同 VLAN 间的通信时利用的是 VLAN 虚拟接口。在三层交换机上创建各个 VLAN 时就产生了 VLAN 的虚接口（Switch Virtual Interface，SVI）。SVI 是交换虚拟接口，可以用来实现三层交换的功能。用户可以创建 SVI 为一个网关接口，就相当于对应各个 VLAN 的虚拟子接口，可用于三层设备中跨 VLAN 之间的路由。可以更直接一些地

把它想象成原来路由器做单臂路由的 LAN 口上的子接口。

VLAN10 的虚拟接口的 IP 地址为 192.168.1.254，VLAN20 的虚拟接口的 IP 地址为 192.168.2.254。然后将所有 VLAN 连接的工作站主机的网关指向该 SVI 的 IP 地址即可，如图 5-3 所示。

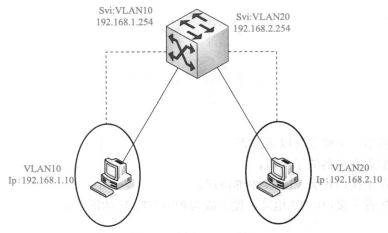

图 5-3　创建 VLAN 接口

5.1.4　路由接口

前面学习了三层交换机的工作原理，理解了三层交换机是在二层交换机的基础上增加了路由功能，因此，在多数情况下，人们可以用三层交换机替代路由器来使用。同样，三层交换机的接口也要转换成路由接口。默认情况下，三层交换机的接口是交换接口。若要让交换接口转换成路由接口，使其特性与路由器的接口一样，只需在交换机的接口上开启路由功能就可以了。

PC 通过三层交换机的 f0/10 与三层交换机相连，若要实现 PC 与三层交换机通信，就可以配置 f0/10 为路由接口，如图 5-4 所示。

图 5-4　路由接口

具体配置命令如下。

```
Switch(config)#int f0/10
Switch(config-if)#no switchport （开启路由功能，转换为路由接口）
Switch(config-if)#ip address 192.168.1.1 255.255.255.0
```

5.1.5　三层交换机配置案例

1．案例描述

某企业网络使用三层交换机搭建拓扑结构，如图 5-5 所示。在接入层交换机上划分了 3 个 VLAN，包括 VLAN100、VLAN200、VLAN300。为了实现 VLAN 之间的通信，采用了三层交换机。因为企业需要远程分支机构连接，

5.1.5　三层交换机配置案例

因此，三层交换机通过三层物理接口连接到路由器上，路由器连接远程分支机构。

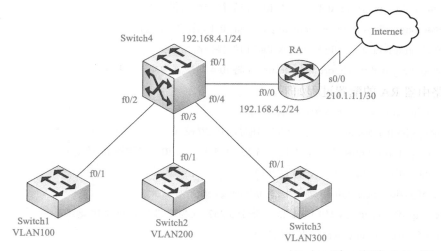

图 5-5　三层交换机网络拓扑结构

2．配置过程

1）二层交换机 Switch1、Switch2、Switch3 的配置过程如下。

● 　Switch1 的配置过程如下。

Switch1#config terminal （进入全局配置模式）

Switch1(config)#vlan 100 （划分 VLAN100）

Switch1(config)#interface f0/1 （进入 f0/1 口的接口配置模式）

Switch1(config-if)#switchport mode trunk （将接口配置为主干接口）

● 　Switch2 的配置过程如下。

Switch2#config terminal （进入全局配置模式）

Switch2(config)#vlan 200 （划分 VLAN200）

Switch2(config)#interface f0/1 （进入 f0/1 口的接口配置模式）

Switch2(config-if)#switchport mode trunk （将接口配置为主干接口）

● 　Switch3 的配置过程如下。

Switch3#config terminal （进入全局配置模式）

Switch3(config)#vlan 300 （划分 VLAN300）

Switch3(config)#interface f0/1 （进入 f0/1 口的接口配置模式）

Switch3(config-if)#switchport mode trunk （将接口配置为主干接口）

2）三层交换机 Switch4 的配置过程如下。

Switch4#config terminal （进入全局配置模式）

Switch4(config)#vlan 100 （划分 VLAN100）

Switch4(config)#vlan 200 （划分 VLAN200）

Switch4(config)#vlan 300 （划分 VLAN300）

Switch4(config)#interface f0/2 （进入 f0/2 口的接口配置模式）

Switch4(config-if)#switchport mode trunk （将 f0/2 口配置为主干接口）

Switch4(config)#interface f0/3 （进入 f0/3 口的接口配置模式）

Switch4(config-if)#switchport mode trunk （将 f0/3 口配置为主干接口）

Switch4(config)#interface f0/4 （进入 f0/4 口的接口配置模式）

Switch4(config-if)#switchport mode trunk （将 f0/4 口配置为主干接口）

3）路由器 RA 的配置过程如下。

RAa#config terminal （进入全局配置模式）

RAa(config)#interface f0/0 （进入 f0/0 口的接口配置模式）

RAa(config-if)#ip address 192..168.4.2 255.255.255.0 （为 f0/0 口配置 IP 地址）

RAa(config-if)#no shutdown （开启接口）

RAa(config)#interface f0/0 （进入串口 f0/0 的接口配置模式）

RAa(config-if)#ip address 210.1.1.1 255.255.255.252 （为串口 f0/0 配置 IP 地址）

RAa(config-if)#no shutdown （开启接口）

4）配置 SVI 和路由接口如下。

Switch4(config)#interface vlan100 （进入 SVI 的配置模式）

Switch4(config-if)#ip address 192.168.1.254 255.255.255.0 （配置 SVI 的 IP 地址）

Switch4(config-if)#no shutdown （开启接口）

Switch4(config)#interface vlan 200 （进入 SVI 的配置模式）

Switch4(config-if)#ip address 192.168.2.254 255.255.255.0 （配置 SVI 的 IP 地址）

Switch4(config-if)#no shutdown （开启接口）

Switch4(config)#interface vlan 300 （进入 SVI 的配置模式）

Switch4(config-if)#ip address 192.168.3.254 255.255.255.0 （配置 SVI 的 IP 地址）

Switch4(config-if)#no shutdown （开启接口）

Switch4(config)#interface f0/1 （进入 f0/1 口的接口配置模式）

Switch4(config-if)#no switchport （开启 f0/1 口的路由功能）

Switch4(config-if)#ip address 192.168.4.1 255.255.255.0 （配置 IP 地址）

Switch4(config-if)#no shutdown （开启接口）

5）配置路由协议实现网络联通（采用静态路由）。

Switch4(config)#ip routing （为三层交换机开启路由功能）

Switch4(config)#ip route 0.0.0.0 0.0.0.0 192.168.4.2

（配置默认路由，下一跳地址为 192.168.4.2）

Ra(config)#ip route 192.168.1.0 255.255.255. 0 f0/0 （配置静态路由）

Ra(config)#ip route 192.168.2.0 255.255.255. 0 f0/0 （配置静态路由）

Ra(config)#ip route 192.168.3.0 255.255.255. 0 f0/0 （配置静态路由）

6）测试网络联通性。

● 查看 Switch4 的路由表。

switch4#show ip route

Gateway of last resort is 192.168.4.2 to network 0.0.0.0

C   192.168.1.0/24 is directly connected, Vlan100 （直连路由）

C   192.168.2.0/24 is directly connected, Vlan200 （直连路由）

C   192.168.3.0/24 is directly connected, Vlan300 （直连路由）

C   192.168.4.0/24 is directly connected, FastEthernet0/1 （直连路由）

S*   0.0.0.0/0 [1/0] via 192.168.4.2switch4#ping 192.168.4.2 （静态路由）

switch4# ping 192.168.1.254 （ping SVI）

Type escape sequence to abort.

Sending 5, 100-byte ICMP Echos to 192.168.1.254, timeout is 2 seconds:

!!!!! （说明已经联通）

Success rate is 100 percent (5/5), round-trip min/avg/max = 0/12/16 ms

● **查看路由器的路由表。**

RA#show ip route

Gateway of last resort is not set

S   192.168.1.0/24 is directly connected, FastEthernet0/0 （静态路由）

S   192.168.2.0/24 is directly connected, FastEthernet0/0 （静态路由）

S   192.168.3.0/24 is directly connected, FastEthernet0/0 （静态路由）

C   192.168.4.0/24 is directly connected, FastEthernet0/0 （直连路由）

RA#ping 192.168.4.1   (ping 三层交换机的接口 1)

Type escape sequence to abort.

Sending 5, 100-byte ICMP Echos to 192.168.4.1, timeout is 2 seconds:

!!!!!

Success rate is 100 percent (5/5), round-trip min/avg/max = 31/31/32 ms

5.2　路由器的工作原理

5.2.1　路由器的作用

　　网络在人们的生活中扮演着重要的角色，网络正不断改变着人们的生活、工作和娱乐方式。计算机网络以及范围更广泛的 Internet 让人们能够以前所未有的方式进行通信、合作以及交互。人们可以通过各种形式使用网络，其中包括 Web 应用程序、IP 电话、视频会议、互动游戏、电子商务、教育以及其他形式。

　　网络的核心是路由器，简而言之，路由器的作用就是将各个网络连接起来。因此，路由器需要负责不同网络之间的数据报传送。IP 数据报的目的地可以是国外的 Web 服务器，也可以是局域网中的电子邮件服务器。这些数据报都是由路由器来进行及时传送的。在很大程度上，网际通信的效率取决于路由器的性能，即取决于路由器是否能以最有效的方式转发数据报。

　　路由器是一种具有多个输入端口和多个输出端口的专用计算机，其任务是转发分组。也就是说，路由器将某个端口收到的分组，按照其目的网络，将该分组从某个合适的输出端口转发给下一个路由器（也称为下一跳）。下一个路由器按照同样方法处理，直到该分组到

达目的网络为止。路由器的转发分组正是网络层的主要工作。

路由器结构分为两大部分：路由选择部分和分组转发部分。路由选择部分也称为控制部分，其核心部件是路由选择处理机。路由选择处理机的任务是根据所选定的路由选择协议构造出路由表，同时经常或定期地与相邻路由器交换信息，从而不断地更新和维护路由表。

综上所述，路由器的功能如下。

（1）路由选择　路由器中有一个路由表，当网络上的数据分组到达路由器后，路由器根据数据分组中的目的地址，参照路由表，以最佳路径把分组转发出去。路由器还有路由表的维护功能，可根据网络拓扑结构的变化自动调节路由表。

（2）协议转换　路由器可对网络层和以下各层进行协议转换。

（3）实现网络层的一些功能　因为不同网络的分组大小可能不同，因此路由器有必要对数据报进行分段、组装，调整分组大小，使之适合下一个网络对分组的要求。

（4）网络管理与安全　路由器是多个网络的交汇点，网间的信息流都要经过路由器，在路由器上可以进行信息流的监控和管理。它还可以进行地址过滤，阻止错误的数据进入，起到"防火墙"的作用。

（5）多协议路由选择　路由器是与协议有关的设备，不同的路由器支持不同的网络层协议。多协议路由器支持多种协议，能为不同类型的协议建立和维护不同的路由表，连接运作不同协议的网络。

所有这些服务均围绕路由器而构建，而路由器主要负责将数据报从一个网络转发到另一个网络。正是由于路由器能够在网络间路由数据报，不同网络中的设备才能实现通信。

5.2.2　路由器的硬件与软件组成

1．路由器的内部结构

5.2.2　路由器
的结构与
启动过程

尽管路由器多种多样，但每种路由器都具有相同的通用组件，如图 5-6 所示。根据型号的不同，这些组件在路由器内部的位置有所差异。要查看路由器的内部组件，必须拧开路由器金属盖板上的螺钉，然后将盖板拆下。一般而言，除非要升级存储器，否则不必打开路由器。

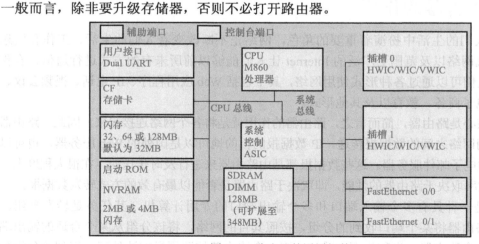

图 5-6　路由器的通用组件

路由器的通用组件及其功能如下。

（1）CPU　CPU 执行操作系统指令。

（2）RAM　RAM 存储 CPU 所需执行的指令和数据。RAM 是易失性存储器，如果路由器断电或重新启动，RAM 中的内容就会丢失。RAM 用于存储以下组件。

● 操作系统：启动时，操作系统会将 Cisco iOS（Internetwork Operating System）复制到 RAM 中。

● 运行配置文件：这是存储路由器 iOS 当前所用的配置命令的配置文件。除几个特例外，路由器上配置的所有命令均存储于运行配置文件，此文件也称为 running-config。

● IP 路由表：此文件存储着直连网络以及远程网络的相关信息，用于确定转发数据报的最佳路径。

● ARP 缓存：此缓存包含 IPv4 地址到 MAC 地址的映射，类似于 PC 上的 ARP 缓存。ARP 缓存用在有 LAN 接口（如以太网接口）的路由器上。

● 数据报缓冲区：数据报到达接口之后以及从接口送出之前，都会暂时存储在缓冲区中。

（3）ROM　ROM 是一种永久性存储器。ROM 使用的是固件，即内嵌于集成电路中的软件。固件包含一般不需要修改或升级的指令，如启动指令。如果路由器断电或重新启动，那么 ROM 中的内容不会丢失。

（4）闪存（Flash）　闪存是非易失性计算机存储器，能以电子的方式存储和擦除。闪存用作操作系统 iOS 的永久性存储器。iOS 是永久性存储在闪存中的，在启动过程中才复制到 RAM，然后由 CPU 执行。某些较早的路由器型号则直接从闪存运行 iOS。SIMM 卡或PCMCIA 卡可作为闪存，可以通过升级这些卡来增加闪存的容量。如果路由器断电或重新启动，那么闪存中的内容不会丢失。

（5）NVRAM　NVRAM（非易失性 RAM）在电源关闭后不会丢失信息。NVRAM 用作存储启动配置文件（startup-config) 的永久性存储器。所有配置更改都存储于 RAM 的 running-config 文件中（有几个特例除外），并由 iOS 立即执行。要保存这些更改以防路由器重新启动或断电，必须将 running-config 复制到 NVRAM，并在其中存储为 startup-config 文件。即使路由器重新启动或断电，NVRAM 也不会丢失其内容。

ROM、闪存和 NVRAM 都属于永久性存储器。

2．管理端口

路由器包含用于管理路由器的物理接口，这些接口也称为管理端口。与以太网接口和串行接口不同，管理端口不用于转发数据报。最常见的管理端口是控制台端口。控制台端口用于连接运行终端模拟器软件的计算机，从而在无须通过网络访问路由器的情况下配置路由器。对路由器进行初始配置时，必须使用控制台端口。

另一种管理端口是辅助端口。并非所有路由器都有辅助端口。某些情况下，辅助端口的使用方式与控制台端口类似。此外，此端口也可用于连接调制解调器。

3．LAN 接口与 WAN 接口

路由器接口主要负责接收和转发数据报。路由器有多个接口，用于连接多个网络。通常，这些接口连接到多种类型的网络，也就是说，需要各种不同类型的介质和接口。路由器一般需要具备不同类型的接口。例如，路由器一般具有快速以太网接口，用于连接不同的 LAN；还具有各种类型的 WAN 接口，用于连接多种串行链路（其中包括 T1、DSL 和 ISDN）。图 5-7 所示为路由器上的快速以太网接口和串行接口。

图 5-7　路由器上的快速以太网接口和串行接口

与大多数网络设备一样，路由器使用 LED 指示灯提供状态信息。接口上的 LED 会指示对应接口的活动情况。如果接口为活动状态且连接正确，但 LED 不亮，则表示该接口可能存在故障。如果接口繁忙，则其 LED 会一直亮起。根据路由器的类型，可能还有其他用途的 LED。

路由器上的每个接口都是不同 IP 网络的成员或主机。每个接口必须配置一个 IP 地址以及对应网络的子网掩码。

（1）LAN 接口　LAN 接口用于将路由器连接到 LAN，如同 PC 的以太网网卡用于将 PC 连接到以太网 LAN 一样。类似于 PC 以太网网卡，路由器以太网接口也有第 2 层 MAC 地址，且其加入以太网 LAN 的方式与该 LAN 中任何其他主机相同。例如，路由器以太网接口会参与该 LAN 的 ARP 过程。路由器会为对应接口提供 ARP 缓存、在需要时发送 ARP 请求，以及根据要求以 ARP 回复作为响应。

路由器以太网接口通常使用支持非屏蔽双绞线（UTP）网线的 RJ-45 接口。当路由器与交换机连接时，使用直通电缆。当两台路由器直接通过以太网接口连接，或 PC 网卡与路由器以太网接口连接时，使用交叉电缆。

（2）WAN 接口　WAN 接口用于连接路由器与外部网络，这些网络通常分布在距离较远的地方。WAN 接口的第 2 层封装可以是不同的类型，如 PPP、帧中继和 HDLC（高级数据链路控制）。与 LAN 接口一样，每个 WAN 接口都有自己的 IP 地址和子网掩码，这些可将接口标识为特定网络的成员。

如图 5-8 所示，路由器有 4 个接口。每个接口都有第 3 层 IP 地址和子网掩码，表示该接口属于特定的网络。以太网接口还会有第 2 层以太网 MAC 地址。

WAN 接口使用多种不同的第 2 层封装。Serial0/0/0 使用的是 HDLC，而 Serial0/0/1 使用的是 PPP。将 IP 数据报封装到数据链路帧中时，对于第 2 层目的地址，这两个串行点对点协议都会使用广播地址。

路由器在第 3 层做出主要转发决定，但它也参与第 1 层和第 2 层的过程。路由器检查完数据报的 IP 地址，并通过查询路由表做出转发决定后，可以将该数据报从相应接口朝着

其目的地转发出去。路由器会将第 3 层 IP 数据报封装到对应送出接口的第 2 层数据链路帧的数据部分。帧的类型可以是以太网、HDLC 或其他第 2 层封装对应特定接口上所使用的封装类型。第 2 层帧会编码成第 1 层物理信号，这些信号用于表示物理链路上传输的位。

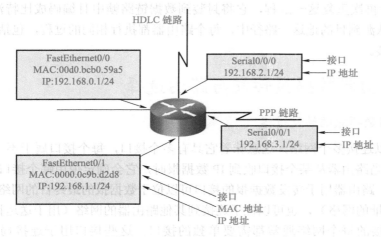

图 5-8　路由器和网络层

如图 5-9 所示，PC1 工作在所有 7 个层次，它会封装数据，并把帧作为编码后的比特流发送到默认网关 R1。图中的箭头指示数据在 OSI 各层的流向。

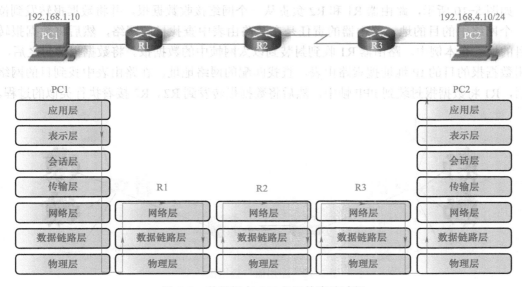

图 5-9　数据报在 OSI 各层的流动过程

R1 在相应接口接收编码后的比特流。比特流经过解码后上传到第 2 层，在此由 R1 将帧解封。路由器会检查数据链路帧的目的地址，确定其是否与接收接口（包括广播地址或多播地址）匹配。如果与帧的数据部分匹配，则 IP 数据报将上传到第 3 层，在此由 R1 做出路由决定。然后 R1 将数据报重新封装到新的第 2 层数据链路帧中，并将它作为编码后的比特流从出站端口转发出去。

R2 收到比特流，然后重复上一过程。R2 帧解封，再将帧的数据部分（IP 数据报）传递给第 3 层，在此 R2 做出路由决定。然后 R2 将数据报重新封装到新的第 2 层数据链路帧中，并将它作为编码后的比特流从出站端口转发出去。

路由器 R3 再次重复这一过程，它将封装到数据链路帧中且编码成比特流的 IP 数据报转发到 PC2。从源到目的地这一路径中，每个路由器都执行相同的过程，包括解封、搜索路由表、再次封装。

5.2.3 路由器数据报转发与路由选择

1. 路由器数据报的转发过程

路由器可以连接多个网络，这意味着它具有多个接口，每个接口属于不同的 IP 网络。当路由器从某个接口收到 IP 数据报时，它会确定使用哪个接口来将该数据报转发到目的地。路由器用于转发数据报的接口可以位于数据报的最终目的网络（即具有该数据报目的 IP 地址的网络），也可以位于连接到其他路由器的网络（用于送达目的网络）。

路由器连接的每个网络通常都需要单独的接口。这些接口用于连接局域网（LAN）和广域网（WAN）。LAN 通常为以太网，其中包含各种设备，如 PC、打印机和服务器。WAN 用于连接分布在广阔地域中的网络。例如，WAN 通常用于将 LAN 连接到 Internet 服务提供商（ISP）网络。

如图 5-10 所示，路由器 R1 和 R2 负责从一个网络接收数据报，并将数据报转发到位于另一个网络中的目的地。路由器的责任是在其路由表中查找目的网络，然后将数据报转发到目的地。在本例中，路由器 R1 收到封装到以太网帧中的数据报。将数据报解封之后，R1 使用数据报的目的 IP 地址搜索路由表，查找匹配的网络地址。在路由表中找到目的网络地址后，R1 将数据报封装到 PPP 帧中，然后将数据报转发到 R2。R2 接着执行类似的过程。

5.2.3 路由器
数据报的
转发过程

图 5-10 路由器与数据报转发

路由器主要负责将数据报传送到本地和远程目的网络，其方法如下。

● 确定发送数据报的最佳路径。

● 将数据报转发到目的地。

路由器使用路由表来确定转发数据报的最佳路径。当路由器收到数据报时，它会检查其目的 IP 地址，并在路由表中搜索最匹配的网络地址。路由表还包含用于转发数据报的接口。一旦找到匹配条目，路由器就会将 IP 数据报封装到传出接口或送出接口的数据链路帧中。

路由器经常会收到以某种类型的数据链路帧（如以太网帧）封装的数据报，当转发这种数据报时，路由器可能需要将其封装为另一种类型的数据链路帧，如点对点协议（PPP）帧。数据链路封装取决于路由器接口的类型及其连接的介质类型。路由器可连接多种不同的数据链路技术，包括 LAN 技术（如以太网）、WAN 串行连接（如使用 PPP 的 T1 连接）、帧中继以及异步传输模式（ATM）。

2. 路由选择

5.2.3
路由选择

路由选择是指选择通过互联网络从源结点向目的结点传输信息的通道，而且信息至少通过一个中间结点。路由选择工作在 OSI 参考模型的网络层。

路由选择包括两个基本操作，即最佳路径的判定和网间数据报的传送（交换）。两者之间，路径的判定相对复杂。

（1）路径判定　在确定最佳路径的过程中，路由选择算法需要初始化和维护路由表（Routing Table）。路由表中包含的路由选择信息根据路由选择算法的不同而不同。一般在路由表中包括这样一些信息：目的网络地址、相关网络结点、对某条路径的满意程度、预期路径信息等。

路由器之间通过传输多种信息来维护路由表，修正路由消息就是最常见的一种。修正路由消息通常是由全部或部分路由表组成的，路由器通过分析来自所有其他路由器的最新消息构造一个完整的网络拓扑结构详图。链路状态广播便是一种路由修正信息。

（2）交换过程　所谓交换，是指当一台主机向另一台主机发送数据报时，源主机通过某种方式获取路由器地址后，通过目的主机的协议地址（网络层）将数据报发送到指定的路由器物理地址（介质访问控制层）的过程。

通过使用交换算法检查数据报的目的协议地址，路由器可确定其是否知道如何转发数据报。如果路由器不知道如何将数据报转发到下一个结点，那么将丢弃该数据报；如果路由器知道如何转发，就把物理目的地址变换成下一个结点的地址，然后转发该数据报。在传输过程中，其物理地址发生变化，但协议地址总是保持不变。

在因特网中进行路由选择要使用路由器，路由器根据所收到报文的目的地址选择一条合适的路由（通过某一网络），将报文传送到下一个路由器，路由中最后的路由器负责将报文送交目的主机。

例如，主机 A 到主机 C 共经过了 3 个网络和 2 个路由器，跳数为 3。由此可见，若一结点通过一个网络与另一结点相连接，则这个结点相隔一个路由段，因而在因特网中是相邻的。同理，相邻的路由器是指这两个路由器都连接在同一个网络上。一个路由器到本网络中的某个主机的路由段数算作零。如图 5-11 所示，用箭头表示这些路由段。至于每一个路由段又由哪几条物理链路构成，路由器并不关心。

由于网络大小可能相差很大，而每个路由段的实际长度并不相同，因此对不同的网络，可以将其路由段乘以一个加权系数，用加权后的路由段数来衡量通路的长短。

如果把网络中的路由器看成网络中的结点，把因特网中的一个路由段看成网络中的一条链路，那么因特网中的路由选择就与简单网络中的路由选择相似了。采用路由段数最少的路由有时并不一定是最理想的。

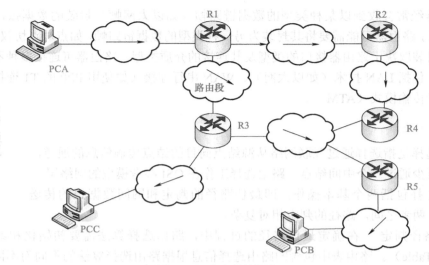

图 5-11　路由段的概念

（3）通过路由表进行选路　路由器转发分组的关键是路由表。每个路由器中都保存着一张路由表，表中的每条路由项都指明了分组到某子网或某主机应通过路由器的哪个物理端口发送，然后就可到达该路径的下一个路由器，或者不再经过别的路由器而传送到直接相连的网络中的目的主机。

在比较复杂的因特网中，各网络中的数字是该网络的网络地址。路由器 R8 与 3 个网络相连接，因此有 3 个 IP 地址和 3 个物理端口，其路由表示意图如图 5-12 所示。

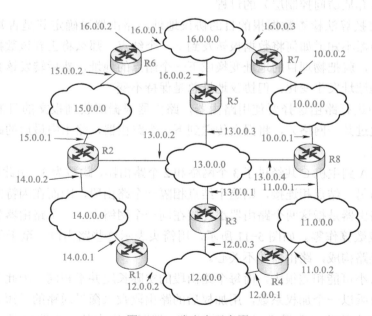

图 5-12　路由表示意图

路由器支持对静态路由的配置，同时支持 RIP、OSPF、IS-IS 和 BGP 等一系列动态路由协议。另外，路由器在运行过程中会根据接口状态和用户配置自动获得一些直接路由。

5.2.4 路由器的启动与密码恢复

1．路由器的启动过程

路由器的启动过程分为 6 个阶段，如图 5-13 所示。

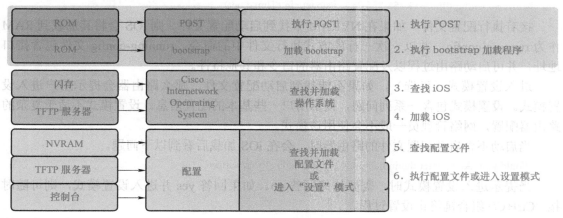

图 5-13 路由器的启动过程

（1）执行 POST 加电自检（POST）几乎是每台计算机启动时必经的一个过程。POST 过程用于检测路由器硬件。当路由器加电时，ROM 芯片上的软件便会执行 POST。在这种自检过程中，路由器会通过 ROM 执行诊断，主要针对包括 CPU、RAM 和 NVRAM 在内的几种硬件组件。POST 完成后，路由器将执行 bootstrap 程序。

（2）加载 bootstrap 程序 POST 完成后，bootstrap 程序将从 ROM 复制到 RAM。进入 RAM 后，CPU 会执行 bootstrap 程序中的指令。bootstrap 程序的主要任务是查找 iOS 并将其加载到 RAM。

（3）查找 iOS iOS 通常存储在闪存中，但也可能存储在其他位置，如 TFTP（简单文件传输协议）服务器上。如果不能找到完整的 iOS 映像，则会从 ROM 将精简版的 iOS 复制到 RAM 中。这种版本的 iOS 一般用于帮助诊断问题，也可用于将完整版的 iOS 加载到 RAM。TFTP 服务器通常用作 iOS 的备份服务器，但也可充当存储和加载 iOS 的中心点。

（4）加载 iOS 确定 iOS 位置后进行加载。

（5）查找配置文件 iOS 加载后，bootstrap 程序会搜索 NVRAM 中的启动配置文件（也称为 startup-config）。

（6）执行配置文件或进入设置模式 启动配置文件，iOS 文件含有先前保存的配置命令以及参数，其中包括以下内容：

● 接口地址。
● 路由信息。
● 口令。
● 网络管理员保存的其他配置。

如果启动配置文件 startup-config 位于 NVRAM，则会将其复制到 RAM，作为运行配置文件 running-config。

如果 NVRAM 中不存在启动配置文件，则路由器可能会搜索 TFTP 服务器。如果路由器检测到有活动链路连接到已配置路由器，则会通过活动链路发送广播，以搜索配置文件。

这种情况会导致路由器暂停，但是最终会看到如下的控制台消息。

<router pauses here while it broadcasts for a configuration file across an active link>

%Error opening tftp://255.255.255.255/network-confg

%Error opening tftp://255.255.255.255/network-confg (Timed out)

%Error opening tftp://255.255.255.255/cisconet.cfg (Timed out)

接着执行配置文件。如果在 NVRAM 中找到启动配置文件，则 iOS 会将其加载到 RAM 作为 running-config，并以一次一行的方式执行文件中的命令。running-config 文件包含接口地址，并可启动路由过程以及配置路由器的口令和其他特性。

进入设置模式（可选），如果不能找到启动配置文件，那么路由器会提示用户进入设置模式。设置模式包含一系列问题，提示用户一些基本的配置信息。设置模式不适于复杂的路由器配置，网络管理员一般不会使用该模式。

当启动不含启动配置文件的路由器时，会在 iOS 加载后看到以下问题。

Would you like to enter the initial configuration dialog?[yes/no]:no

当提示进入设置模式时，需要始终回答 no。如果回答 yes 并进入设置模式，则可随时按 <Ctrl+C> 组合键终止设置过程。

不使用设置模式时，iOS 会创建默认的 running-config。默认 running-config 是基本配置文件，其中包括路由器接口、管理接口以及特定的默认信息。默认 running-config 不包含任何接口地址、路由信息、口令或其他特定配置信息。

根据平台和 iOS 的不同，路由器可能会在显示提示符前询问以下问题。

Would you like to terminate autoinstall?[yes]:<Enter>

Press the Enter key to accept the default answer.

Router>

如果找到启动配置文件，则 running-config 还可能包含主机名，提示符处会显示路由器的主机名。一旦显示提示符，路由器便开始以当前的运行配置文件运行 iOS。网络管理员也可开始使用此路由器上的 iOS 命令。

show version 命令有助于检验和排查某些路由器基本硬件组件和软件组件故障。show version 命令会显示路由器当前所运行的 iOS 软件的版本信息、bootstrap 程序版本信息以及硬件配置信息（包括系统存储器大小），如图 5-14 所示。

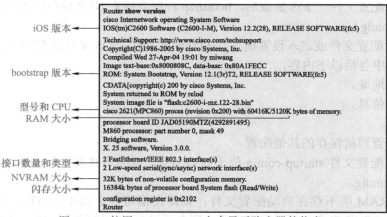

图 5-14 使用 show version 命令显示路由器的信息

2. 路由器密码恢复

以思科路由器 1841 为例，为路由器配置一个复杂的密码，以便进行密码恢复。

```
Router>enable
Router#config terminal
Enter configuration commands, one per line. End with CNTL/Z.
Router(config)#hostname R1
R1(config)#enable secret afe4658sjg54se89pok
R1(config)#exit
R1#copy running-config st
R1#copy running-config startup-config
Destination filename [startup-config]?
Building configuration...
[OK]
```

关闭路由器电源并重新开机，当控制台出现启动过程时，按 <Ctrl+Break> 组合键中断路由器的启动过程，进入 rommon 模式。

```
System Bootstrap, Version 12.3(8r)T8, RELEASE SOFTWARE (fc1)
Cisco 1841 (revision 5.0) with 114688K/16384K bytes of memory.
Self decompressing the image :
####################
monitor: command "boot" aborted due to user interrupt
rommon 1 >confreg 0x2142
```

默认配置寄存器的值为 0x2102，此时修改为 0x2142，这会使路由器开机时不读取 NVRAM 中的配置文件。

```
rommon 2 >reset   （重启路由器，进入 setup 模式）
Router>enable
Router#copy startup-config running-config（把配置文件从 NVRAM 中复制到内存中，在此基础上修改密码）
Destination filename [running-config]?
495 bytes copied in 0.416 secs (1189 bytes/sec)
Router#config terminal
R1(config)#enable secret network（修改为自己的密码，如果还配置了其他密码，也要一一修改）
R1(config)#config-register 0x2102（将寄存器的值恢复正常）
R1(config)#exit
R1#copy running-config startup-config
Destination filename [startup-config]?
Building configuration...
[OK]
R1#reload（重启路由器，校验密码）
```

5.2.5　路由器的带外管理与带内管理

1. 通过 Console 口登录路由器（带外管理）

一般情况下配置路由器的基本思路如下。

第一步：在配置路由器之前，需要将组网需求具体化、详细化，包括组网目的、路由器在网络互联中的角色、子网的划分、广域网类型和传输媒介的选择、网络的安全策略和网络可靠性需求等。

第二步：根据以上要素绘出一个清晰完整的组网图。

第三步：配置路由器的广域网接口。首先，根据选择的广域网传输媒介配置接口的物理工作参数（如串口的同步和异步、波特率和同步时钟等），对于拨号口，还需要配置 DCC 参数；然后，根据选择的广域网类型配置接口封装的链路层协议以及相应的工作参数。

第四步：根据子网的划分，配置路由器各接口的 IP 地址或 IPX 网络号。

第五步：配置路由，如果需要启动动态路由协议，还需配置相关动态路由协议的工作参数。

第六步：如果有特殊的安全需求，则需进行路由器的安全性配置。

第七步：如果有特殊的可靠性需求，则需进行路由器的可靠性配置。

（1）连接路由器到配置终端　搭建本地配置环境，如图 5-15 所示，只需将配置口电缆的 RJ-45 一端与路由器的配置口相连，将 DB25 或 DB9 一端与微机的串口相连即可。

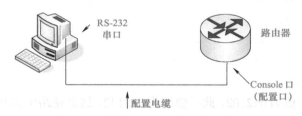

图 5-15　通过 Console 口进行本地配置

（2）设置配置终端的参数　具体步骤如下：

第一步：打开配置终端，建立新的连接。

如果使用微机进行配置，则需要在微机上运行终端仿真程序（如 Windows 3.1 的 Terminal，Windows XP/Windows 2000/Windows NT 的超级终端），建立新的连接。如图 5-16 所示，输入新连接的名称，单击"确定"按钮。

第二步：设置终端参数。

Windows XP 超级终端参数设置方法如下。

1）选择连接端口。如图 5-16 所示，在"连接时使用"选项选择连接的串口（注意，选择的串口应该与配置电缆实际连接的串口一致）。

2）设置串口参数。如图 5-17 所示，在串口的属性对话框中设置每秒位数为 9600，数据位为 8，奇偶校验为无，停止位为 1，数据流控制为无，单击"确定"按钮，返回超级终端窗口。

3）设置超级终端属性。在超级终端窗口中选择"属性"→"设置"选项，进入图 5-18 所示的"设置"选项卡。选择"终端仿真"为 VT100 或自动检测，单击"确定"按钮，返回超级终端窗口。

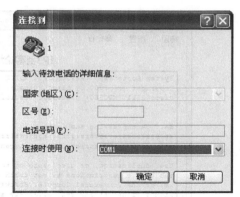

图 5-16 本地配置连接端口设置

图 5-17 串口参数设置

图 5-18 超级终端属性设置

（3）路由器上电检查 具体步骤如下：

1）路由器上电之前应进行如下检查：电源线和地线连接是否正确；供电电压与路由器的要求是否一致；配置电缆连接是否正确，配置用微机或终端是否已经打开，并设置完毕。上电之前，要确认设备供电电源开关的位置，以便在发生事故时能够及时切断供电电源。

2）路由器上电：打开路由器供电电源开关；打开路由器电源开关（将路由器电源开关置于 ON 位置）。

3）路由器上电后，要进行如下检查：路由器前面板上的指示灯显示是否正常；上电后自检过程中的点灯顺序是：首先 SLOT1 ～ SLOT3 点亮，然后若 SLOT2、SLOT3 点亮表示内存检测通过；若 SLOT1、SLOT2 点亮表示内存检测不通过。

4）配置终端显示是否正常：对于本地配置，上电后可在配置终端上直接看到启动界面。启动（即自检）结束后将提示用户按 <Enter> 键，当出现命令行提示符"Router>"时即可进行配置。

（4）启动过程 路由器上电开机后，将首先运行 Boot ROM 程序，终端上显示系统信息，如图 5-19 所示。

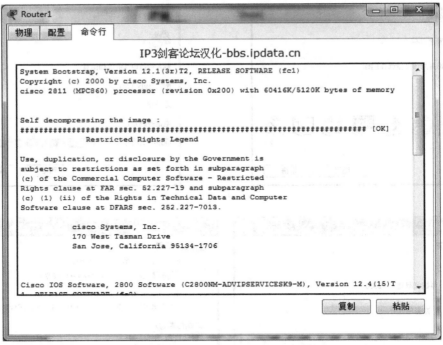

图 5-19 Boot ROM 程序终端上显示系统信息

对于不同版本的 **Boot ROM** 程序，终端上显示的信息可能会略有差别。

cisco 2811 (MPC860) processor (revision 0x200) with 60416K/5120K bytes of memory（内存的大小）

Processor board ID JAD05190MTZ (4292891495)

M860 processor: part number 0, mask 49

2 FastEthernet/IEEE 802.3 interface(s)（两个以太网接口）

2 Low-speed serial(sync/async) network interface(s)（两个低速串行接口）

239K bytes of non-volatile configuration memory.（NVRAM 的大小）

62720K bytes of ATA CompactFlash (Read/Write)（Flash 卡的大小）

Cisco IOS Software, 2800 Software (C2800NM-ADVIPSERVICESK9-M), Version 12.4(15)T1, RELEASE SOFTWARE (fc2)

Technical Support: http://www.cisco.com/techsupport

Copyright (c) 1987-2007 by Cisco Systems, Inc.

Compiled Wed 18-Jul-07 06:21 by pt_rel_team

--- System Configuration Dialog ---

Continue with configuration dialog? [yes/no]:（提示是否进入配置对话模式，以 "no" 结束该模式）

如果超级终端无法连接到路由器，则按照以下顺序进行检查。

1）检查计算机和路由器之间的连接是否松动，并确保路由器已经开机。

2）确保计算机选择了正确的 **COM** 口及默认登录参数。

3）如果还是无法排除故障，且路由器不是出厂设置，则可能路由器的登录速率不是 9600bit/s，仍需进行检查。

4）使用计算机的另一个 COM 口和路由器的 Console 口连接，确保连接正常，输入默认参数进行登录。

2. 通过 Telnet 登录路由器（带内管理）

如果不是路由器第一次上电，而且用户已经正确配置了路由器各接口的 IP 地址，并配置了正确的登录验证方式和呼入呼出受限规则，在配置终端与路由器之间有可达路由的前提下，可以用 Telnet 通过局域网或广域网登录到路由器，然后对路由器进行配置。

第一步：建立本地配置环境，只需将微机以太网接口通过局域网与路由器的以太网接口连接即可，如图 5-20 所示。

图 5-20　通过局域网搭建本地配置环境

第二步：配置路由器以太网接口 IP 地址。

Router>enable　（由用户模式转换为特权模式）

Router#configure terminal　（由特权模式转换为全局配置模式）

Router(config)#interface fastEthernet 0/0　（进入以太网接口模式）

Router(config-if)#ip address 192.168.1.1 255.255.255.0

（为此接口配置 IP 地址，此地址为计算机的默认网关）

Router(config-if)#no shutdown

（激活该接口，默认为关闭状态，与交换机有很大区别）

%LINK-7-CHANGED: Interface FastEthernet0/0, changed state to up

%LINEPROTO-7-UPDOWN: Line protocol on Interface FastEthernet0/0, changed state to up（系统信息显示此接口已激活）

第三步：配置路由器密码

Router(config)#line vty 0 4

（进入路由器的 VTY 虚拟终端下，"vty0 4"表示 vty0 ～ vty4，共 5 个虚拟终端）

Router(config-line)#password 123　（设置 Telnet 登录密码为 123）

Router(config-line)#login　（登录时进行密码验证）

Router(config-line)#exit　（由线路模式转换为全局配置模式）

Router(config)#enable password 123　（设置进入路由器特权模式的密码）

Router(config)#exit　（由全局配置模式转换为特权模式）

Router#copy running-config startup-config

（将正在运行的配置文件保存到系统的启动配置文件）

Destination filename [startup-config]?　（默认文件名为 startup-config）

Building configuration...

[OK]　（系统提示保存成功）

第四步：在计算机上运行 Telnet 程序，访问路由器。

配置计算机的 IP 地址为 192.168.1.5（只要在 192.168.1.2～192.168.1.254 的范围内，不冲突就可以），子网掩码为 255.255.255.0，默认网关为 192.168.1.1。先测试计算机与路由器的联通性，确保 ping 通，再进行 Telnet 远程登录，如图 5-21 所示。

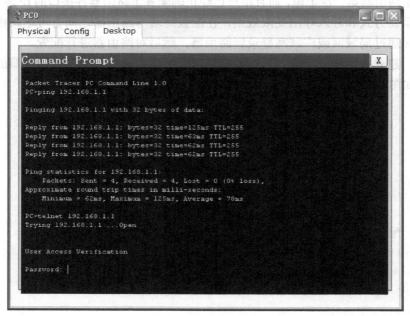

图 5-21　与路由器建立 Telnet 连接

通过 Telnet 配置路由器时，不要轻易改变路由器的 IP 地址（修改可能会导致 Telnet 连接断开）。如果有必要修改，必须输入路由器的新 IP 地址，重新建立连接。

5.3　静态路由的配置与应用

5.3.1　路由协议的分类

所谓路由，是指为到达目的网络所进行的最佳路径选择。路由是网络层最重要的功能。在网络层完成路由功能的设备称为路由器，路由器是专门用于实现网络层功能的网络互联设备。除了路由器外，某些交换机里面也可集成带网络层功能的模块，即路由模块，带路由模块的交换机又称三层交换机。路由器是根据路由表进行分组转发的，那么路由表是如何生成的呢？

路由表生成的方法很多，通常可划分为手工静态配置和动态协议生成两类。对应的，路由协议可划分为静态路由和动态路由两类。其中，动态路由协议包括距离矢量路由协议［如 TCP/IP 协议栈的 RIP（Routing Information Protocol，路由信息协议）］和链路状态路由协议［如 OSPF（Open Shortest Path First，开放式最短路径优先）协议、OSI 参考模型的IS-IS（Intermediate System to Intermediate System）协议等］。路由协议的分类如图 5-22 所示。

静态路由是一种特殊的路由，由网络管理员采用手工方法在路由器中配置而成。在早期的网络中，网络的规模不大，路由器的数量很少，路由表也相对较小，通常采用手工的方法对每台路由器的路由表进行配置，即静态路由。这种方法适合规模较小、路由表也相对简单的网络使用。它较简单，容易实现，沿用了很长一段时间。

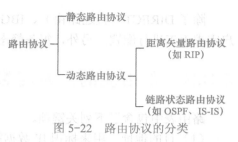

图 5-22 路由协议的分类

在大规模的网络中，路由器的数量很多，路由表的表项较多，较为复杂。在这样的网络中对路由表进行手工配置，除了配置繁杂外，还有一个更明显的问题就是不能自动适应网络拓扑结构的变化。对于大规模的网络而言，如果网络拓扑结构改变或网络链路发生故障，那么路由器上指导数据转发的路由表就应该发生相应的变化。如果还是采用静态路由，用手工的方法配置及修改路由表，那么会对管理员产生很大的压力。

在小规模的网络中，静态路由有它的一些优点。

● 手工配置，可以精确控制路由选择，改进网络的性能。

● 不需要动态路由协议参与，这将会减少路由器的开销，为重要的应用保证带宽。

为了不使路由表过于庞大，可以设置一条默认路由。遇到查找路由表失败后的数据报，就选择默认路由转发。

可以通过手工配置到某一特定目的地的静态路由，也可以配置动态路由协议与网络中的其他路由器交互，并通过路由算法来发现路由。

到达相同的目的地，不同的路由协议（包括静态路由）可能会发现不同的路由，但并非这些路由都是最优的。事实上，在某一时刻，到某一目的地的当前路由仅能由唯一的路由协议来决定。这样，各路由协议（包括静态路由）都被赋予了一个优先级，这样当存在多个路由信息源时，具有较高优先级的路由协议发现的路由将成为当前路由。各种路由协议及其发现路由的优先级见表 5-1。其中，0 表示直接连接的路由，255 表示任何来自不可信源端的路由。

表 5-1 路由协议及其发现路由的优先级

路由协议或路由种类	相应路由的优先级
DIRECT	0
OSPF	10
IS-IS	15
STATIC	60
RIP	100
OSPF ASE	150
OSPF NSSA	150
IBGP	256
EBGP	256
UNKNOWN	255

除了 DIRECT（直连路由）、IBGP 及 EBGP 外，各动态路由协议的优先级都可根据用户需求手工进行配置。另外，每条静态路由的优先级都可以不相同。

5.3.2　路由表的形成与数据报的转发

路由表中包含了下列关键项。

（1）目的地址　用来标识 IP 数据报的目的地址或目的网络。

（2）网络掩码　与目的地址一起来标识目的主机或路由器所在网段的地址。将目的地址和网络掩码"逻辑与"后可得到目的主机或路由器所在网段的地址。例如，目的地址为 129.102.8.10、掩码为 255.255.0.0 的主机或路由器所在网段的地址为 129.102.0.0。掩码由若干个连续的"1"构成，既可以用点分十进制表示，也可以用掩码中连续"1"的个数来表示。

（3）输出接口　说明 IP 数据报将从该路由器的哪个接口转发。

（4）下一跳 IP 地址　说明 IP 数据报所经由的下一个路由器。

（5）本条路由加入 IP 路由表的优先级　针对同一目的地，可能存在不同于下一跳的若干条路由，这些不同的路由可能是由不同的路由协议发现的，也可能是手工配置的静态路由。优先级高（数值小）的将成为当前的最优路由。

（6）路由划分　根据路由的目的地不同，可以划分为以下几种。

● 子网路由：目的地为子网。

● 主机路由：目的地为主机。

另外，根据目的地与该路由器是否直接相连，又可分为以下几种。

● 直接路由：目的地所在的网络与路由器直接相连。

● 间接路由：目的地所在的网络与路由器不是直接相连。

静态路由还有如下的属性。

（1）可达路由　正常的路由都属于这种情况，即 IP 报文按照目的地标示的路由被送往下一跳，这是静态路由的一般用法。

（2）目的地不可达的路由　当到某一目的地的静态路由具有"reject"属性时，任何去往该目的地的 IP 报文都将被丢弃，并且通知源主机目的地不可达。

（3）目的地为黑洞的路由　当到某一目的地的静态路由具有"blackhole"属性时，任何去往该目的地的 IP 报文都将被丢弃，并且不通知源主机。

5.3.3　静态路由的配置案例

1．案例描述

某公司包括总公司和分公司两部分，总公司和分公司分别使用一台路由器连接两个部门，现在要求在路由器上做适当的配置，实现总公司和分公司各部门网络间的互通。

两台路由器利用 V.35 线缆通过 WAN 口相连，可以采用 DDN、FR 或 ISDN 等专用线路互连，通过路由器的以太网接口连接主机，并使 Console 口与主机的 COM 口相连，通过超级终端登录到路由器进行配置，拓扑结构如图 5-23 所示。该配置采用两台路由器、4

台交换机，将 PC 作为控制台终端，通过路由器的 Console 口登录路由器，即用路由器携带的标准配置线缆的水晶头，一端插在路由器的 Console 口上，另一端的 9 针接口插在 PC 的 COM 口上。同时，为了实现 Telnet 配置，用一根网线的一端连接交换机的以太网接口，另一端连接 PC 的网口。然后两台路由器使用 V.35 专用电缆通过同步串口（WAN 口）连接在一起，使用一台 PC 检测结果并验证（与控制台使用同一台 PC）。同时配置静态路由使之相互通信。

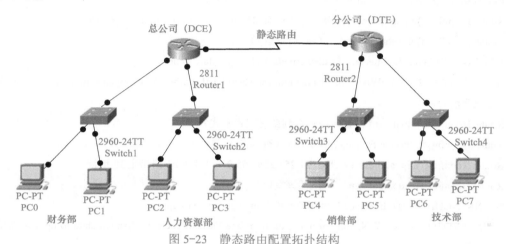

图 5-23　静态路由配置拓扑结构

2．IP 地址的规划与分配

针对案例描述进行 IP 地址的规划与分配，见表 5-2。

表 5-2　IP 地址的规划与分配

设备名称	接口	IP 地址	子网掩码	默认网关
Router1	F0/0	192.168.1.1	255.255.255.0	无
	F0/1	192.168.2.1	255.255.255.0	
	S0/0/0	1.1.1.1	255.0.0.0	
Router2	F0/0	192.168.3.1	255.255.255.0	无
	F0/1	192.168.4.1	255.255.255.0	
	S0/0/0	1.1.1.2	255.0.0.0	
Switch1	VLAN1	192.168.1.2	255.255.255.0	192.168.1.1
Switch2	VLAN1	192.168.2.2	255.255.255.0	192.168.2.1
Switch3	VLAN1	192.168.3.2	255.255.255.0	192.168.3.1
Switch4	VLAN1	192.168.4.2	255.255.255.0	192.168.4.1
PC0、PC1	NIC	192.168.1.3 192.168.1.4	255.255.255.0	192.168.1.1
PC2、PC3	NIC	192.168.2.3 192.168.2.4	255.255.255.0	192.168.2.1
PC4、PC5	NIC	192.168.3.3 192.168.3.4	255.255.255.0	192.168.3.1
PC6、PC7	NIC	192.168.4.3 192.168.4.4	255.255.255.0	192.168.4.1

3．配置网络设备

1）路由器 Router1 的配置。

Router>enable （由用户模式转到特权模式）

Router#configure terminal （进入全局配置模式）

Router(config)#hostname Router1 （设置系统名为"Router1"）

Router1(config)#interface fastEthernet 0/0 （进入 F0/0 接口）

Router1(config-if)#ip address 192.168.1.1 255.255.255.0 （为 F0/0 口指定 IP 地址）

Router1(config-if)#no shutdown （激活该端口）

%LINK-7-CHANGED: Interface FastEthernet0/0, changed state to up

%LINEPROTO-7-UPDOWN: Line protocol on Interface FastEthernet0/0, changed state to up （系统显示该端口已被激活）

Router1(config-if)#exit （由接口模式退到全局配置模式）

Router1(config)#interface fastEthernet 0/1 （进入 F0/1 接口）

Router1(config-if)#ip address 192.168.2.1 255.255.255.0 （为 F0/1 口指定 IP 地址）

Router1(config-if)#no shutdown （激活该端口）

%LINK-7-CHANGED: Interface FastEthernet0/1, changed state to up

%LINEPROTO-7-UPDOWN: Line protocol on Interface FastEthernet0/1, changed state to up（系统显示该端口已被激活）

Router1(config-if)#exit

Router1(config)#interface serial 0/0/0 （进入广域网 S0/0/0 接口）

Router1(config-if)#ip address 1.1.1.1 255.0.0.0

Router1(config-if)#clock rate 64000

（DCE 端需要在广域网接口配置时钟，时钟通常为 64000，DTE 端不需要配置时钟）

Router1(config-if)#no shutdown

%LINK-7-CHANGED: Interface Serial0/0/0, changed state to down（系统显示该接口仍然处于关闭状态，此时属于正常状态，当路由器 Router2 的广域网接口配置好后，该接口自动转换为 UP 的状态）

Router1(config-if)#exit （只能在全局配置模式下配置路由）

Router1(config)#ip route 192.168.3.0 255.255.255.0 1.1.1.2

（配置到达 192.168.3.0 网络的路由，下一跳段为 1.1.1.2）

Router1(config)#ip route 192.168.4.0 255.255.255.0 1.1.1.2

（配置到达 192.168.4.0 网络的路由，下一跳段为 1.1.1.2）

Router1(config)#exit

Router1# （只能在特权模式下对系统设置进行保存）

%SYS-7-CONFIG_I: Configured from console by console

Router1#copy running-config startup-config

（将正在配置的运行文件保存到系统的启动配置文件）

Destination filename [startup-config]? （系统默认文件名为"startup-config"）

Building configuration...

```
[OK]
Router1#show ip route （只有当所有的路由器都配置完成后才能查看到完整的路由表）
Codes: C - connected, S - static, I - IGRP, R - RIP, M - mobile, B - BGP
       D - EIGRP, EX - EIGRP external, O - OSPF, IA - OSPF inter area
       N1 - OSPF NSSA external type 1, N2 - OSPF NSSA external type 2
       E1 - OSPF external type 1, E2 - OSPF external type 2, E - EGP
       i - IS-IS, L1 - IS-IS level-1, L2 - IS-IS level-2, ia - IS-IS inter area
       * - candidate default, U - per-user static route, o - ODR
       P - periodic downloaded static route
Gateway of last resort is not set
C    1.0.0.0/8 is directly connected, Serial0/0/0 （ "C" 表示直连路由）
C    192.168.1.0/24 is directly connected, FastEthernet0/0
C    192.168.2.0/24 is directly connected, FastEthernet0/1
S    192.168.3.0 （目的网络）/24 （子网掩码） [1/0] via （下一跳段） 1.1.1.2
S    192.168.4.0/24 [1/0] via 1.1.1.2 （ "S" 表示静态路由）
```

2）路由器 Router2 的配置。

```
Router>enable     （由用户模式转到特权模式）
Router#configure terminal    （进入全局配置模式）
Router(config)#hostname Router2    （设置系统名为 "Router2"）
Router2(config)#interface fastEthernet 0/0    （进入 F0/0 接口）
Router2(config-if)#ip address 192.168.3.1 255.255.255.0    （为 F0/0 口指定 IP 地址）
Router2(config-if)#no shutdown    （激活该端口）
%LINK-7-CHANGED: Interface FastEthernet0/0, changed state to up
%LINEPROTO-7-UPDOWN: Line protocol on Interface FastEthernet0/0, changed state to up    （系统显示
该端口已被激活）
Router2(config-if)#exit    （由接口模式退到全局配置模式）
Router2(config)#interface fastEthernet 0/1    （进入 F0/1 接口）
Router2(config-if)#ip  address 192.168.4.1 255.255.255.0    （为 F0/1 口指定 IP 地址）
Router2(config-if)#no shutdown    （激活该端口）
%LINK-7-CHANGED: Interface FastEthernet0/1, changed state to up
%LINEPROTO-7-UPDOWN: Line protocol on Interface FastEthernet0/1, changed state to up    （系统显示
该端口已被激活）
Router2(config-if)#exit
Router2(config)#interface serial 0/0/0    （进入广域网 S0/0/0 接口）
Router2(config-if)#ip  address 1.1.1.2 255.0.0.0
Router2(config-if)#no shutdown
%LINK-7-CHANGED: Interface Serial0/0/0, changed state to up
Router2(config-if)#exit    （只能在全局配置模式下配置路由）
```

Router2(config)#ip route 192.168.1.0 255.255.255.0 1.1.1.1

（配置到达 192.168.1.0 网络的路由，下一跳段为 1.1.1.1）

Router2(config)#ip route 192.168.2.0 255.255.255.0 1.1.1.1

（配置到达 192.168.2.0 网络的路由，下一跳段为 1.1.1.1）

Router2(config)#exit

Router2#   （只能在特权模式下对系统设置进行保存）

%SYS-7-CONFIG_I: Configured from console by console

Router1#copy running-config startup-config

（将正在配置的运行文件保存到系统的启动配置文件）

Destination filename [startup-config]?   （系统默认文件名为 "startup-config"）

Building configuration...

[OK]

Router2#show ip route   （查看路由器 Router2 的路由表）

Codes: C - connected, S - static, I - IGRP, R - RIP, M - mobile, B - BGP

　　　D - EIGRP, EX - EIGRP external, O - OSPF, IA - OSPF inter area

　　　N1 - OSPF NSSA external type 1, N2 - OSPF NSSA external type 2

　　　E1 - OSPF external type 1, E2 - OSPF external type 2, E - EGP

　　　i - IS-IS, L1 - IS-IS level-1, L2 - IS-IS level-2, ia - IS-IS inter area

　　　* - candidate default, U - per-user static route, o - ODR

　　　P - periodic downloaded static route

Gateway of last resort is not set

C   1.0.0.0/8 is directly connected, Serial0/0/0

C   192.168.3.0/24 is directly connected, FastEthernet0/0

C   192.168.4.0/24 is directly connected, FastEthernet0/1

S   192.168.1.0/24 [1/0] via 1.1.1.1

S   192.168.2.0/24 [1/0] via 1.1.1.1

3）交换机 IP 地址、默认网关的配置，以 Switch1 为例。

Switch>enable

Switch#configure terminal

Switch(config)#hostname Switch1   （将交换机的系统名改为 "Switch1"）

Switch1(config)#interface vlan 1   （进入交换机的管理 VLAN）

Switch1(config-if)#ip address 192.168.1.2 255.255.255.0   （为交换机指定 IP 地址）

Switch1(config-if)#no shutdown

%LINK-7-CHANGED: Interface Vlan1, changed state to up

%LINEPROTO-7-UPDOWN: Line protocol on Interface Vlan1, changed state to up

（系统显示当前已激活）

Switch1(config-if)#exit   （设置网关需在全局配置模式下进行）

Switch1(config)#ip default-gateway 192.168.1.1   （设置默认网关）

```
Switch1(config)#exit
Switch1#
%SYS-7-CONFIG_I: Configured from console by console
Switch1#copy running-config startup-config    （退到特权模式进行保存）
Destination filename [startup-config]?
Building configuration...
[OK]
```

4）为计算机指定 IP 地址和网关，并使用 ping 命令进行网络的联通性测试。

例如，PC0 通过使用"ipconfig"命令查看 IP 地址和网关的配置情况，利用 ping 命令测试与其他所有的 PC 是否能通信，如图 5-24 所示。

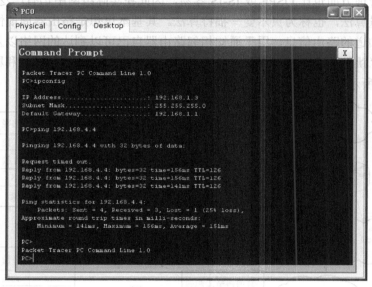

图 5-24　联通性测试

5）静态路由配置的故障诊断与排除。

故障：路由器没有配置动态路由协议，接口的物理状态和链路层协议状态均已处于 UP，但 IP 报文不能正常转发。

故障排除：

● 用 show ip route protocol static 命令查看是否正确配置静态路由。

● 用 show ip route 命令查看该静态路由是否已经生效。

● 查看是否在 NBMA 接口上未指定下一跳地址或指定的下一跳地址不正确，并查看 NBMA 接口的链路层二次路由表是否配置正确。

5.4　动态路由的配置与应用

5.4.1　距离矢量路由协议

5.4.1　距离矢量路由协议的运行过程

为了使用动态路由，互联网中的路由器必须运行相同的路由选择协议，执行相同的路

由选择算法。目前，最广泛的路由协议有两种：一种是 RIP，另一种是 OSPF 协议。RIP 采用距离—矢量算法，OSPF 则使用链路—状态算法。

不管采用何种路由选择协议和算法，路由信息都应以准确、一致的观点反映新的互联网拓扑结构。当一个互联网中的所有路由器都运行着相同的、精确的、足以反映当前互联网拓扑结构的路由信息时，称路由已经收敛（Convergence）。快速收敛是路由选择协议最希望具有的特征，因为它可以尽量避免路由器利用过时的路由信息选择可能不正确或不经济的路由。

1. 距离—矢量算法

RIP 是一种较为简单的内部网关协议（Interior Gateway Protocol，IGP），主要用于规模较小的网络中。由于 RIP 的实现较为简单，协议本身的开销对网络的性能影响比较小，并且在配置和维护管理方面也比 OSPF 或 IS-IS 容易，因此在实际组网中仍有广泛的应用。

距离—矢量算法，也称为贝尔曼—福特算法。其基本思想是路由器周期性地向其相邻路由器广播自己知道的路由信息，用于通知相邻路由器自己可以到达的网络以及到达该网络的距离（通常用"跳数"表示），相邻路由器可以根据收到的路由信息修改和刷新自己的路由表，如图 5-25 所示。

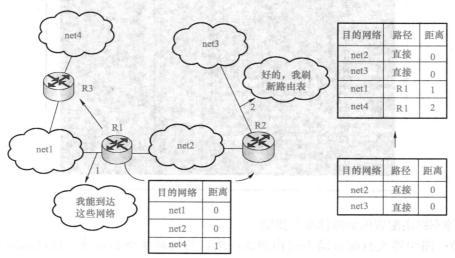

图 5-25　距离—矢量路由选择算法基本思想

路由器 R1 向相邻的路由器（如 R2）广播自己的路由信息，通知 R2 自己可以到达 net1、net2 和 net4。由于 R1 送来的路由信息包含了两条 R2 不知的路由（到达 net1 和 net4 的路由），于是 R2 将 net1 和 net4 加入自己的路由表，并将下一站指定 R1。也就是说，如果 R2 收到目的网络为 net1 和 net4 的 IP 数据报，那么将转发给路由器 R1，由 R1 进行再次投递。由于 R1 到达网络 net1 和 net4 的距离分别为 0 和 1，因此，R2 通过 R1 到达这两个网络的距离分别是 1 和 2。

下面对距离—矢量算法进行具体描述。

首先，路由器启动时对路由表进行初始化，该初始路由表包含所有去往与本路由器直接相连的网络路径。因为去往直接相连的网络不经过其他路由器，所以初始化的路由表中各路径的距离均为 0。图 5-26a 显示了路由器 R1 附近的网络拓扑结构，图 5-26b 给出了路由器 R1 的初始路由表。

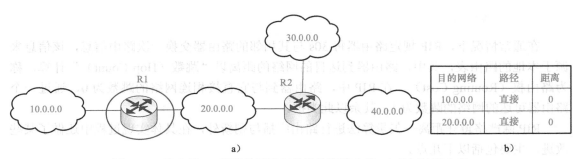

图 5-26 路由器 R1 附近的网络拓扑结构和路由器 R1 的初始路由表

a）路由器 R1 附近的网络拓扑结构　b）路由器 R1 的初始路由表

然后，各路由器周期性地向其相邻路由器广播自己的路由表信息。与该路由器直接相连（位于同一物理网络）的路由器收到该路由表报文后，据此对本地路由表进行刷新。刷新时，路由器逐项检查来自相邻路由器的路由信息报文，遇到下列情况时需修改本地路由表。

1）R2 列出的某项目在 R1 路由表中没有。则 R1 路由表中增加相应项目，其"目的网络"是 R2 表中的"目的网络"，其"距离"为 R2 表中的距离加 1，而"路径"则为 R2。

2）R2 去往某目的地的距离比 R1 去往该目的地的距离减 1 还小。这种情况说明 R1 去往某目的网络，如果经过 R1，那么距离会更短。于是，R1 需要修改本表中的内容，其"目的网络"不变，"距离"为 R2 表中的距离加 1，"路径"为 R2。

3）R1 去往某目的地经过 R2，而 R2 去往该目的地的路径发生变化。

● 如果 R2 不再包含去往某目的地的路径，则 R1 中的相应路径需删除。

● 如果 R2 去往某目的地的距离发生变化，则 R1 表中相应的"距离"需修改，以 R2 中的"距离"加 1 取代之。

距离—矢量算法的最大优点是算法简单、易于实现。但是，由于路由器的路径变化需要像波浪一样从相邻路由器传播出去，过程非常缓慢，有可能造成慢收敛等问题，因此，它不适合应用于路由剧烈变化的或大型的互联网网络环境。另外，距离—矢量算法要求互联网中的每个路由器都参与路由信息的交换和计算，而且需要交换的路由信息报文和自己的路由表的大小几乎一样，因此需要交换的信息量极大。

表 5-3 对使用距离—矢量算法更新路由表给出了直观说明（这里假设 R1 和 R2 为相邻路由器）。

表 5-3　使用距离—矢量算法更新路由表

R1 刷新前的路由表			R2 广播的路由信息		R1 刷新后的路由表		
目的网络	路径	距离	目的网络	距离	目的网络	路径	距离
15.0.0.0	直接	0	30.0.0.0	0	15.0.0.0	直接	0
42.0.0.0	R3	5	15.0.0.0	2	30.0.0.0	R2	1
86.0.0.0	R2	4	86.0.0.0	2	42.0.0.0	R3	5
95.0.0.0	R5	3	95.0.0.0	1	86.0.0.0	R2	4
210.0.0.0	R2	2	210.0.0.0	2	95.0.0.0	R2	2
219.0.0.0	R4	8			210.0.0.0	R2	3
220.0.0.0	R2	6			219.0.0.0	R4	8

2．RIP 的特点

在通常情况下，RIP 规定路由器每 30s 与其相邻的路由器交换一次路由信息，该信息来源于本地的路由表，其中，路由器到达目的网络的距离以"跳数（Hop Count）"计算，称为路由权（Routing Cost）。在 RIP 中，路由器到与它直接相连网络的跳数为 0，通过一个路由器可达的网络的跳数为 1，其余以此类推。

RIP 除严格遵守距离—矢量算法进行路由广播与刷新外，在具体实现过程中还做了某些改进，主要包括以下几点。

1）对相同开销路由的处理。在具体应用中，可能会出现有若干条距离相同的路径可以到达同一网络的情况。对于这种情况，通常按照先入为主的原则解决，如图 5-27 所示。

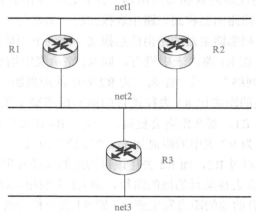

图 5-27　相同开销路由处理

由于路由器 R1 和 R2 都与 net1 直接相连，所以它们都向相邻路由器 R3 发送到达 net1 距离为 0 的路由信息。R3 按照先入为主的原则，先收到哪个路由器的路由信息报文，就将去往 net1 的路径定为哪个路由器，直到该路径失效或被新的、更短的路径代替。

2）对过时路由的处理。根据距离—矢量算法，路由表中的一条路径被刷新是因为出现了一条开销更小的路径，否则该路径会在路由表中保持下去。按照这种思想，一旦某条路径发生故障，过时的路由表项就会在互联网中长期存在下去。在图 5-27 中，假如 R3 到达 net1 需要经过 R1，如果 R1 发生故障后不能向 R3 发送路由刷新报文，那么 R3 关于到达 net1 需要经过 R1 的路由信息将永远保持下去，尽管这是一条坏路由。

为了解决这个问题，RIP 规定，参与 RIP 选路的所有机器都要为其路由表的每个项目增加一个定时器，在收到的相邻路由器发送的路由刷新报文中，如果包含此路径的项目，则将定时器清零，重新开始计时。如果在规定时间内一直没有收到关于该路径的刷新信息，且定时器时间到，说明该路径已经失效，需要将它从路由表中删除。RIP 规定路径的超时时间为 180s，相当于 6 个刷新周期。

慢收敛问题是 RIP 的一个严重缺陷。图 5-28 所示为慢收敛问题产生示意图，从 R1 可直接到达 net1，从 R2 经 R1（距离为 1）也可到达 net1。在这种情况下，R2 收到 R1 广播的刷新报文后，会建立一条距离为 1 的经 R1 到达 net1 的路由。

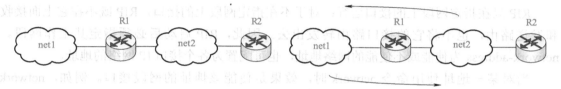

图 5-28 慢收敛问题产生的示意图

现在假设从 R1 到 net1 的路径因故障而崩溃，但 R1 仍然可以正常工作。当然，R1 一旦检测到 net1 不可到达，就会立即将去往 net1 的路由废除，然后会发生以下两种可能情况。

1）在收到来自 R2 的路由刷新报文之前，R1 将修改后的路由信息广播给相邻的路由器 R2，于是 R2 修改自己的路由表，将原来经 R1 去往 net1 的路由删除。

2）R2 赶在 R1 发送新的路由刷新报文之前广播自己的路由刷新报文。该报文中必然有一条说明 R2 经过一个路由器可以到达 net1 的路由。由于 R1 已经删除了到达 net1 的路由，按照距离—矢量算法，R1 会增加通过 R2 到达 net1 的新路径，不过路径的距离变为 2。这样，在路由器 R1 和 R2 之间就形成了环路。R2 认为通过 R1 可以到达 net1，R1 则认为通过 R2 可以到达 net1。尽管路径的"距离"会越来越大，但该路由信息不会从 R1 和 R2 的路由表中消失。这就是慢收敛问题产生的原因。

RIP 的最大优点是配置和部署相当简单。早在 RIP 的第一个版本被正式颁布之前，就已经被写成各种程序并被广泛使用。但是，RIP 的第一个版本是以标准的 IP 互联网为基础的，它使用标准的 IP 地址，并不支持子网路由。直到第二个版本的出现，才结束了 RIP 不能为子网选路的历史。与此同时，RIP 的第二个版本还具有身份验证、支持多播等特性。

3. RIP 的配置命令

1）启动 RIP 启动 RIP 后，将进入 RIP 视图，在系统视图下进行表 5-4 中的配置。

表 5-4 启动 RIP

操作	命令
启动 RIP，进入 RIP 路由模式	router rip
停止 RIP 的运行	no router rip

默认情况下不运行 RIP。RIP 的大部分特性都需要在 RIP 视图下配置，接口视图下也有部分 RIP 相关属性的配置。如果启动 RIP 前在接口视图下进行了 RIP 相关的配置，这些配置只有在 RIP 启动后才会生效。需要注意的是，在执行 no router rip 命令来停止 RIP 运行后，接口上与 RIP 相关的配置也将被删除。

2）在指定网段使能 RIP 为了灵活地控制 RIP 工作，可以指定某些接口来将其所在的相应网段配置成 RIP 网络，使这些接口可收发 RIP 报文。在 RIP 视图下进行表 5-5 中的配置。

表 5-5 在指定网段使能 RIP

操作	命令
在指定的网络接口上应用 RIP	network network-address
在指定的网络接口上取消应用 RIP	no network network-address

RIP 只在指定网段上的接口运行；对于不在指定网段上的接口，RIP 既不在它上面接收和发送路由，也不将它的接口路由转发出去。因此，RIP 启动后必须指定其工作网段。network-address 为使能或不使能的网络地址，也可配置为各个接口 IP 网络的地址。

当对某一地址使用命令 network 时，效果是使能该地址的网段接口。例如，network 129.102.1.1，用 show running-config 和 show ip protocols 命令看到的均是 network 129.102.0.0。默认情况下，任何网段都未使能 RIP。

对于 RIPV1，路由协议在发布路由信息时有如下情况需要注意。

① 如果当前路由的目的地址和发送接口的地址不在同一主网，那么超网路由不发送给邻居，子网路由则按自然网段聚合后发送给邻居。

② 如果当前的路由目的地址和发送接口地址在同一主网，那么如果路由目的地址的掩码和接口掩码不相等，就不发送给邻居，否则直接发送给邻居。

3）配置 RIP 的路由聚合。

① 路由聚合是指同一自然网段内的不同子网的路由在向外（其他网段）发送时聚合成一条自然掩码的路由发送。这一功能主要用于减小路由表的尺寸，进而减少网络上的流量。

② 路由聚合对 RIPV1 不起作用。RIPV2 支持无类地址域间路由。当需要将所有子网络由广播出去时，可关闭 RIPV2 的路由聚合功能。在 RIP 视图下进行表 5-6 中的配置。默认情况下，RIPV2 启用路由聚合功能。

表 5-6　配置 RIP 路由聚合

操作	命令
启动 RIPV2 的路由聚合功能	auto-summary
关闭 RIPV2 的路由聚合功能	no auto-summary

4）配置接口的 RIP 版本。RIP 有 RIPV1 和 RIPV2 两个版本，可以指定接口所处理的 RIP 报文版本。

RIPV1 的报文传送方式为广播方式。RIPV2 有两种报文传送方式：广播方式和多播方式，默认采用多播方式发送报文。RIPV2 中，多播地址为 224.0.0.9。多播发送报文的好处是：在同一网络中，那些没有运行 RIP 的主机可以避免接收 RIP 的广播报文；另外，以多播方式发送报文还可以使运行 RIPV1 的主机避免错误地接收和处理 RIPV2 中带有子网掩码的路由。当接口运行 RIPV2 时，也可接收 RIPV1 的报文。在接口视图下进行表 5-7 中的配置。默认情况下，接口接收和发送 RIPV1 报文；指定接口 RIP 版本为 RIPV2 时，默认使用多播形式传送报文。

表 5-7　配置接口的 RIP 版本

操作	命令
指定接口的 RIP 版本为 RIPV1	version 1
指定接口的 RIP 版本为 RIPV2	version 2 [broadcast | multicast]
将接口运行的 RIP 版本恢复为默认值	no version { 1 | 2 }

5）RIP 显示和调试。在完成上述配置后，在所有视图下执行 display 命令可以显示配置后 RIP 的运行情况，用户可以通过查看显示信息验证配置的效果。在用户视图下执行 debugging 命令可对 RIP 进行调试，见表 5-8。

表 5-8　RIP 显示和调试

操作	命令
显示 RIP 的当前运行状态及配置信息	show ip protocols
显示 RIP 数据库信息	show ip rip database
打开 RIP 的报文调试信息开关	debug ip rip
关闭 RIP 的报文调试信息开关	no debug ip rip

5.4.2　链路状态路由协议

OSPF 是链路—状态算法路由协议的代表，能适应中大型规模的网络。当今 Internet 中的路由结构就是在自治系统内部采用 OSPF，在自治系统间采用 BGP。

5.4.2　链路状态路由协议的运行过程

OSPF 是 IETF 组织开发的一个基于链路状态的自治系统内部路由协议，OSPF 在自治系统内工作如图 5-29 所示。

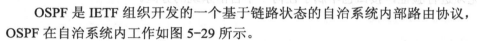

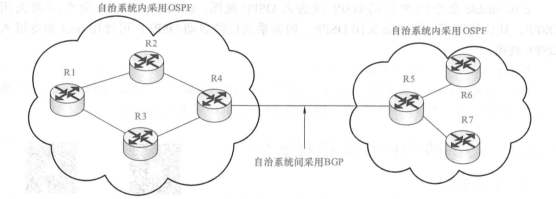

图 5-29　OSPF 在自治系统内工作

在 IP 网络上，OSPF 协议通过收集和传递自治系统的链路状态来动态地发现并传播路由。OSPF 协议支持 IP 子网和外部路由信息的标记引入。OSPF 协议使用 IP Multicasting 方式发送和接收报文，地址为 224.0.0.5 和 224.0.0.60。每个支持 OSPF 协议的路由器都维护着一份描述整个自治系统拓扑结构的数据库，这一数据库是通过收集所有路由器的链路状态广播而得到的。每一台路由器都将描述本地状态的信息（如可用接口信息、可达邻居信息等）广播到整个自治系统中去。根据链路状态数据库，各路由器构建一棵以自己为根的最短路径树，这棵树给出了到自治系统中各结点的路由。

OSPF 协议允许自治系统的网络被划分成区域来管理，区域间传送的路由信息被进一步抽象，从而减少了对网络带宽的占用。同一区域内的所有路由器都应该同意该区域的参数配置。OSPF 的区域由 BackBone（骨干区域）进行连接，该区域以 0.0.0.0 标识。所有的区域

都必须在逻辑上连续，为此在骨干区域上特别引入了虚连接的概念，以保证物理上划分的区域在逻辑上具有联通性，如图 5-30 所示。

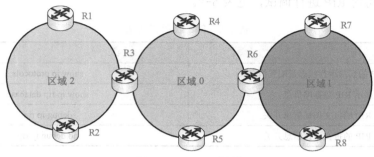

图 5-30　OSPF 区域

OSPF 的配置需要在各路由器（包括区域内路由器、区域边界路由器和自治系统边界路由器等）之间相互协作。在未做任何配置的情况下，路由器的各参数使用默认值，此时发送和接收报文都无须进行验证，接口也不属于任何一个自治系统的分区。

Router(config)#router Id Id-number

Router(config)#ospf [enable]

ospf enable 命令用来启动 OSPF 或进入 OSPF 视图，undo ospf enable 命令用来关闭 OSPF。默认情况下，路由器关闭 OSPF。如果系统已经启动 OSPF，可使用 ospf 命令进入 OSPF 视图。

Router（config-if）#ospf enable area area-id

ospf enable area area-id 命令用来在接口启动 OSPF，同时指定该接口所在 OSPF 区域的范围，从而使该接口发送和接收 OSPF 报文。要在某一个接口上运行 OSPF 协议，必须配置该命令。

5.4.3　动态路由协议的配置案例

1．案例描述

某公司包括总公司和分公司两部分，总公司和分公司分别使用一台路由器连接两个部门，需要将两台路由器通过广域网链路连接在一起并进行适当的配置，以实现总公

5.4.3　动态路由配置案例（OSPF）

5.4.3　动态路由配置案例（RIPv2）

司和分公司各部门网络间的互通。为了使管理员在未来为总公司和分公司扩充网络数量时不同时更改路由器的配置，计划使用 RIP 或 OSPF 路由协议实现网络之间的互通。

两台路由器利用 V.35 线缆通过 WAN 口相连，可以采用 DDN、FR 或 ISDN 等专用线路互连，通过路由器的以太网接口连接主机，并使 Console 口与主机的 COM 口相连，通过超级终端登录到路由器进行配置，拓扑结构如图 5-31 所示。该配置采用 2 台路由器、4 台交换机，将 PC 作为控制台终端，通过路由器的 Console 口登录路由器，即用路由器携带的标准配置线缆的水晶头，一端插在路由器的 Console 口上，另一端的 9 针接口插在 PC 的 COM 口上。同时，为了实现 Telnet 配置，用一根网线的一端连接交换机的以太网接口，另一端连接 PC 的网口。然后两台路由器使用 V.35 专用电缆通过同步串口（WAN 口）连接在一起，使用一台 PC 检测结果并验证（与控制台使用同一台 PC），同时配置动态路由使之相互通信。

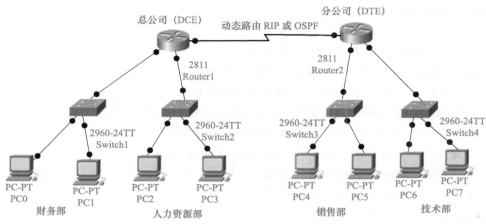

图 5-31 动态路由配置拓扑结构

2. 配置步骤

该案例的实施过程与静态路由类似，这里只介绍动态路由协议 RIP、OSPF 的配置过程，其他不再累述。

1）为路由器 Router1 配置 RIP 或 OSPF 协议。

```
Router1>enable
Router1#configure terminal
Enter configuration commands, one per line. End with CNTL/Z.
Router1(config)#no ip route 192.168.3.0 255.255.255.0 1.1.1.2
（将之前配置的静态路由删除，在原有命令的前面加"no"即可）
Router1(config)#no ip route 192.168.4.0 255.255.255.0 1.1.1.2
```

① 配置 RIP。

```
Router1(config)#router rip    [ 启动动态路由协议（RIP）进程 ]
Router1(config-router)#network 192.168.1.0    （通告网络）
Router1(config-router)#network 192.168.2.0
Router1(config-router)#network 1.0.0.0
```

② 配置 OSPF 协议。

```
Router1(config)#router ospf 1    （启动 OSPF 协议，进程号为 1）
Router1(config-router)#network 192.168.1.0 255.255.255.0 area0    （通告网络位于区域 0）
Router1(config-router)#network 192.168.2.0 255.255.255.0 area0
Router1(config-router)#network 1.0.0.0 255.0.0.0 area0
Router1(config-router)#^Z    （使用快捷键 <Ctrl+Z> 退到特权模式）
Router1#
%SYS-7-CONFIG_I: Configured from console by console
Router1#copy running-config startup-config    （保存）
Destination filename [startup-config]?
```

Building configuration...

[OK]

Router1#show ip route（查看 Router1 的路由表）

Codes: C - connected, S - static, I - IGRP, R - RIP, M - mobile, B - BGP

    D - EIGRP, EX - EIGRP external, O - OSPF, IA - OSPF inter area

    N1 - OSPF NSSA external type 1, N2 - OSPF NSSA external type 2

    E1 - OSPF external type 1, E2 - OSPF external type 2, E - EGP

    i - IS-IS, L1 - IS-IS level-1, L2 - IS-IS level-2, ia - IS-IS inter area

    * - candidate default, U - per-user static route, o - ODR

    P - periodic downloaded static route

Gateway of last resort is not set

C   1.0.0.0/8 is directly connected, Serial0/0/0

C   192.168.1.0/24 is directly connected, FastEthernet0/0

C   192.168.2.0/24 is directly connected, FastEthernet0/1

R   192.168.3.0/24 [120/1] via 1.1.1.2, 00:00:10, Serial0/0/0

（"R"表示 RIP 搜索来的路由）

R   192.168.4.0/24 [120/1] via 1.1.1.2, 00:00:10, Serial0/0/0

2）路由器 Router2 的配置。

Router2>enable

Router2#configure terminal

Enter configuration commands, one per line. End with CNTL/Z.

Router2(config)#no ip route 192.168.1.0 255.255.255.0 1.1.1.1

（将之前配置的静态路由删除，在原有命令的前面加"no"即可）

① 配置 RIP。

Router2(config)#no ip route 192.168.2.0 255.255.255.0 1.1.1.1

Router2(config)#router rip   （启动 RIP 进程）

Router2(config-router)#network 192.168.3.0   （通告网络）

Router2(config-router)#network 192.168.4.0

Router2(config-router)#network 1.0.0.0

② 配置 OSPF 协议。

Router2(config)#router ospf 1   （启动 OSPF 协议，进程号为 1）

Router2(config-router)#network 192.168.3.0 255.255.255.0 area0   （通告网络位于区域 0）

Router2(config-router)#network 192.168.4.0 255.255.255.0 area0

Router2(config-router)#network 1.0.0.0 255.0.0.0 area0

Router2(config-router)#^Z   （使用快捷键 <Ctrl+Z> 退到特权模式）

Router1#

%SYS-7-CONFIG_I: Configured from console by console

Router2#copy running-config startup-config   （保存）

Destination filename [startup-config]?

Building configuration...

[OK]

Router2#show ip route（查看 Router2 的路由表）

Codes: C - connected, S - static, I - IGRP, R - RIP, M - mobile, B - BGP

     D - EIGRP, EX - EIGRP external, O - OSPF, IA - OSPF inter area

     N1 - OSPF NSSA external type 1, N2 - OSPF NSSA external type 2

     E1 - OSPF external type 1, E2 - OSPF external type 2, E - EGP

     i - IS-IS, L1 - IS-IS level-1, L2 - IS-IS level-2, ia - IS-IS inter area

     * - candidate default, U - per-user static route, o - ODR

     P - periodic downloaded static route

Gateway of last resort is not set

C   1.0.0.0/8 is directly connected, Serial0/0/0

C   192.168.3.0/24 is directly connected, FastEthernet0/0

C   192.168.4.0/24 is directly connected, FastEthernet0/1

R   192.168.1.0/24 [120/1] via 1.1.1.1, 00:00:26, Serial0/0/0

R   192.168.2.0/24 [120/1] via 1.1.1.1, 00:00:26, Serial0/0/0

3）计算机的配置与测试。

为计算机指定 IP 地址和网关，并使用 ping 命令进行网络的联通性测试。例如，PC0 通过使用 ipconfig 命令查看 IP 地址和网关的配置情况，利用 ping 命令测试与其他所有的 PC 是否能通信，如图 5-32 所示。

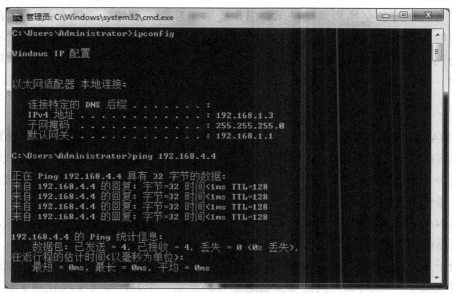

图 5-32　网络联通性测试

4）动态路由配置的故障诊断与排除。

故障之一：在物理连接正常的情况下收不到更新报文。

故障排除：相应的接口上，RIP 或 OSPF 没有运行（如执行了 no rip work 命令）或该接口未通过 network 命令使能。对端路由器上配置的是多播方式（如执行了 rip version 2 multicast 命令），但在本地路由器上没有配置多播方式。

故障之二：运行 RIP 的网络发生路由振荡。

故障排除：在各运行 RIP 的路由器上使用 show rip 命令查看 RIP 定时器的配置，如果不同路由器的 Period Update 定时器和 Timeout 定时器值不同，那么需要重新将全网的定时器配置一致，并确保 Timeout 定时器时间长度大于 Period Update 定时器的时间长度。

5.5 NAT 技术

5.5.1 NAT 概述

随着接入因特网的计算机数量的不断增加，IP 地址资源愈加显得捉襟见肘。事实上，一般用户几乎申请不到整段的公网 C 类地址。在 ISP 那里，即使是拥有几百台计算机的大型局域网用户，也不过只有几个或十几个公网 IP 地址。显然，当申请公网 IP 地址时，所分配的地址数量远远不能满足网络用户的需求。为了解决这个问题，就产生了网络地址转换（Network Address Translation，NAT）技术。

NAT 技术允许使用私有 IP 地址的企业局域网透明地连接到像因特网这样的公用网络上，无须内部主机拥有公网 IP 地址，从而节约公网 IP 地址源，增加了企业局域网内部 IP 地址划分的灵活性。

使用之前学习的交换和路由技术，用户能够组建企业网络，通过有关 NAT 的学习，用户将能够理解 NAT 的工作原理和对 NAT 进行配置，使企业网络能够在申请不到足够的合法公网 IP 地址的情况下，也依然能够连接到公网上，并对一般的 NAT 故障进行检查与排除。

1．NAT 的基本概念

（1）NAT 的应用　NAT 通过将内部网络的私有 IP 地址翻译成全球唯一的公网 IP 地址，使内部网络可以连接到互联网等外部网络上，广泛应用于各种类型因特网接入方式和各种类型的网络中。原因很简单，NAT 不仅解决了 IP 地址不足的问题，而且还能够隐藏内部网络的细节，避免来自网络外部的攻击，具有一定的安全作用。

虽然 NAT 可以借助于某些代理服务器来实现，但考虑到运算成本和网络性能，很多时候都是在路由器上实现的。

借助于 NAT，私有保留地址的内部网络通过路由器发送数据报时，私有地址被转换成合法的 IP 地址，一个局域网只需要少量地址（甚至是一个），即可实现使用了私有地址的网络内的所有计算机与因特网的通信需求。

NAT 将自动修改 IP 报头中的源 IP 地址和目的 IP 地址，IP 地址校验则在 NAT 处理过程中自动完成。有一些应用程序将源 IP 地址嵌入 IP 数据报的数据部分中，所以还需要同时对

数据部分进行修改，以匹配 IP 报头中已经修改过的源 IP 地址。否则，在数据报的数据部分嵌入了 IP 地址的应用程序不能正常工作。

（2）NAT 的实现方式　NAT 的实现方式有以下 3 种。

1）静态转换就是将内部网络的私有 IP 地址转换为公有合法的 IP 地址时，IP 地址的对应关系是一对一的，是不变的，即某个私有 IP 地址只转换为某个固定的公有 IP 地址。借助于静态转换，能实现外部网络对内部网络中某些特定设备（如服务器）的访问。

2）动态转换是指将内部网络的私有地址转换为公有地址时，IP 地址的对应关系是不确定的、随机的，所有被授权访问因特网的私有地址都可随机转换为任何指定的合法地址。也就是说，只要指定哪些内部地址可以进行 NAT 转换，以及哪些可用的合法 IP 地址可以作为外部地址，就可以进行动态转换了。动态转换也可以使用多个合法地址集。当 ISP 提供的合法地址少于网络内部的计算机数量时，可以采用动态转换的方式。

3）超载 NAT（PAT）是端口地址转换，把内部地址映射到外部网络的一个 IP 地址的不同端口上。内部网络的所有主机均可共享一个合法外部 IP 地址来实现因特网的访问，从而可以最大限度地节约 IP 地址资源。同时，又可以隐藏网络内部的所有主机，有效地避免来自因特网的攻击。因此，目前网络中使用最多的就是超载 NAT 方式。

2．NAT 的优点和缺点

NAT 允许企业内部网使用私有地址，并通过设置合法地址集，使内部网可以与因特网进行通信，从而达到节省合法注册地址的目的。

NAT 可以减少规划地址集时地址重叠情况的发生。如果地址方案最初是在私有网络中建立的，因为它不与外部网络通信，所以有可能使用了保留地址以外的地址。如果该网络又要连接到公用网络，在这种情况下，如果不做地址转换，就会产生地址冲突。

NAT 增加了配置和排错的复杂性。使用和实施 NAT 时，无法实现对 IP 数据报端对端的路径跟踪。在经过了使用 NAT 地址转换的多跳之后，对数据报的路径跟踪将变得十分困难。然而，这样却可以提供更安全的网络链路，因为黑客跟踪或获得数据报的初始来源或目的地址也将变得非常困难，甚至无法获得。

NAT 也可能会使某些需要使用内嵌 IP 地址的应用不能正常工作，因为它隐藏了端到端的 IP 地址。某些直接使用 IP 地址而不通过合法域名进行寻址的应用，可能也无法与外部网络资源进行通信，这个问题有时可以通过实施静态 NAT 映射来避免。

5.5.2　NAT 的应用

1．NAT 支持的数据流

对于通过 NAT 发送数据报的终端系统来说，NAT 应该是半透明的。很多应用（商业应用或者作为 TCP/IP 协议族一部分的应用）都使用 IP 地址，数据字段的信息可能与 IP 地址有关，或者数据字段中内嵌 IP 地址。如果 NAT 转换了 IP 数据报数据部分的地址，但不知道对数据将要造成的影响，该应用就有可能被破坏。

表 5-9 为 Cisco NAT 设备所支持的数据流。

表 5-9 Cisco NAT 设备支持的数据流

支持的业务类型和应用	支持的在数据流中有 IP 地址的业务类型	不支持的业务类型
任何应用数据流中不承载源 / 目的 IP 地址的 TC/UDP 业务	ICMP	路由表更新
HTTP	FTP（包括 PORT 和 PASV）	DNS 区域传送
TFTP	TCP/IP 上的 NetBIOS（数据报、名称和会话服务）	BOOTP
Telnet	DNS	talk、ntalk
NTP	H.323/NetMeeting	SNMP
NFS	IP 多播（只转换源地址）	Netshow

2. 转换内部局部的地址

使用 NAT 转换内部局部地址，就是在内部局部地址和内部全局地址之间建立一个映射关系。在下面的例子中，内部局域网网段的地址 10.1.1.0/24 经过 NAT，转换成 192.168.2.0/24 的内部全局地址。

如图 5-33 所示，NAT 用于将内部局部地址转换为外部合法地址，从中可以看到 NAT 的操作运行过程。

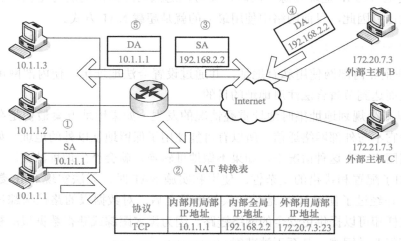

图 5-33 内部局部地址的转换过程

下面的步骤编号与图 5-33 中标出的 NAT 操作步骤编号是一致的。

① 网络内部主机 10.1.1.1 上的用户建立到外部主机 B 的一条连接。

② 边界路由器从主机 10.1.1.1 接收到第一个数据报时，将检查 NAT 转换表。

③ 如果已为该地址配置了静态地址转换，或者该地址的动态地址转换已经建立，那么路由器将继续进行步骤④，否则路由器会决定对地址 10.1.1.1 进行转换。转换时，路由器将为其从动态地址集中分配一个合法地址，并建立从内部局部地址 10.1.1.1 到内部全局地址（如 192.168.2.2）的映射。这种类型的转换条目称为一个简单条目。

④ 边界路由器用所选的内部全局地址 192.168.2.2 来替换内部局部地址 10.1.1.1，并转发该数据报。

⑤ 主机 B 收到该数据报，并且用目的地址 192.168.2.2 对内部主机 10.1.1.1 进行应答。

当边界路由器接收到目的地址为内部全局地址的数据报时，路由器将对该内部全局地址通过 NAT 转换表查找出内部局部地址，然后路由器将数据报中的目的地址替换成 10.1.1.1

的内部局部地址，并将数据报转发到内部主机 10.1.1.1。主机 10.1.1.1 接收该数据报，并继续该会话。对于每个数据报，路由器都将执行步骤②～步骤⑤的操作。

5.5.3 静态 NAT 的配置与应用

在配置网络地址转换过程之前，首先必须弄清楚内部接口和外部接口，以及在哪个外部接口上启用 NAT。通常情况下，连接到用户内部网络的接口是 NAT 内部接口，而连接到外部网络（如因特网）的接口是 NAT 外部接口。

下面通过案例来说明静态 NAT 的配置。这里假设内部局域网使用的 IP 地址为 192.168.100.1 ～ 192.168.100.254，路由器局域网端口（默认网关）的 IP 地址是 192.168.100.1，子网掩码为 255.255.255.0，网络分配的合法 IP 地址范围是 61.159.62.128 ～ 61.159.62.135，路由器在广域网的地址是 61.159.62.129，子网掩码是 255.255.255.248，可用于地址转换的地址范围是 61.159.62.130 ～ 61.159.62.134。NAT 静态转换网络结构示意图和 NAT 静态转换示意图分别如图 5-34 和图 5-35 所示。

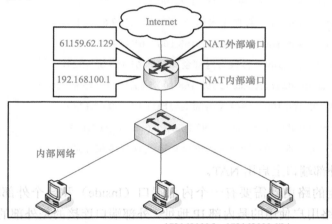

图 5-34　NAT 静态转换网络结构示意图

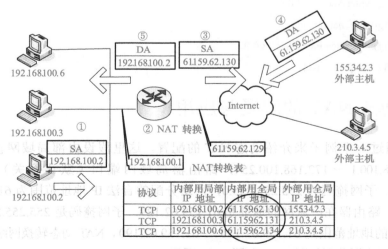

图 5-35　NAT 静态转换示意图

将内部网络地址 192.168.100.2 ～ 192.168.100.6 转换为合法的外部地址 61.159.62.130 ～ 61.159.62.134，具体步骤如下。

1）设置外部端口的 IP 地址。

Router(config)#interface serial O/0

Router(config-if)#ip address 61.159.62.129 255.255.255.248

2）设置内部端口的 IP 地址。

Router（config）#interface FastEthernet 0/0

Router（config-if）#ip addrFeass 192.168.100.1 255.255.255.0

3）在内部局部地址和内部全局地址之间建立静态地址转换。

本例使用如下命令建立静态地址转换。

Router(config)#ip nat inside source static 192.168.100.2 61.159.62.130

（将内部局部地址 192.168.100.2 转换为内部全局地址 61.159.62.130）

Router(config)#ip nat inside source static 192.168.100.3 61.159.62.131

（将内部局部地址 192.168.i00.3 转换为内部全局地址 61.159.62.131）

Router(config)#ip nat inside source static 192.168.100.4 61.159.62.132

（将内部局部地址 192.168.100.4 转换为内部全局地址 61.159.62.132）

Router(config)#ip nat inside source static 192.168.100.5 61.159.62.133

（将内部局部地址 192.168.100.5 转换为内部全局地址 61.159.62.133）

Router(config)#ip nat inside source static 192.168.100.6 61.159.62.134

（将内部局部地址 192.168.100.6 转换为内部全局地址 61.159.62.134）

4）在内部和外部端口上启用 NAT。

设置 NAT 功能的路由器需要有一个内部端口（Inside）和一个外部端口（Outside）。内部端口连接的网络用户使用的是内部 IP 地址，外部端口连接的是外部的网络，如互联网。要 NAT 功能发挥作用，必须在这两个端口上启用 NAT。

Router(config)#interface serial 0/0

Router(config-if)#ip nat outside

Router(config)#interface FastEthernet 0/0

Router(config-if)#ip nat inside

5.5.4 动态 NAT 的配置与应用

本小节通过一个例子来介绍动态 NAT 的配置。这里假设内部局域网使用的 IP 地址范围为 172.168.100.1 ～ 172.168.100.254，路由器局域网端口（默认网关）的 IP 地址是 172.168.100.1，子网掩码为 255.255.255.0，网络分配的合法 IP 地址范围为 61.159.62.128 ～ 61.159.62.191，路由器在广域网的地址是 61.159.62.129，子网掩码是 255.255.255.192。可以用于地址转换的地址范围是 61.159.62.130 ～ 61.159.62.190。NAT 动态转换网络结构示意图和 NAT 动态转换示意图分别如图 5-36 和图 5-37 所示。

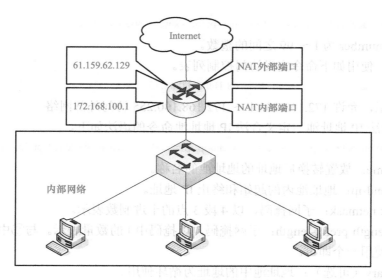

图 5-36　NAT 动态转换网络结构示意图

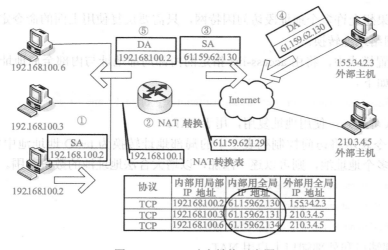

图 5-37　NAT 动态转换示意图

要求将内部网络地址 172.168.100.2 ～ 172.168.100.254 转换为合法的外部地址 61.159.62.130 ～ 61.159.62.190，步骤如下。

1）设置外部端口的 IP 地址。

```
Router(config)#interface serial O/O
Router(config-if)#ip address 61.159.62.129  255.255.255.192
```

2）设置内部端口的 IP 地址。

```
Router(config)#interface FastEthernet 0/0
Router(config-if)#ip address 172.168.100.1  255.255.255.0
```

3）定义内部网络中允许访问外部网络的访问控制列表，语法如下。

Router(config)#access-list access-list-number permit source source—wiidcard

access-list-number 为 1～99 之间的整数。

在本例中，使用如下命令定义访问控制列表。

Router(config)#access-list 1 permit 172.168.100.0 0.0.0.255

该命令表示，允许 172.168.100.1～172.168.100.255 访问外部网络。

4）定义合法 IP 地址池。定义合法 IP 地址池命令的语法如下。

Router(config)#ip nat pool pool-name star-ip end-jp {netmask netmask prefix-length prefix-length)[type rotary]

① pool-name：放置转换后地址的地址池的名称。

② star-ip/end-ip：地址池内的起始和终止 IP 地址。

③ netmask netmask：子网掩码，以 4 段 3 点的十进制数表示。

④ prefix-length prefix-length：子网掩码，以掩码中 1 的数量表示。与③中掩码的表示方式等价，任意使用一个即可。

⑤ type rotary（可选）：地址池中的地址为循环使用。

如果有多个合法地址池，可以分别使用下面的命令添加到地址池中。

Router(config)#ip nat pool testO 61.159.62.13 0 61.159.62.1 90 netmask
255.255.255.192

提示：如果想允许多个地址段访问因特网，只需要反复使用上面的命令定义即可。

5）实现网络地址转换。

在全局配置模式中，将由 access-list 指定的内部局部地址与内部全局地址池进行地址转换，命令语法如下。

Router(config)#ip nat inside source list access-list-number pool pool-name [overload]

overload（可选）：使用地址复用，用于 PAT。

下面的命令表示将访问控制列表 1 中的局部地址转换为 testO 地址池中定义的全局 IP 地址。如果有多个地址池，则可以逐一添加，以增大合法地址池的数量范围。

Router(config)#ip nat inside source list 1 pool testl

Router(config)#ip nat inside source 1ist 1 pool test2

Router(config)#ip nat inside source 1ist 1 pool test3

6）在内部端口和外部端口上启用 NAT。

Router(config)#interface serial 0/0

Router(config-if)#ip nat outside

Router(config)#interface FastEthernet 0/0

Router(config-if)#ip nat inside

5.5.5 PAT（超载 NAT）的配置与应用

本小节通过举例来说明使用外部全局地址配置 PAT 的方法。这里假设内部局域网使用的 IP 地址范围为 10.1.1.1～10.1.1.254，路由器局域网端口（默认网关）的 IP 地址是 10.1.1.1，子网掩码为 255.255.255.0，网络分配的合法 IP 地址范围是 61.159.62.128～61.159.62.135，路由器在广域网的地址是 61.159.62.129，子网掩码是 255.255.255.248，可以用于地址转换的地址是 61.159.62.130/29。PAT 动态转换网络结构示意图和 PAT 地址转换示意图分别如图 5-38 和图 5-39 所示。

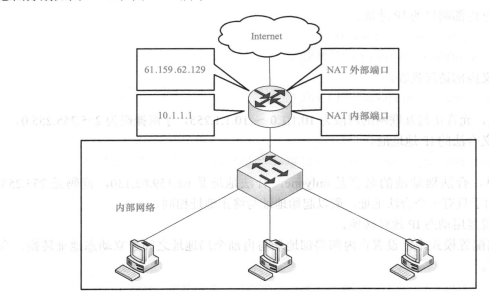

图 5-38　PAT 动态转换网络结构示意图

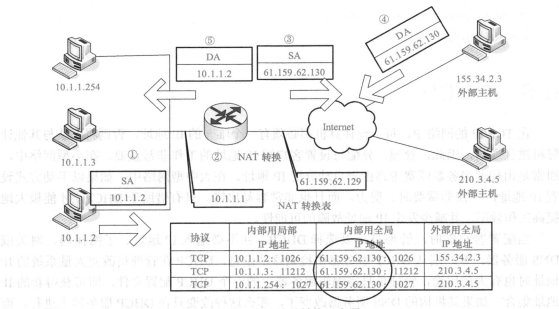

图 5-39　PAT 地址转换示意图

将内部网络地址 10.1.1.1 ～ 10.1.1.254 转换为合法的外部地址 61.159.62.130/29，步骤如下。

1）设置外部端口的 IP 地址。

```
Router(config)#interface serial O/O
Router(config-if)#ip address 61.159.62.129 255.2 5 5.255.248
```

2）设置内部端口的 IP 地址。

```
Router(config)#interface FastEthernet 0/0
Router(config-if)#ip address 10.1.1.1 255.255.255. 0
```

3）定义内部访问列表。

```
Router(config)#access-list 1 permit 10.1.1.0 0.0.0.255
```

在这里，允许访问互联网的网段为 10.1.1.0 ～ 10.1.1.255，子网掩码为 255.255.255.0。

4）定义合法的 IP 地址池。

```
Router(config)#ip nat pool onlyone 61.159.62.130 61.1 59.62.130 netmask 255.2 55.255.248
```

在这里，合法地址池的名字是 onlyone，合法地址是 61.159.62.130，掩码是 255.255.255.248。由于只有一个合法地址，所以起始地址与终止地址相同。

5）设置复用动态 IP 地址转换。

在全局配置模式中，设置在内部局部地址与内部全局地址之间建立动态地址转换，命令语法如下。

```
Router(config)#ip nat inside source 1ist access-list-number pool pool-name overload
```

6）在内部和外部端口上启用 NAT。

```
Router(config)#interface serial 0/0
Router(config-if)#ip nat outside
Router(config)#interface FastEthernet O/O
Router(config-if)#ip nat inside
```

5.6 DHCP

在 TCP/IP 的网络中，每一台计算机都必须有一个唯一的 IP 地址，否则将无法与其他计算机进行通信，因此，管理、分配与设置客户端 IP 地址的工作非常重要。在小型网络中，通常是由代理服务器或宽带路由器自动分配 IP 地址。在大中型网络中，如果以手动方式设置 IP 地址，不仅非常费时、费力，而且也非常容易出错。只有借助于 DHCP，才能极大地提高工作效率，并减少发生 IP 地址故障的可能性。

当配置客户端时，管理员可以选择 DHCP，并不必输入 IP 地址、子网掩码、网关或 DNS 服务器。客户端从 DHCP 服务器中检索这些信息。DHCP 在管理员改变大量系统的 IP 地址时也有大的用途，管理员只需编辑服务器上的一个 DHCP 配置文件，即可获得新的 IP 地址集合。如果某机构的 DNS 服务器改变了，那么这种改变只在 DHCP 服务器上进行，而不在 DHCP 客户机上进行。一旦客户机的网络被重新启动，改变就生效。

除此之外，如果任何类型的可移动计算机被配置使用 DHCP，那么只要所在的每个办公室都允许它与 DHCP 服务器连接，就可以不必重新配置相关选项，该可移动计算机可在办公室间自由移动。

5.6.1　DHCP 服务器与中继代理

DHCP 服务能为网络内的客户端计算机自动分配 TCP/IP 配置信息（如 IP 地址、子网掩码、默认网关和 DNS 服务器地址等），从而帮助管理员省去手动配置相关选项的工作。

1．DHCP 服务器

DHCP 使用客户端 / 服务器模型，如图 5-40 所示。DHCP 服务器可以是基于 Windows 的服务器、基于 UNIX 的服务器，以及路由器、交换机等网络设备。

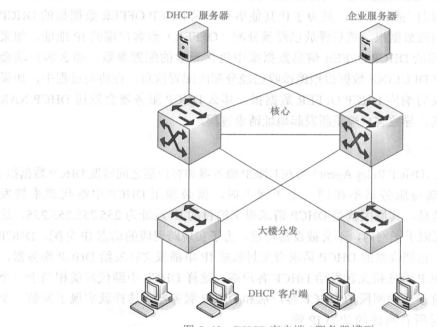

图 5-40　DHCP 客户端 / 服务器模型

无论 DHCP 服务器基于何种对象，其工作原理都是一样的，如图 5-41 所示。

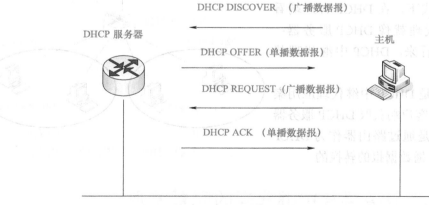

图 5-41　DHCP 服务器的工作原理

1）主机发送 DHCP DISCOVER 广播数据报在网络上寻找 DHCP 服务器。

2）DHCP 服务器向主机发送 DHCP OFFER 单播数据报，包含 IP 地址、MAC 地址、域

名信息以及地址租期。

3）主机发送 DHCP REQUEST 广播数据报，正式向服务器请求分配已提供的 IP 地址。

4）DHCP 服务器向主机发送 DHCP ACK 单播数据报，确认主机的请求。

DHCP 客户端可以接收到多个 DHCP 服务器的 DHCP OFFER 数据报，然后可能接收任何一个 DHCP OFFER 数据报，但客户端通常只接收到第一个 DHCP OFFER 数据报。另外，DHCP 服务器在 DHCP OFFER 中指定的地址不一定为最终分配的地址，通常情况下，DHCP 服务器会保留该地址直到客户端发出正式请求，正式请求 DHCP 服务器分配地址。DHCP REQUEST 采用广播数据报，是为了让其他所有发送 DHCP OFFER 数据报的 DHCP 服务器也能够接收到该数据报，然后释放已经预分配（OFFER）给客户端的 IP 地址。如果发送给 DHCP 客户端的 DHCP OFFER 信息数据报中包含无效的配置参数，那么客户端会向服务器发送 DHCP DECLINE 数据报拒绝接收已经分配的配置信息。在协商过程中，如果 DHCP 客户端没有及时响应 DHCP OFFER 数据报，那么 DHCP 服务器会发送 DHCP NAK 消息给 DHCP 客户端，导致客户端重新发起地址请求过程。

2．DHCP 中继代理

DHCP 中继代理（DHCP Relay Agent）可在 DHCP 服务器和客户端之间转发 DHCP 数据报。

当 DHCP 客户端与服务器不在同一个子网上时，就必须用 DHCP 中继代理来转发 DHCP 请求和应答消息。其原因就是 DHCP 请求报文的目的 IP 地址为 255.255.255.255，这种类型报文的转发局限于子网内，不会被设备转发。为了实现跨网段的动态 IP 分配，DHCP 中继代理就产生了。它把收到的 DHCP 请求报文封装成 IP 单播报文转发给 DHCP 服务器，同时，把收到的 DHCP 响应报文转发给 DHCP 客户端。这样 DHCP 中继代理就相当于一个转发站，负责沟通位于不同网段的 DHCP 客户端和 DHCP 服务器。这样就实现了安装一个 DHCP 服务器就可对所有网段的动态 IP 管理，即 Client-Relay Agent-Server（客户端—中继代理—服务器）模式的 DHCP 动态 IP 管理。在这种模式下，在 DHCP 客户端看来，DHCP 中继代理就像 DHCP 服务器；在 DHCP 服务器看来，DHCP 中继代理就像 DHCP 客户端。

图 5-42 所示是 DHCP 中继代理应用案例，其中，DHCP 客户端获取 DHCP 服务器提供的 IP 地址就是通过路由器作为 DHCP 中继代理来完成广播数据报的转换的。

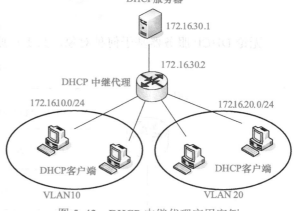

图 5-42　DHCP 中继代理应用案例

5.6.2　DHCP 服务器与中继代理的配置原则

1．DHCP 服务器的配置

介绍了 DHCP 的概念、DHCP 的工作原理、DHCP 中继代理的概念，接下来具体介绍

DHCP 是如何配置的，以及在配置 DHCP 服务器中需要注意哪些问题。要配置 DHCP 服务器，以下的 3 个配置任务是必须完成的。

（1）启用 DHCP 服务器和中继代理 若想将网络设备路由器或者三层交换机配置成为 DHCP 服务器或者 DHCP 中继代理，必须开启网络设备上的 DHCP 服务器和中继代理功能，配置命令如下。

```
Router(config)#service dhcp
```

（2）DHCP 排除地址配置 如果没有特别配置，DHCP 服务器会试图将在地址池中定义的所有子网地址分配给 DHCP 客户端。因此，如果想保留一些地址不分配，则必须明确定义这些地址是不允许分配给客户端的。配置 DHCP 服务器，一个好的习惯是将所有已明确分配的地址全部不允许进行 DHCP 分配，这样可以带来以下两个好处。

● 不会发生地址冲突。

● DHCP 分配地址时，减少了检测时间，从而提高了 DHCP 分配效率。

具体的配置命令如下。

```
Router(config)#ip dhcp excluded-address low-ip-address [ high-ip-address ]
```

该命令具体定义了被排除 IP 地址分配的范围，不会被分配给客户端。

（3）DHCP 地址池配置 DHCP 的地址分配以及给客户端传送的 DHCP 各项参数，都需要在 DHCP 地址池中进行定义。如果没有配置 DHCP 地址池，那么即使启用了 DHCP 服务器，也不能对客户端进行地址分配；但是如果启用了 DHCP 服务器，那么不管是否配置了 DHCP 地址池，DHCP 中继代理总是起作用的。

可以给 DHCP 地址池起个有意义、易记忆的名字，地址池的名字由字符和数字组成。一般的网络产品都可以定义多个地址池，根据 DHCP 请求数据报中的中继代理 IP 地址来决定分配哪个地址池的地址。

● 如果 DHCP 请求数据报中没有中继代理的 IP 地址，就分配与接收 DHCP 请求数据报接口的 IP 地址在同一子网或网络的地址给客户端。如果没定义这个网段的地址池，则地址分配失败。

● 如果 DHCP 请求数据报中有中继代理的 IP 地址，就分配与该地址在同一子网或网络的地址给客户端。如果没定义这个网段的地址池，则地址分配失败。

在根据实际情况定义地址池时，用户必须配置以下 3 个选项。

1）配置地址池的模式，具体的命令如下。

```
Router(config)#ip dhcp pool dhcp-pool
```

地址池的配置模式显示为 "Router(dhcp-config)#"。

2）配置地址池的子网及其掩码。

在地址池配置模式下，必须配置新建地址池的子网及其掩码，为 DHCP 服务器提供一个可分配给客户端的地址空间。除非有地址排除配置，否则所有地址池中的地址都有可能分配给客户端。DHCP 在分配地址池中的地址时是按顺序进行的，如果该地址已经在 DHCP 绑定表中或者检测到该地址已经在该网段中存在，就检查下一个地址，直到分配一个有效的地址，具体配置命令如下。

```
Router(dhcp-config)#network network-number mask
```

3）配置客户端默认网关。

默认网关的 IP 地址必须与 DHCP 客户端的 IP 地址在同一网络。要配置客户端的默认网关，在地址池配置模式中执行以下命令。

Router(dhcp-config)#default-router address [address2…address8]

在 DHCP 服务器中，地址池的配置十分重要。介绍了地址池配置中的 3 个必须配置的选项之后，接下来介绍工作任务中涉及的几个选项。

（1）配置地址租期　地址租期指的是客户端能够使用分配的 IP 地址的期限，默认情况下租期为 1 天。当租期快到时，客户端需要请求续租，否则过期后就不能使用该地址。要配置地址租期，在地址池配置模式中执行以下命令。

Router(dhcp-config)# lease {days [hours] [minutes] | infinite}

（2）配置客户端的域名　可以指定客户端的域名，这样当客户端通过主机名访问网络资源时，不完整的主机名会自动加上域名后缀形成完整的主机名。要配置客户端的域名，在地址池配置模式中执行以下命令。

Router(dhcp-config)#domain-name domain

（3）配置域名服务器　当客户端通过主机名访问网络资源时，需要指定 DNS 服务器进行域名解析。要配置 DHCP 客户端可使用的域名服务器，可在地址池配置模式中执行以下命令。

Router(dhcp-config)#dns-server address [address2…address8]

（4）配置 NetBIOS WINS 服务器　WINS 是微软 TCP/IP 网络解析 NetNBIOS 名字到 IP 地址的一种域名解析服务。WINS 服务器是一个运行在 Windows NT 下的服务器。当 WINS 服务器启动后，会接收从 WINS 客户端发送的注册请求，WINS 客户端关闭后，会向 WINS 服务器发送名字释放消息，这样 WINS 数据库中与网络上可用的计算机就保持一致了。

要配置 DHCP 客户端可使用的 NetBIOS WINS 服务器，在地址池配置模式中执行以下命令。

Router(dhcp-config)#netbios-name-server address [address2…address8]

（5）配置客户端 NetBIOS 结点类型　微软 DHCP 客户端的 NetBIOS 结点类型有 4 种：第一种为 Broadcast，广播型结点，通过广播方式进行 NetBIOS 名字解析；第二种为 Peer-to-peer，对等型结点，通过直接请求 WINS 服务器进行 NetBIOS 名字解析；第三种为 Mixed，混合型结点，先通过广播方式请求名字解析，再通过与 WINS 服务器连接进行名字解析；第四种为 Hybrid，复合型结点，首先直接请求 WINS 服务器进行 NetBIOS 名字解析，如果没有得到应答，就通过广播方式进行 NetBIOS 名字解析。

默认情况下，微软操作系统的结点类型为广播型或者复合型。如果没有配置 WINS 服务器，就为广播型结点；如果配置了 WINS 服务器，就为复合型结点。

要配置 DHCP 客户端 NetBIOS 结点类型，可在地址池配置模式中执行以下命令。

Router(dhcp-config)#netbios-node-type type

以上是有关 DHCP 服务器常用选项的介绍，对于有关 DHCP 服务器其他选项的介绍这里就不赘述了。

下面介绍一个关于配置地址池的案例。这里定义了一个地址池 net172，地址池网段为 172.16.1.0/24，默认网关为 172.16.16.254，域名为 rg.com，域名服务器为 172.16.1.253，NetBIOS 服务器为 172.16.1.252，NetBIOS 结点类型为复合型，地址租期为 30 天。该地址池

中除了 172.16.1.2 ～ 172.16.1.100 地址外，其余地址均为可分配地址。

具体配置显示如下。

> ip dhcp excluded-address 172.16.1.2 172.16.1.100
>
> （设置排除地址为 172.16.1.2 ～ 172.16.1.100）
>
> ip dhcp pool net172 （设置名为 net172 的地址池）
>
> network 172.16.1.0 255.255.255.0 （设置地址池为 172.16.1.0 255.255.255.0）
>
> default-router 172.16.1.254 （设置网关为 172.16.1.254）
>
> domain-name rg.com （设置域名为 rg.com）
>
> dns-server 172.16.1.253 （设置 DNS 服务器 IP 地址为 172.16.1.253）
>
> netbios-name-server 172.16.1.252 （设置 NetBIOS 服务器 IP 地址为 172.16.1.252）
>
> lease 30 （设置租期为 30 天）

2．手工地址绑定

在实际应用 DHCP 的方式去分配主机 IP 地址时，由于工作的需要，经常会遇到一个或者一些主机需要使用固定 IP 地址的情况，那么遇到这种情况该如何解决呢？

这里首先介绍一下 DHCP 服务器支持的 IP 地址分配机制。DHCP 支持以下 3 种 IP 地址分配机制。

（1）自动分配　IP 地址被永久性地分配给主机。

（2）动态分配　在限定的时间内将 IP 地址分配给主机，直到主机明确地归还该地址。通过使用这种机制，可以在主机不再需要地址时动态地重用分配给它的地址。

（3）手工配置　网络管理员将 IP 地址关联到特定的 MAC 地址；DHCP 用于将分配的地址提供给主机。

3 种 IP 地址分配方式中，只有动态分配可以重复使用客户端不再需要的地址。

了解了 DHCP 支持的 3 种 IP 分配机制，就可以利用其中的手工配置方式来实现将 DHCP 地址池中的一个或者一些地址进行手工绑定。要定义手工地址绑定，首先需要为每一个手工绑定定义一个主机地址池，然后定义 DHCP 客户端的 IP 地址、硬件地址或客户端标识。硬件地址就是 MAC 地址。微软客户端一般定义客户端标识，而不定义 MAC 地址，客户端标识包含了网络媒介类型和 MAC 地址。关于媒介类型的编码，请参见 RFC 1700 中的 **Address Resolution Protocol Parameters** 部分内容，以太网的类型为"01"。

要配置手工地址绑定，在地址池配置模式中执行以下命令。

1）定义地址池名，进入 DHCP 配置模式。

Router(config)#ip dhcp pool name

2）定义客户端 IP 地址。

Router(dhcp-config)#host address

3）定义客户端硬件地址，如 **aabb.bbbb.bb88**。

Router(dhcp-config)#hardware-address hardware-address type

4）定义客户端的标识，如 **01aa.bbbb.bbbb.88**。

Router(dhcp-config)#client-identifier unique-identifier

下面介绍一个有关手工地址绑定的配置案例。

这里对 MAC 地址为 00d0.df34.32a3 的 DHCP 客户端分配 IP 地址为 172.16.1.101，掩码为 255.255.255.0，主机名为 Billy.rg.com，默认网关为 172.16.1.254，NetBIOS 服务器为 172.16.1.252，NetBIOS 结点类型为复合型。

具体配置显示如下。

```
ip dhcp pool Billy　（设置名为 Billy 地址池）
host 172.16.1.101 255.255.255.0　（设置客户端 IP 地址为 172.16.1.101）
hardware-address 00d0.df34.32a3 ethernet　（设置客户端硬件地址）
client-name Billy
default-router 172.16.1.254　（设置默认网关）
domain-name rg.com　（设置域名）
dns-server 172.16.1.253　（设置 DNS 服务器 IP 地址）
netbios-name-server 172.16.1.252　（设置 NetBIOS 服务器的 IP 地址）
netbios-node-type h-node
```

3．DHCP 中继代理的配置

在中型或者大型网络建设中，必须部署多个网段的 IP 地址才能满足用户的需求。分配大量的主机 IP 对于管理员来说工作量非常大，为了提高工作效率，同时能更方便地分配和管理 IP，采用部署 DHCP 服务器的方式。如果企业为了节省成本，只在网络内部署一台 DHCP 服务器来解决多个网段 IP 的分配任务，那么就要用到 DHCP 中继代理。

下面介绍 DHCP 服务器与 DHCP 中继代理在具体配置上有什么共同点和区别。

● 共同点：DHCP 服务器与 DHCP 中继代理在做具体应用之前都要先开启设备的 DHCP 功能。

● 区别：DHCP 服务器是用来为客户端分配主机 IP 以及 TCP/IP 相关参数的，所以，DHCP 服务器重点配置 DHCP 地址池的相关选项。而 DHCP 中继代理作为客户端与 DHCP 服务器之间的中转站，它只需要配置 DHCP 服务器的 IP 地址。在配置 DHCP 服务器的 IP 地址后，设备所收到的 DHCP 请求报文将转发给它，同时，收到的来自服务器的 DHCP 响应报文也会转发给客户端。

DHCP 服务器地址可以全局配置，也可以在三层接口上配置。每种配置模式都可以配置多个服务器地址，最多可以配置 20 个服务器地址。在某接口收到 DHCP 请求，则首先使用接口 DHCP 服务器；如果接口上面没有配置服务器地址，则使用全局配置的 DHCP 服务器。

● 添加一个全局的 DHCP 服务器地址。

```
Router(config)#IP helper-address A.B.C.D
```

● 添加一个接口的 DHCP 服务器地址。

```
Router(config-if)#IP helper-address A.B.C.D
```

此命令必须在三层接口下设置。

下面介绍 DHCP 中继代理配置案例。

下面的命令打开了 dhcp relay 功能，添加了两组服务器地址。

```
Router#configure terminal
```

```
Router(config)#service dhcp  （打开 dhcp relay 功能）
Router(config)#ip helper-address 192.18.100.1 （添加全局服务器地址）
Router(config)#ip helper-address192.18.100.2 （添加全局服务器地址）
Router(config)#interface GigabitEthernet 0/3
Router(config-if)#ip helper-address 192.18.200.1 （添加接口服务器地址）
Router(config-if)#ip helper-address 192.18.200.2 （添加接口服务器地址）
Router(config-if)#end
```

5.6.3 DHCP 配置案例

1．案例描述

某公司有 4 个部门，每个部门对应 1 个 VLAN，为了降低手工配置主机 IP 的工作量，公司的网络管理员想利用 DHCP 动态分配 IP 地址，为了降低成本又不想搭建 DHCP 服务器，想利用现有的路由器配置 DHCP 服务器。

5.6.3 DHCP 配置案例 1

5.6.3 DHCP 配置案例 2

图 5-43 所示为公司拓扑结构图，拓扑结构图是对该公司环境的模拟。4 个部门分别通过二层交换机 A、二层交换机 B 与三层交换机 C 相连，三层交换机 C 与路由器 A 相连，路由器 A 担任 DHCP 服务器。

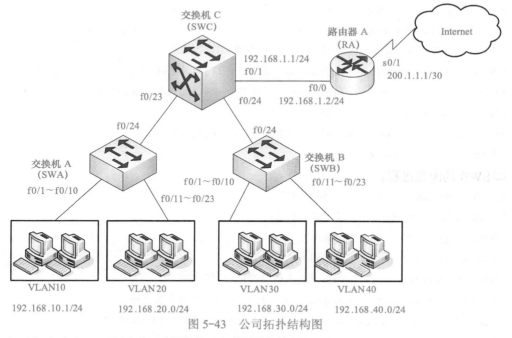

图 5-43　公司拓扑结构图

为了提高主机 IP 地址分配的效率，具体要求如下。

1）开启路由器 A 的 DHCP 功能。

路由器 A 的 DHCP 地址池分别如下。

地址池 1：192.168.10.0/24。

地址池 2：192.168.20.0/24。

地址池 3：192.168.30.0/24。

地址池 4：192.168.40.0/24。

其中，192.168.10.200 ～ 192.168.10.254 作为服务器群的地址将从地址池 1 中被排除。同时，要求路由器 A 自动分配给客户端域名 **gd.com**，域名服务器地址为 192.168.10.253，NetBIOS 服务器地址为 192.168.10.252，NetBIOS 结点类型为复合型，地址租期为 7 天，并要求给主机 VLAN10 的 IP 地址为 192.168.10.10。

2）三层交换机 C 作为 PC 与路由器 A 之间的网络设备，开启 DHCP 中继功能，实现 DHCP 中继的作用。

3）成功实现部门 PC 动态获取主机 IP 地址。

2．配置过程

1）二层交换机 SWA、SWB 的配置过程如下。

①SWA 的配置过程。

```
Switch#config terminal    （进入全局配置模式）
Switch(config)#hostname SWA    （配置主机名）
SWA(config)#vlan 10    （划分 VLAN10）
SWA(config)#vlan 20    （划分 VLAN20）
SWA(config)#interface range f0/1-10    （进入连续的接口配置模式）
SWA(config-rang-if)#switchport mode access    （将 1 ～ 10 口设置为接入模式）
SWA(config-rang-if)#switchport access vlan 10    （将 1 ～ 10 口加入 VLAN10 中）
SWA(config)#interface range f0/11-23    （进入连续的接口配置模式）
SWA(config-rang-if)#switchport mode access    （将 11 ～ 23 口设置为接入模式）
SWA(config-rang-if)#switchport access vlan 20    （将 11 ～ 23 口加入 VLAN20 中）
SWA(config)#interface f0/24    （进入接口模式）
SWA(config-if)#switchport mode trunk    （将 24 口设置为中继模式）
SWA#show run    （查看配置内容）
```

②SWB 的配置过程。

```
Switch#config terminal    （进入全局配置模式）
Switch(config)#hostname SWB    （配置主机名）
SWB(config)#vlan 30    （划分 VLAN30）
SWB(config)#vlan 40    （划分 VLAN40）
SWB(config)#interface range f0/1-10    （进入连续的接口配置模式）
SWB(config-rang-if)#switchport mode access    （将 1 ～ 10 口设置为接入模式）
SWB(config-rang-if)#switchport access vlan 30    （将 1 ～ 10 口加入 VLAN30 中）
SWB(config)#interface range f0/11-23    （进入连续的接口配置模式）
SWB(config-rang-if)#switchport mode access    （将 11 ～ 23 口设置为接入模式）
SWB(config-rang-if)#switchport access vlan 40    （将 11 ～ 23 口加入 VLAN40 中）
SWB(config)#interface f0/24    （进入接口模式）
SWB(config-if)#switchport mode trunk    （将 24 口设置为中继模式）
```

SWB#show run （查看配置内容）

2）三层交换机 SWC 的配置过程。

Switch#config terminal （进入全局配置模式）

Switch(config)#hostname SWC （配置主机名）

SWC(config)#vlan 10 （划分 VLAN10）

SWC(config)#vlan 20 （划分 VLAN20）

SWC(config)#vlan 30 （划分 VLAN30）

SWC(config)#vlan 40 （划分 VLAN40）

SWC(config)#interface f0/23 （进入接口模式）

SWC(config-if)#switchport mode trunk （将 23 口设置为中继模式）

SWC(config)#interface f0/24 （进入接口模式）

SWC(config-if)#switchport mode trunk （将 24 口设置为中继模式）

SWC(config)#interface vlan 10 （进入 SVI 接口模式）

SWC(config-if)#ip address 192.168.10.254 255.255.255.0 （配置 SVI 接口 IP 地址）

SWC(config-if)#no shutdown （将接口开启）

SWC(config)#interface vlan 20 （进入 SVI 接口模式）

SWC(config-if)#ip address 192.168.20.254 255.255.255.0 （配置 SVI 接口 IP 地址）

SWC(config-if)#no shutdown （将接口开启）

SWC(config)#interface vlan 30 （进入 SVI 接口模式）

SWC(config-if)#ip address 192.168.30.254 255.255.255.0 （配置 SVI 接口 IP 地址）

SWC(config-if)#no shutdown （将接口开启）

SWC(config)#interface vlan 40 （进入 SVI 接口模式）

SWC(config-if)#ip address 192.168.40.254 255.255.255.0 （配置 SVI 接口 IP 地址）

SWC(config-if)#no shutdown （将接口开启）

SWC(config)#interface f0/1 （进入 1 口的接口模式）

SWC(config-if)#no switchport （开启 1 口的路由功能）

SWC(config-if)#ip address 192.168.1.1 255.255.255.0 （配置接口 IP 地址）

SWC(config-if)#no shutdown （将接口开启）

SWC#show run （查看配置内容）

3）路由器 RA 的配置过程。

Router#config terminal （进入全局配置模式）

Router(config)#hostname RA （配置主机名）

RA(config)#interface f0/0 （进入 0 口的接口模式）

RA(config-if)#ip address 192.168.1.2 255.255.255.0 （配置接口 IP 地址）

RA(config-if)#no shutdown （将接口开启）

RA(config)#interface s0/1 （进入串口的接口模式）

RA(config-if)#ip address 200.1.1.1 255.255.255.252 （配置串口的 IP 地址）

RA(config-if)#no shutdown （将接口开启）

RA#show run （查看配置内容）

4）配置路由协议。

若想成功获取主机 IP 地址，前提是网络必须畅通，现在来完成路由协议的配置。

①三层交换机 SWC 配置路由。

SWC(config)#ip route 0.0.0.0 0.0.0.0 192.168.1.2 （配置默认路由）

②路由器 RA 配置路由。

RA(config)#ip route 192.168.10.0 255.255.255.0 192.168.1.1 （配置静态路由）

RA(config)#ip route 192.168.20.0 255.255.255.0 192.168.1.1 （配置静态路由）

RA(config)#ip route 192.168.30.0 255.255.255.0 192.168.1.1 （配置静态路由）

RA(config)#ip route 192.168.40.0 255.255.255.0 192.168.1.1 （配置静态路由）

利用 show ip route 查看路由的配置情况，利用 ping 命令验证联通性。

5）配置 DHCP 服务器。

RA(config)#service dhcp （开启 DHCP 服务器）

RA(config)#ip dhcp pool global （配置全局地址名称为"global"）

RA(dhcp-config)#network 192.168.0.0 255.255.255.0 （配置地址池的地址）

RA(dhcp-config)#domain-name gd.com （配置 DHCP 服务器的域名）

RA(dhcp-config)#dns-server 192.168.10.253 （配置 DNS 服务器的地址）

RA(dhcp-config)#netbios-name-server 192.168.10.252 （配置 WINS 服务器的地址）

RA(dhcp-config)#netbios-node-type h-node （配置 DHCP 服务器的结点类型为复合型）

RA(dhcp-config)#lease 7 0 0 （配置地址租期为 7 天）

RA(dhcp-config)#ip dhcp pool vlan10 （配置子地址池名称"VLAN10"）

RA(dhcp-config)#network 192.168.10.0 255.255.255.0 （配置地址池的地址）

RA(dhcp-config)#default-router 192.168.10.254 （配置默认网关地址）

RA(dhcp-config)# ip dhcp pool vlan20 （配置子地址池名称"VLAN20"）

RA(dhcp-config)#network 192.168.20.0 255.255.255.0 （配置地址池的地址）

RA(dhcp-config)#default-router 192.168.20.254 （配置默认网关地址）

RA(dhcp-config)# ip dhcp pool vlan30 （配置子地址池名称"VLAN30"）

RA(dhcp-config)#network 192.168.30.0 255.255.255.0 （配置地址池的地址）

RA(dhcp-config)#default-router 192.168.30.254 （配置默认网关地址）

RA(dhcp-config)# ip dhcp pool vlan40 （配置子地址池名称"VLAN40"）

RA(dhcp-config)#network 192.168.40.0 255.255.255.0 （配置地址池的地址）

RA(dhcp-config)#default-router 192.168.40.254 （配置默认网关地址）

RA(dhcp-config)# ip dhcp excluded-address 192.168.10.200 192.168.10.254

（配置 DHCP 排除地址范围）

RA(config)#ip dhcp pool mac-ip （建立手工绑定地址池名称）

RA(dhcp-config)#hardware-address 0001.0001.0001 （配置绑定的 MAC 地址）

RA(dhcp-config)#host 192.168.10.10 255.255.255.0 （配置绑定的 IP 地址）

RA(dhcp-config)#domain-name gd.com （配置 DHCP 服务器的域名）

RA(dhcp-config)#dns-server 192.168.10.253 （配置 DNS 服务器的地址）

RA(dhcp-config)#netbios-name-server 192.168.10.252 （配置 WINS 服务器的地址）

RA(dhcp-config)#netbios-node-type h-node （配置 DHCP 服务器的结点类型为复合型）

RA(dhcp-config)#default-router 192.168.10.254 （配置默认网关地址）

6）配置中继代理。

SWC#config terminal

SWC(config)#serice dhcp （开启 DHCP 服务）

SWC(config)#interface vlan 10

SWC(config-if)#ip helper-address 192.168.1.2

（配置 VLAN10 的 DHCP 中继及 DHCP 服务器地址）

SWC(config)#interface vlan 20

SWC(config-if)#ip helper-address 192.168.1.2

（配置 VLAN20 的 DHCP 中继及 DHCP 服务器地址）

SWC(config)#interface vlan 30

SWC(config-if)#ip helper-address 192.168.1.2

（配置 VLAN30 的 DHCP 中继及 DHCP 服务器地址）

SWC(config)#interface vlan 40

SWC(config-if)#ip helper-address 192.168.1.2

（配置 VLAN40 的 DHCP 中继及 DHCP 服务器地址）

在客户端上验证 IP 地址获取情况，如图 5-44 所示（已成功获取 IP 地址）。

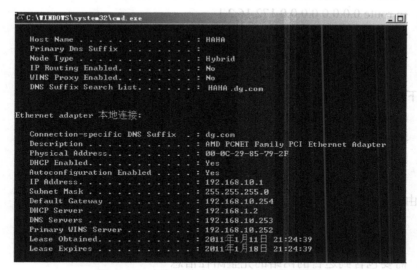

图 5-44　在客户端上验证 IP 地址获取情况

5.7　本章习题

5-1 选择题

1. 适合在大型网络中使用的路由表配置方法有（　　　）。

A. RIP B. OSPF C. 静态路由 D. 默认路由

2. 动态路由协议（RIP）采用了（　　）算法。

  A. 距离—矢量 B. 链路—状态   C. 距离—状态   D. 链路—向量

3. 解决路由环问题的方法有（　　）。

  A. 水平分割   B. 路由保持法

  C. 路由器重启   D. 定义路由权的最大值

4. （　　）是路由信息中所不包含的。

  A. 源地址   B. 下一跳   C. 目标网络   D. 路由权值

5. 如果一个内部网络对外的出口只有一个，那么最好配置（　　）。

  A. 默认路由   B. 主机路由   C. RIP   D. OSPF

6. （　　）路由协议存在路由自环问题。

  A. RIP   B. BGP   C. OSPF   D. IS-IS

7. （　　）表项要由网络管理员手动配置。

  A. 静态路由   B. 直接路由

  C. 动态路由   D. 以上说法都不正确

8. 在计算机中配置网关，类似于在路由器中配置（　　）。

  A. 直接路由   B. 默认路由   C. 动态路由   D. 间接路由

9. 在 RIP 中，metric 等于（　　）为不可达。

  A. 8   B. 10   C. 15   D. 16

10. 以下配置默认路由的命令正确的是（　　）。

  A. ip route 0.0.0.0 0.0.0.0 172.16.2.1

  B. ip route 0.0.0.0 255.255.255.255 172.16.2.1

  C. ip router 0.0.0.0 0.0.0.0 172.16.2.1

  D. ip router 0.0.0.0 0.0.0.0 172.16.2.1

11. 以下对于默认路由描述正确的是（　　）。

  A. 默认路由是优先被使用的路由

  B. 默认路由是最后一条被使用的路由

  C. 默认路由是一种特殊的静态路由

  D. 默认路由是一种特殊的动态路由

12. 路由器中的路由表（　　）。

  A. 需要包含到达所有主机的完整路径信息

  B. 需要包含到达目的网络的下一步路径信息

  C. 需要包含到达目的网络的完整路径信息

  D. 需要包含到达所有主机的下一步路径信息

13. 以下正确描述了路由器启动时的顺序的是（　　）。

  A. 加载 bootstrap、加载 iOS、应用配置

  B. 加载 bootstrap、应用配置、加载 iOS

  C. 加载 iOS、加载 bootstrap、应用配置、检查硬件

  D. 检查硬件、应用配置、加载 bootstrap、加载 iOS

14. 当外发接口不可用时，路由表中的静态路由条目的变化为（　　　　）。

    A．该路由将从路由表中删除

    B．路由器将轮询邻居以查找替用路由

    C．该路由将保持在路由表中，因为它是静态路由

    D．路由器将重定向该静态路由，以补偿下一跳设备的缺失

15. 如图 5-45 所示，目的地为 172.16.0.0 网络的数据报，（　　　　）。

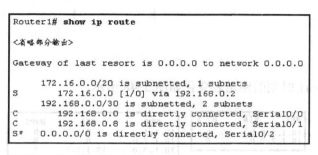

图 5-45　第 5 章习题图（1）

    A．Router1 会执行递归查找，数据报将从 S0/0 接口发出

    B．Router1 会执行递归查找，数据报将从 S0/1 接口发出

    C．没有与 172.16.0.0 网络关联的匹配接口，因此数据报将被丢弃

    D．没有与 172.16.0.0 网络关联的匹配接口，因此数据报将采用"最后选用网关"
从 S0/2 接口发出

5-2 实践题

1. 对于图 5-46 所示的网络环境，为了使所有相关的网络段全部可以互通，如何为路由器 R1、R2、R3 和 R4 配置静态路由？

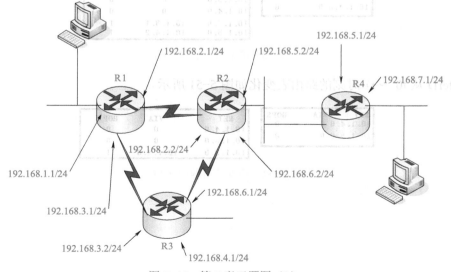

图 5-46　第 5 章习题图（2）

2. 对应图 5-47 所示的网络环境，从 t0～t1 时刻，处于 RIP 环境中的各路由器的路由表变化如图 5-48～图 5-51 所示。若再经过一个更新周期的时间，请写出路由器 Router A、Router B 的路由表。

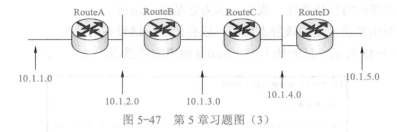

图 5-47　第 5 章习题图（3）

RouterA 从 t0～t1 时刻的路由表变化如图 5-48 所示。

NET	VIA	HOPS
10.1.1.0	0	0
10.1.2.0	0	0

NET	VIA	HOPS
10.1.1.0	0	0
10.1.2.0	0	0
10.1.3.0	10.1.2.2	1

图 5-48　第 5 章习题图（4）

RouterB 从 t0～t1 时刻的路由表变化如图 5-49 所示。

NET	VIA	HOPS
10.1.2.0	0	0
10.1.3.0	0	0

NET	VIA	HOPS
10.1.2.0	0	0
10.1.3.0	0	0
10.1.1.0	10.1.2.1	1
10.1.4.0	10.1.3.2	1

图 5-49　第 5 章习题图（5）

RouterC 从 t0～t1 时刻的路由表变化如图 5-50 所示。

NET	VIA	HOPS
10.1.3.0	0	0
10.1.4.0	0	0

NET	VIA	HOPS
10.1.3.0	0	0
10.1.4.0	0	0
10.1.2.0	10.1.3.1	1
10.1.5.0	10.1.4.2	1

图 5-50　第 5 章习题图（6）

RouterD 从 t0～t1 时刻的路由表变化如图 5-51 所示。

NET	VIA	HOPS
10.1.4.0	0	0
10.1.5.0	0	0

NET	VIA	HOPS
10.1.4.0	0	0
10.1.5.0	0	0
10.1.3.0	10.1.4.0	1

图 5-51　第 5 章习题图（7）

第6章 网络管理与维护

6.1 网络管理技术

随着网络在社会生活中的广泛应用，特别是在金融、商务、政府机关、军事以及工业生产过程控制等方面的应用，支持各种信息系统的网络变得越来越重要。随着网络规模的不断扩大，网络结构也变得越来越复杂。用户对网络应用的需求不断提高，企业和个人用户对计算机网络的依赖程度也越来越高。在这种情况下，企业的管理者和个人用户对网络的性能、运行情况以及网络的安全性也越来越重视。因此，网络管理已经成为当前网络技术中最重要的问题之一，也是网络设计与规划、组建、运行与维护等各个环节的关键问题之一，一个高效且实用的网络时时刻刻都离不开网络管理。

6.1.1 网络管理概述

随着信息技术的发展与普及，计算机网络在各种信息系统中的作用变得越来越重要。计算机网络覆盖的范围日益增加，大型网络通常跨越多个广域网。网络用户数目不断增加，网络中存在大量的计算机设备和集线器、网桥、路由器等互联设备。除此之外，网络共享数据量和通信量剧增，应用软件类型不断增加，网络对不同操作系统的兼容性要求不断提高。这些因素导致对网络的管理越来越复杂，网络高效运行就显得格外重要。

1. 网络管理的基本概念

网络管理是指管理员通过管理程序对网络上的资源进行集中化管理的操作。网络管理可控制一个复杂的计算机网络，使它具有最高的效率和生产力。根据进行网络管理的系统的能力，这一过程通常包括数据收集、数据处理、数据分析和产生用于网络管理的报告。

狭义的网络管理指的是对网络通信流量的管理，广义的网络管理是指对整个计算机网络的系统管理。网络管理包括网络的运行、处理、维护和服务提供等所需要的各种活动。这里讨论的网络管理主要包含以下3个方面的内容。

（1）网络服务提供 向用户提供新的服务类型，增加网络设备，提高网络性能。

（2）网络维护 包括网络性能监控、故障报警、故障诊断、故障隔离。

（3）网络处理　网络线路、设备利用率数据的采集、分析，以及提高网络利用率的各种控制。

典型的网络管理体系结构如图6-1所示。

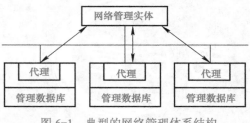

图 6-1　典型的网络管理体系结构

2．网络管理的目标

网络管理的目标就是满足运营者及用户对网络的有效性、可靠性、开放性、综合性、安全性和经济性的要求。

- 网络应该具有有效性，能够准确及时地传递信息。
- 网络应该具有可靠性，必须保证能够稳定地运行，对各种故障有一定的抵抗力。
- 网络应该具有开放性，能够接受众多厂商生产的各种设备。
- 网络应该具有综合性，支持多种服务，业务丰富、不单一。
- 网络应该具有安全性，通信具有安全保障。
- 网络应该具有经济性，建设、运营、维护网络的成本要小。

3．网络管理的发展趋势

目前，开放分布式管理架构和智能代理技术等代表了网络管理技术的一些发展趋势，下面简单介绍。

（1）开放分布式管理架构　开放分布式管理架构（Open Distributed Management Architecture，ODMA）为分布式系统的管理系统。在分布式环境下，ODMA系统管理可以和其他技术结合使用。ODMA定义了开放分布式管理的通用框架，它是从OSI系统管理和ODP IDL等管理范例的特定解释中抽象得出的。

ODMA框架提供了分布式资源、系统和应用的分布式管理的特定结构。ODMA为开放分布式管理提供了一个基于ODP的体系结构。它是OSI系统管理的扩展，可支持OSI系统管理中定界、过滤和全局命名的特性。ODMA可以看作提供了跨越TMN和分布式应用管理的基本体系结构的起点，ODMA最有可能被TMN采纳为其分布式处理和管理的体系结构。

（2）智能代理　智能代理（Intelligence Agent，IA）来源于人工智能（AI）技术，特别是分布式人工智能这个领域。在网络管理中，IA是一个有自主性的计算实体，它具有一定的智能，能够预先定义激活。

目前，IA在网络管理中的应用主要有以下两个方面。

- 利用IA对管理信息进行语义处理，并做出决定。
- 研究移动代理在网络管理中的应用，这方面的研究可能会对网络管理体系结构产生较大的影响。

6.1.2　网络管理功能

为了实现网络管理的目标，网络管理需要建立一套策略以便在服务层面上满足不同的用户需求。目前ISO定义了网络管理的五大功能域，即配置管理、故障管理、性能管理、安全管理和计费管理。

1．配置管理

配置管理的功能是监视和管理所有的网络设备参数的配置，以便随时了解系统网络的拓扑结构以及所交换的信息，包括连接前的静态设定和连接后的动态更新。配置管理调用客体管理功能、状态管理功能和关系管理功能。

配置管理初始化并配置网络，以使其提供网络服务。配置管理的目的是实现某个特定功能或使网络性能达到最优。

配置管理包含以下几个典型功能：配置信息的自动获取，自动配置、自动备份及相关技术，配置一致性检查，用户操作记录功能。

2．故障管理

故障管理是网络管理中最基本的功能之一。当计算机网络中的某个成员部分失效时，网络管理器必须能够迅速查找到故障并及时排除。通常不大可能很迅速地隔离某个故障，因为网络故障的产生原因往往相当复杂，特别是当故障由多个网络成员共同引起时。在此情况下，一般先将网络修复，然后分析网络故障的原因。分析故障原因对于防止类似故障的再发生相当重要。

故障管理的目标是自动监测、记录网络故障并通知用户，找出故障的位置并进行修复，以便网络能够有效地运行。

故障管理包含以下几个典型功能：检查错误日志，接收错误检测报告并做出响应，跟踪、辨认错误，执行诊断测试，纠正错误。

3．性能管理

性能管理的功能是统计网络的使用状况，根据网络的使用情况进行扩充，确定设置的规划。其目标是衡量和呈现网络性能的各个方面，使网络的性能维持在一个用户可以接受的水平上。网络性能可以由性能变量衡量，常见的性能变量有网络吞吐量、用户响应时间和线路利用率。性能分析的结果可能会触发某个诊断测试过程或重新配置网络以维持网络的性能。性能管理收集和分析有关被管网络当前状况的数据信息，并维持和分析性能日志。

性能管理包含以下几个步骤。

1）收集网络管理者感兴趣的性能变量参数。

2）分析这些参数，以判断网络是否处于正常水平。

3）为每个重要的变量决定一个适合的性能阈值，超过该阈值就意味着网络有故障。

性能管理的一些典型功能包括网络性能监测、阈值控制、网络性能分析、可视化的性能报告。

4．安全管理

安全性是衡量一个网络质量的关键因素之一，用户对网络安全的要求日益提高，网络安全管理就显得非常重要。网络中主要涉及的安全问题如下。

1）保护网络数据的私有性（禁止网络数据被侵入者非法获取）。

2）授权（防止侵入者在网络上发送错误信息）。

3）访问控制（控制对网络资源的访问）。

安全管理限制非法用户窃取或修改网络中的重要数据。其目标是按照本地的指导来控制对网络资源的访问，以保证网络不被侵害，并保证重要的信息不被未授权的用户访问。

安全管理子系统将网络资源分为授权和未授权两大类。它执行以下几种功能：标识重要的网络资源，确定重要的网络资源和用户集间的映射关系，监视对重要网络资源的访问，记录对重要网络资源的非法访问。

5．计费管理

计费管理记录用户使用网络资源的数据，调整用户使用网络资源的配额和记账收费。其目标是衡量网络的利用率，以便一个或一组用户可以按规则利用网络资源，这样的规则可使网络故障减到最少，也可以使所有用户对网络的访问更加公平。

为了达到合理的计费管理目的，首先必须通过性能管理测量出所有重要网络资源的利用率，对其结果的分析使得用户对当前的应用模式具有更深入的了解，并可以在该点设置定额。对资源利用率的测量可以产生计费信息，并产生可用来估价费率的信息，以及可用于资源利用率优化的信息。

计费管理对一些公共商业网络尤为重要，它可以估算出用户使用网络资源可能需要的费用和代价，以及已经使用的资源。网络管理员还可规定用户可使用的最大费用，从而控制用户过多占用和使用网络资源，这也从另一方面提高了网络的效率。另外，当用户为了一个通信目的而需要使用多个网络中的资源时，计费管理可以计算总计费用。

计费管理包含以下几个典型功能：计费数据采集，数据管理与维护，计费政策制定，数据分析与费用计算，数据查询。

6.1.3 网络管理协议

随着网络的不断发展，规模不断增大，复杂性不断增加，简单的网络管理技术已不能适应网络迅速发展的要求。早期的网络管理系统往往是厂商在自己的网络系统中开发的专用系统，很难对其他厂商的网络系统、通信设备软件等进行管理，这种状况很不适应网络异构互联的发展趋势。20 世纪 80 年代初期，Internet 的出现和发展使人们进一步意识到了这一点。开发者迅速展开了对网络管理的研究，并提出了多种网络管理方案，包括简单网络管理协议（Simple Network Management Protocol，SNMP）、公共管理信息协议（Common Management Information Protocol，CMIP）等。

CMIP 位于应用层，直接为管理者和代理者提供服务，实体中包含 3 种服务元素：公共管理信息服务元素（CMISE）、联系控制元素（ACSE）和远程操作服务元素（ROSE）。

图 6-2 所示为管理信息通信模型，管理者和代理实体利用 CMISE 提供的服务建立联系，实行管理信息的交换。而 CMISE 利用 ACSE 控制联系的建立、释放和撤销，利用 ROSE 实现远程操作和事件报告。ROSE 向远程系统以异步的方式发送请求和接收应答，即发出一个请求后，在收到

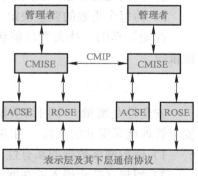

图 6-2 管理信息通信模型

它的应答之前，可以继续发送其他请求或者接收其他请求的应答。

CMIP 的优点在于：它的每个变量不仅传递信息，而且还完成一定的网络管理任务。这是 CMIP 的最大特点，在 SNMP 中是不可能实现的。这样可减少管理者的负担并减少网络负载。它拥有验证、访问控制和安全日志等一整套安全管理方法。

但是，CMIP 的缺点也同样明显：它是一个大而全的协议，使用时其资源占用量是 SNMP 的数十倍。它对硬件设备的要求比人们所能提供的要高得多。由于它要在网络代理上运行数量相当大的进程，所以大大增加了网络代理的负担。它的管理数据库也过分复杂。

SNMP 和 CMIP 在性能上的差异见表 6-1。

表 6-1　SNMP 和 CMIP 在性能上的差异

比较的内容	SNMP	CMIP
使用的体系结构	TCP/IP 互联网、以太网	OSI
特点与支持	实现、理解和排错简单，有较多厂家的产品支持	复杂、实施费用较高，支持厂家较少，TMN 会使用到
安全性	较差	面向对象，分布控制，安全性高
管理方式	管理进程、管理代理	交给管理者，减轻了用户的工作负担
授权	无安全管理机制	建立安全管理机制，提供授权、访问控制、安全日志
监控机制	轮询机制	报告机制，需要性能强大的 CPU、大容量的 RAM

6.2　网络管理软件

6.2.1　Wireshark

1．Wireshark 软件介绍

Wireshark（前称 Ethereal）是一个网络封包分析软件，这个强大的工具可以捕捉网络中的数据，并为用户提供关于网络和上层协议的各种信息。在过去，网络封包分析软件是非常昂贵的，或是专门盈利用的软件。Ethereal 的出现改变了这一现象。在 GNUGPL 通用许可证的保障范围下，使用者可以免费获得软件与其源代码，并拥有针对其源代码修改及自定义的权利。Wireshark 是目前全世界应用最广泛的网络封包分析软件之一。

网络管理员使用 Wireshark 来检测网络问题，网络安全工程师使用 Wireshark 来检查与信息安全相关的问题，开发者使用 Wireshark 来为新的通信协定除错，普通使用者使用 Wireshark 来学习网络协定的相关知识。Wireshark 不是入侵检测系统（Intrusion Detection System，IDS）。对于网络上的异常流量行为，Wireshark 不会产生警示或任何提示。然而，仔细分析 Wireshark 获取的封包能够帮助使用者对网络行为有更清楚的了解。Wireshark 不会对网络封包产生的内容进行修改，它只会反映目前流通的封包信息。Wireshark 本身也不会送出封包至网络上。

下载 Wireshark，安装后的登录界面如图 6-3 所示。图 6-3 中上方的菜单项用于对

Wireshark 进行配置，部分菜单项介绍如下。

- File（文件）：打开或保存捕获的信息。
- Edit（编辑）：查找或标记报文，进行全局配置。
- View（查看）：设置 Wireshark 的视图。
- Go（转到）：跳转到捕获的数据。
- Capture（捕获）：设置过滤器并开始捕获。
- Analyze（分析）：设置分析选项。
- Statistics（统计）：查看 Wireshark 的统计信息。
- Help（帮助）：查看本地或者在线支持。

图 6-3　Wireshark 登录界面

Wireshark 使用 WinPCAP 作为接口，直接与网卡进行数据报文交换。Wireshark 可捕获机器上的某一块网卡的网络数据报，当机器上有多块网卡的时候，需要选择一个网卡。选择 Caputre → Interfaces 命令，出现图 6-4 所示对话框，选择正确的网卡，然后单击"Start"按钮，开始捕捉。Wireshark 会捕捉系统发送和接收的每一个报文。如果抓取的接口是无线接口并且选项选择的是混合模式，那么会看到网络上的其他报文。如图 6-5 所示，上端面板每一行对应一个网络报文，默认显示报文接收时间（相对开始抓取的时间点）、源 IP 地址和目标 IP 地址，使用的协议和报文相关信息。单击某一行可以在下面的两个面板看到更多信息。单击"+"图标可显示报文里面每一层的详细信息。底端面板同时以十六进制和 ASCII 码的方式列出报文内容。

图 6-4　网卡选择

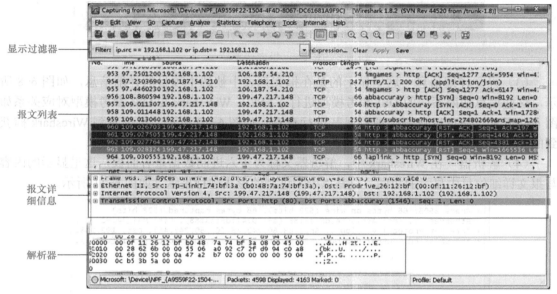

图 6-5　抓取的报文

图 6-5 显示内容的详细介绍如下。

（1）过滤器　使用过滤器是非常重要的，初学者使用 Wireshark 时，将会得到大量的冗余信息，在几千甚至几万条记录中很难找到自己需要的部分。过滤器会帮助人们在大量的数据中迅速找到所需要的信息。过滤器有两种：一种是显示过滤器，用来在捕获的记录中找到所需要的记录；另外一种是捕获过滤器，用来过滤捕获的报文，以免捕获太多的记录。选择 Capture → Capture Filters 命令可打开过滤器。要想保存过滤，需在过滤器的 Filter 栏中输入 Filter 的表达式，单击 Save 按钮进行命名，如 "Filter 102"，Filter 栏中就多了一个 "Filter 102" 的按钮，如图 6-6 所示。

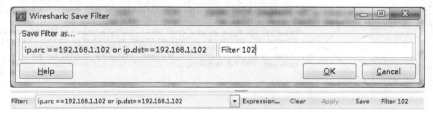

图 6-6　保存过滤

（2）报文列表　报文列表中显示所有已经捕获的报文，在这里可以看到发送方或接收方的 MAC/IP 地址、TCP/UDP 端口号、协议或报文的内容，如图 6-7 所示。不同的协议使用了不同的颜色加以显示，也可以修改这些显示颜色的规则（可通过选择 View → Coloring Rules 命令修改显示颜色的规则）。

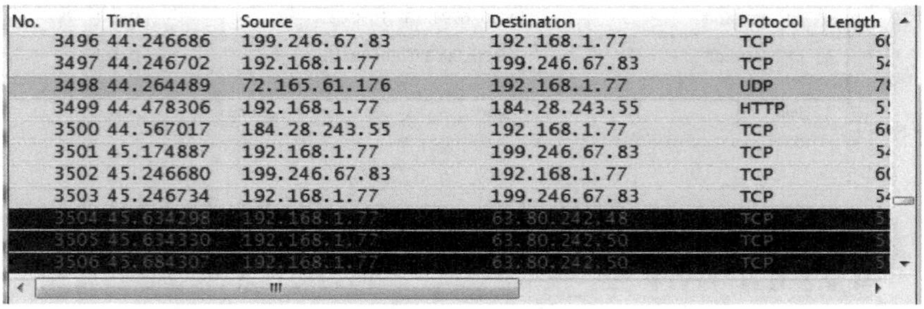

No.	Time	Source	Destination	Protocol	Length
3496	44.246686	199.246.67.83	192.168.1.77	TCP	6C
3497	44.246702	192.168.1.77	199.246.67.83	TCP	54
3498	44.264489	72.165.61.176	192.168.1.77	UDP	78
3499	44.478306	192.168.1.77	184.28.243.55	HTTP	5!
3500	44.567017	184.28.243.55	192.168.1.77	TCP	6C
3501	45.174887	192.168.1.77	199.246.67.83	TCP	54
3502	45.246680	199.246.67.83	192.168.1.77	TCP	6C
3503	45.246734	192.168.1.77	199.246.67.83	TCP	54
3504	45.634298	192.168.1.77	63.80.242.48	TCP	5
3505	45.634330	192.168.1.77	63.80.242.50	TCP	5
3506	45.684307	192.168.1.77	63.80.242.50	TCP	5

图 6-7　报文列表

（3）报文详细信息　这里显示的是在报文列表中被选中项目的详细信息，如图 6-8 所示，这些信息按照不同的 OSI 参考模型进行了分组，Wireshark 与 OSI 参考模型对应关系如图 6-9 所示。还可以将每个项目展开进行查看，如图 6-10 所示，可以看到 Wireshark 捕获到的 TCP 报文中的详细信息。

（4）解析器　在 Wireshark 中，解析器又称为十六进制数据查看面板，这里显示的内容与报文详细信息中显示的相同，只是以十六进制的形式进行显示，如图 6-11 所示。

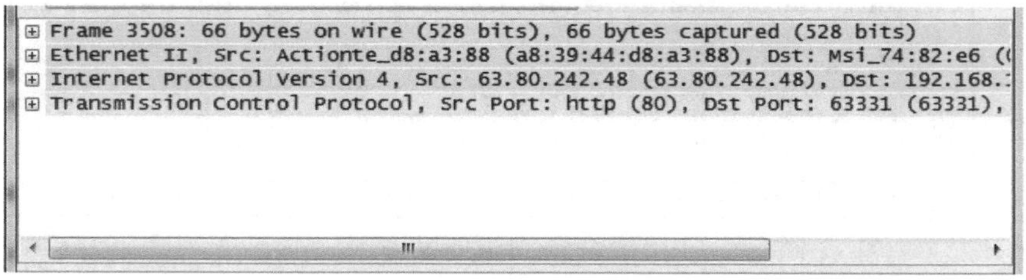

⊞ Frame 3508: 66 bytes on wire (528 bits), 66 bytes captured (528 bits)
⊞ Ethernet II, Src: Actionte_d8:a3:88 (a8:39:44:d8:a3:88), Dst: Msi_74:82:e6 (
⊞ Internet Protocol Version 4, Src: 63.80.242.48 (63.80.242.48), Dst: 192.168.
⊞ Transmission Control Protocol, Src Port: http (80), Dst Port: 63331 (63331),

图 6-8　报文详细信息

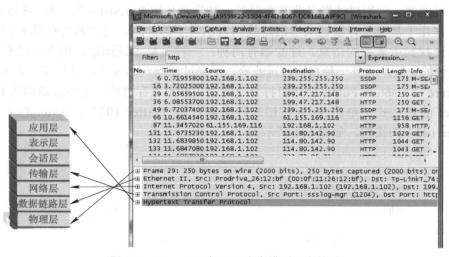

图 6-9　Wireshark 与 OSI 参考模型对应关系

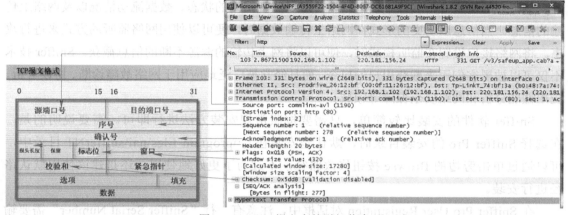

图 6-10 TCP 报文中的详细信息

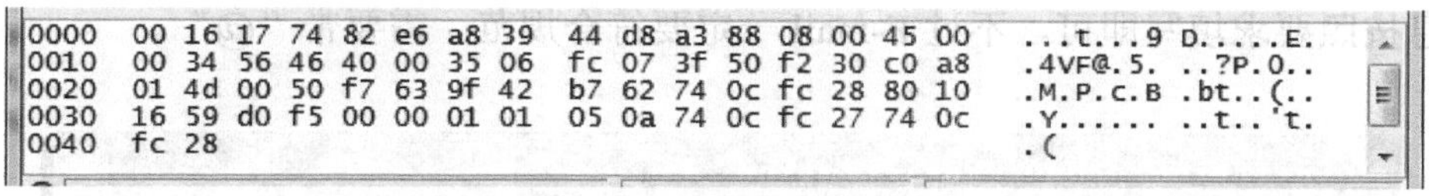

图 6-11 解析器

2. Wireshark 的工作流程

（1）确定 Wireshark 的位置 如果没有确定一个正确的位置，启动 Wireshark 后会花费很长的时间捕获一些与用户无关的数据。

（2）选择捕获接口 一般都是选择连接到 Internet 网络的接口，这样才可以捕获到与网络相关的数据。否则，捕获到的其他数据对用户没有任何帮助。

（3）使用捕获过滤器 通过设置捕获过滤器，可以避免产生过大的捕获文件，这样用户在分析数据时也不会受其他数据干扰，而且还可以为用户节约大量的时间。

（4）使用显示过滤器 通常，使用捕获过滤器过滤后的数据还是很复杂，为了使过滤的数据报更细致，可使用显示过滤器进行过滤。

（5）使用着色规则 通常使用显示过滤器过滤后的数据报都是有用的。如果想更加突出地显示某个会话，可以使用着色规则高亮显示。

（6）构建图表 如果用户想要更明显地看出网络中数据的变化情况，使用图表的形式可以很方便地实现。

（7）重组数据 使用 Wireshark 的重组功能可以重组一个会话中不同数据报的信息，或者是重组一个完整的图片或文件。由于传输的文件往往较大，所以信息分布在多个数据报中。为了能够查看整个图片或文件，就需要使用重组数据的方法来实现。

6.2.2 Sniffer

1. Sniffer 软件的安装

Sniffer 软件又称嗅探器，是一种基于被动侦听原理的网络分析软件，是 NAI 公司推出

的功能强大的协议分析软件。使用该软件可以监视网络的状态、数据流动情况以及网络上传输的信息。当信息以明文的形式在网络上传输数据时，便可以使用网络监听的方式来进行攻击。将网络接口设置在监听模式时，便可以将网上传输的源源不断的信息截获。Sniffer 技术不仅可以被黑客们用来截获用户的口令，而且经常被广泛地应用于网络故障诊断、协议分析、应用性能分析和网络安全保障等领域。

Sniffer 软件的安装比较简单，只需要按照常规安装方法进行即可。需要说明的是：在选择 Sniffer Pro 的安装目录时，默认是安装在 C:\program files\nai\snifferNT 目录中，可以通过单击旁边的 Browse 按钮修改路径，不过为了更好地使用，还是建议使用默认路径进行安装。

在 Sniffer Pro User Registration 对话框中，注意有一行"Sniffer Serial Number"需要输入注册码"SR424-255RR-25500-255RR"，其具体注册过程如图 6-12 所示。在注册用户时，注册信息按照要求填写即可，不过 E-mail 一定要符合规范，需要带"@"。

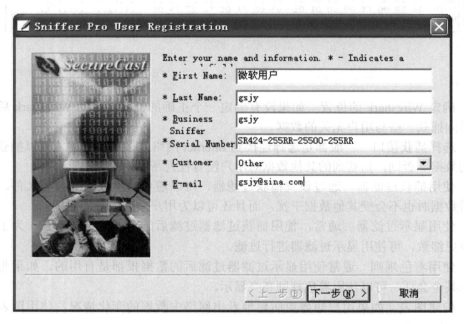

图 6-12　注册用户过程

注册之后进行网络连接设置，一般情况下，对于企业用户，只要不是通过"代理服务器"上网，都可以选择 Direct Connection to the Internet 单选按钮，如图 6-13 所示。

接下来复制 Sniffer Pro 必需文件到本地硬盘，完成所有操作后出现 Setup Complete 对话框，单击"Finish"按钮即可完成安装工作。由于在使用 Sniffer Pro 时需要将网卡的监听模式切换为混合模式，所以不重新启动计算机是无法实现切换功能的，因此在安装的最后，软件会提示重新启动计算机，按照提示操作即可，如图 6-14 所示。

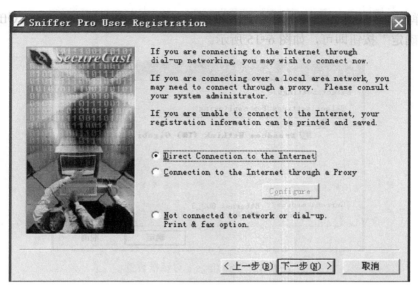

图 6-13　网络连接设置

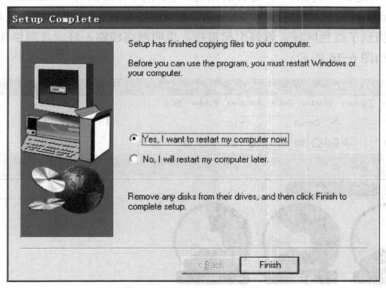

图 6-14　Sniffer 完成安装

2．Sniffer 软件的应用

在完成安装并重启计算机之后，便可以对 Sniffer 软件进行应用，这里以监控网络为例对 Sniffer 软件的应用进行简单介绍。

1）选择开始→所有程序→ Sniffer Pro → Sniffer 命令来启动该软件。

2）默认情况下，Sniffer Pro 会自动选择网卡进行监听。如果不能自动选择或者本地计算机有多个网卡，就需要手工指定网卡了，方法是通过软件菜单栏中的 File → Select Settings 命令来完成。

3）在弹出的"Settings"对话框中选择准备监听的那块网卡，选择"Log Off"复选框，最后单击"确定"按钮即可，如图 6-15 所示。

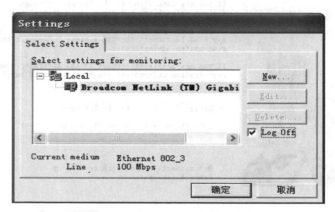

图 6-15 "Settings"对话框设置

4）选择完毕后进入网卡监听模式，该模式下将监视本机网卡流量和错误数据报的情况。首先看到的是 3 个类似汽车仪表的图像，从左到右依次为"Utilization%（网络使用率）""Packets/s（数据报传输率）""Errors/s（错误数据情况）"。其中红色区域是警戒区域，如果发现指针指到了红色区域，就该引起重视，说明网络线路不好或者网络使用负荷太大。网卡监听模式如图 6-16 所示。

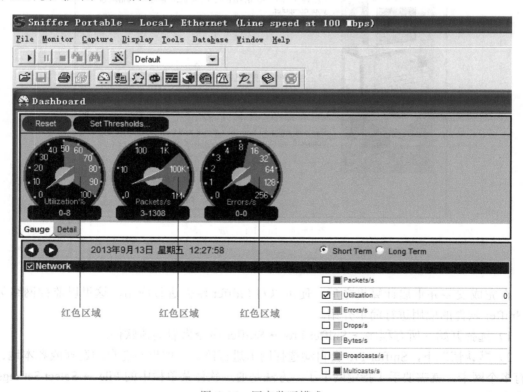

图 6-16 网卡监听模式

5）3个仪表盘下面是对网络流量、数据错误以及数据报大小等的绘制图，通过选择右边的一排参数来选择绘制相应的数据信息，可选网络使用信息包括数据报传输率、网络使用率、错误率、丢弃率、传输字节速度、广播报文数量、多播报文数量等，其他两个图表可以设置的参数更多，具体如图6-17所示。

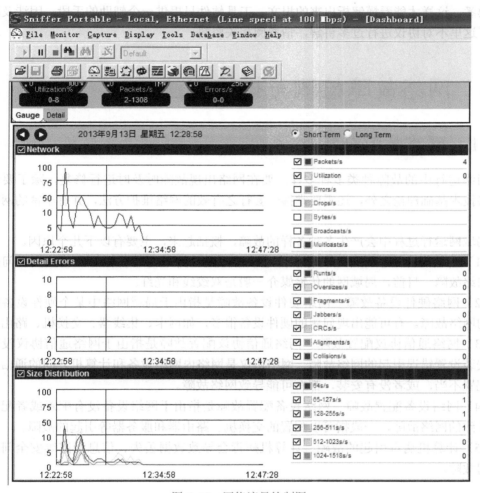

图 6-17　网络流量绘制图

Sniffer 软件除了网络监控外，还可以用于广播风暴、网络攻击、检测网络硬件故障、解码分析等方面。

（1）广播风暴　广播风暴是网吧网络最常见的一种网络故障。网络广播风暴一般是由于客户机被病毒攻击、网络设备损坏等故障引起的。可以使用 Sniffer 中的主机列表功能，查看网络中哪些机器的流量最大，结合矩阵就可以判断出哪台机器数据流量异常。从而可以在最短的时间内判断网络的具体故障点。

（2）网络攻击　随着网络的不断发展，黑客技术吸引了不少网络爱好者，一些初级黑客就开始拿网吧做实验。DDoS 攻击成为一些黑客炫耀自己技术的一种手段，由于网吧本身的数据流量比较大，加上外部 DDoS 攻击，网吧的网络可能会出现短时间的中断现象。对于

类似的攻击，使用 Sniffer 软件，可以有效判断网络是受广播风暴影响，还是来自外部的攻击。

（3）检测网络硬件故障　在网络中工作的硬件设备，只要有所损坏，数据流量就会异常，使用 Sniffer 可以轻松判断出物理损坏的网络硬件设备。

（4）解码分析　对捕获的报文可进行解码显示。对于解码，主要要求分析人员对协议比较熟悉，这样才能看懂解析出来的报文。工具软件只提供一个辅助的手段。因涉及的内容太多，这里不对协议进行过多讲解，请参阅相关资料。

6.3　网络故障检测与排除方法

6.3.1　网络故障分析

网络运行中的故障种类多种多样。要在网络出现故障时及时进行修复，除了要有扎实的网络技术基础理论之外，还需要掌握一套行之有效的网络维护方法，并有丰富的网络维护经验。

局域网运行过程中会产生各种各样的故障，概括起来，主要有以下几个原因。

（1）传输媒介连接故障　传输媒介连接故障是指局域网的传输媒介连接出现问题而引起的网络故障。目前，局域网的传输媒介一般是双绞线和光纤。

（2）网络硬件设备故障　网络硬件设备故障是指由于局域网络中某个硬件设备的损坏导致的网络故障。有可能出现问题的硬件设备很多，如网卡、集线器、交换机、路由器等。

（3）网络通信协议配置故障　网络通信协议配置故障是指由于网络通信协议没有安装或者安装设置错误引起的网络故障。网络协议是网络内网络设备和计算机之间的通信规则，协议配置不当，或者没有安装，都有可能导致网络故障。

（4）网络设备配置故障　网络设备配置故障是指由于网络设备没有配置或者配置不正确而导致的网络故障，一般指可以配置的交换机、路由器和服务器等引起的故障。

（5）计算机病毒引起的故障　计算机病毒会导致数据丢失、信息泄露等安全问题，从而引起故障。

6.3.2　网络故障检测与排除的基本步骤

局域网故障检测与排除的基本步骤如下。

1）通过询问、检测识别故障现象，应该确切地知道网络故障的具体现象，知道什么故障并能够及时识别，这是成功排除故障最重要的步骤。

2）收集有关故障现象的信息，对故障现象进行详细描述。

3）列举可能导致错误的原因，不要着急下结论，可以根据出错的可能性把这些原因按优先级别进行排序，一个个排除。

4）根据收集到的可能故障原因进行诊断。排除故障时，如果不能确定故障，应该先进行软件故障排除，再进行硬件故障排除，做好每一步的测试和观察，直至全部解决。

5）故障分析、解决后，还必须搞清楚故障是如何发生的，是什么原因导致了故障的发生，以后如何避免类似故障的发生，拟定相应的对策，采取必要的措施，制定严格的规章制度。

在解决网络故障的具体过程中，常用的方法有参考实例法、硬件替换法、错误测试法，一般流程如图 6-18 所示。

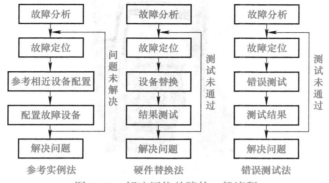

图 6-18　解决网络故障的一般流程

6.3.3　常用故障检测工具

1. 网络电缆测试仪

网络电缆测试仪相对于万用表来说在检测网络电缆的联通性方面更加专业，也更加方便、快捷。网络电缆测试仪是一种可以检测 OSI 模型定义的网络运行状况的便携、可视的智能检测设备，如图 6-19 所示。网络电缆测试仪主要适用于局域网故障检测、维护，综合布线施工中。网络电缆测试仪的功能涵盖物理层、数据链路层和网络层。

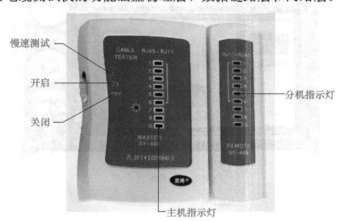

图 6-19　网络电缆测试仪

2. 光功率计

光功率计是用于测量绝对光功率或通过一段光纤的光功率相对损耗的仪器，如图 6-20 所示。光功率计通过测量发射端机或光网络的绝对功率，能够评价光端设备的性能。将光

功率计与稳定光源组合使用，则能够测量连接损耗、检验连续性，并可评估光纤链路传输质量。

图 6-20　光功率计

3．光时域反射仪

光时域反射仪是通过对测量曲线的分析，了解光纤的均匀性、缺陷、断裂、接头耦合等若干性能的仪器，如图 6-21 所示。它根据光的后向散射与菲涅耳反向原理制作，利用光在光纤中传播时产生的后向散射光来获取衰减的信息，可用于测量光纤衰减和接头损耗、定位光纤故障点以及了解光纤沿长度的损耗分布情况等，是光缆施工、维护及监测中必不可少的工具。

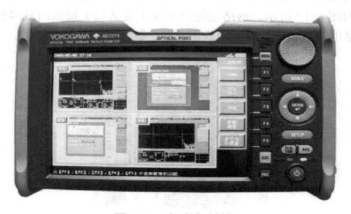

图 6-21　光时域反射仪

4．网络协议分析器

网络协议分析器能够捕获网络协议数据，进行实时控制和数据分析，在网络运作和维护中得到广泛的使用，如图 6-22 所示。网络协议分析器的常用功能有监视网络流量、分析数据报、监视网络资源的利用、执行网络安全操作规则、鉴定分析网络数据以及诊断并修复网络问题等。

图 6-22　网络协议分析器

5．示波器

示波器是一种用途十分广泛的电子测量仪器，如图 6-23 所示。它把电信号转换成看得见的图像，便于研究各种电现象的变化过程。示波器将狭窄的、由高速电子组成的电子束，打在涂有荧光物质的屏面上，产生细小的光点，在屏幕上描绘出被测信号瞬时值的变化曲线。利用示波器能观察各种不同信号的幅度随时间变化的波形曲线，还可以用它测试各种不同的电量，如电压、电流、频率、相位差等。

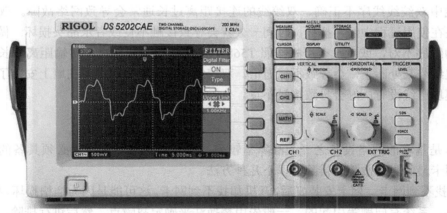

图 6-23　示波器

6．万用表

万用表是电力电子测试中不可缺少的仪器仪表，一般用于测量元器件的电压、电流和电阻，如图 6-24 所示。万用表是一种多功能、多量程的测量仪表，可测量直流电流、直流电压、交流电流、交流电压、电阻和音频电平等，有的还可以测量电容量、电感量及一些半导体参数等。万用表可以用来检测网络电缆是否畅通。

图 6-24　万用表

6.3.4　常见的网络故障排除案例

1. 网线故障排除

网线是连接计算机网卡和网络之间的数据通道。如果网线有问题，一般会直接影响计算机的信息通信，造成无法连接服务器、网络传输缓慢等问题。网线一般都是现场制作的，由于条件限制，不能进行全面测试，仅通过指示灯来初步判断网线导通与否，但指示灯并不能完全真实地反映网线的好坏，需要经过一段时间的使用问题才会暴露。

网线中双绞线线序不正确、双绞线的连接距离过长通常会导致网络故障。双绞线两端的水晶头在使用过程中经常插拔，时间一久就会导致接触不良或者水晶头损坏。做网线时接水晶头的线序不对，或者没有严格按照 T568A 标准和 T568B 标准，传输距离一长就会出现问题。双绞线某处断了，会导致不能通信。双绞线布线施工工程中，在墙上安装了接线盒和模块，模块压线没有压好会导致接触不良。

2. 网卡故障排除

网卡是基本的网络设备之一，故障率较高，排除网卡故障是网管必须具备的一项基本技能。网卡最常见的故障及排除有以下几种方法。

（1）找不到网卡　网卡安装好后，开机却找不到网卡。这可能是因为插槽损坏、接触不良、网卡损坏、系统有问题等引起的。一般先用替换法来确定故障点，然后进行排除。也可尝试先直接安装驱动程序，然后重新启动计算机。

（2）网卡无法正常安装　这类故障主要包括以下几种情况：无法正确识别网卡；安装过程中出错；安装完成重新启动出错。这类故障由软件引起的可能性较大，但也不排除是由于插槽或网卡局部存在问题而引起的。通常可以先将原来的驱动程序及协议完全删除，然后重新安装，也可以尝试更换插槽。

（3）兼容性故障　该类故障通常是因为设置不当引起的。排除的方法通常是在 Windows 下改变中断号，也可以使用专用的设置程序修改，还可以通过交换插槽来解决。

3．Modem 故障排除

Modem 因为价格便宜、接入方便，在小型局域网中占有独特的优势。但 Modem 在使用中的问题也比较多，Modem 常见故障有以下几种。

（1）上网总是掉线 其原因大致为：电话线路有问题，数据通信对线路质量的要求比语音高，当电话线路上有电话进来时，Modem 会因为电流突变的冲击而中断；如果同一条电话线同时连接了传真机等其他外设，那么也会影响通信质量；当数据终端就绪（DTR）信号暂时无效或 ATR 持续无信号，时间超过 Modem 默认值，也会引起掉线；Modem 本身的质量以及 Modem 的兼容性问题也可能引起掉线。

（2）检测不到外置 Modem 可能原因之一是主板没有将 BIOS 中的 COM 端口打开。解决方法是重新启动计算机，按 <DEL> 键进入 BIOS 设置，将 Integrated Peripherals 菜单中的 Onborad Serial Port 2 选项由 Disabled 改为 Auto 即可。若排除了 BIOS 设置，那可能是主板的 COM 端口损坏，让主板厂商修理即可。

（3）Modem 无法进行拨号 有以下两种可能：没有在"控制面板"的"网络"选项中添加"拨号网络适配器"，或"拨号网络适配器"被意外删除；"拨号网络适配器"驱动程序选择不正确。例如，如果安装了两个以上的驱动程序，那么系统就不能正确识别哪个才是当前正在使用的 Modem。解决方法是将多余的驱动程序删除，并指定系统当前的驱动程序。

6.4 网络故障检测的基本命令

计算机的故障复杂多变，但并非无规律可循。随着理论知识和经验的不断积累，故障排除将变得越来越容易。严格的网络管理是减少网络故障的重要手段，完善的技术档案是排除故障的重要参考资料，有效的测试和监视工具则是预防、排除故障的有力助手。网络故障的诊断是排除故障的基础和关键，本节介绍几种常用的网络故障测试命令，主要包括 ipconfig 命令、ping 命令、网络协议统计命令 netstat、路由跟踪命令 tracert 等。

6.4.1 ipconfig 命令

ipconfig 命令可以检查网络接口配置。如果用户系统不能到达远程主机，而同一系统的其他主机可以到达，那么用该命令对这种故障的判断很有必要。当主机系统能到达远程主机但不能到达本地子网中的其他主机时，则表示子网掩码设置有问题，进行修改后故障便不会再出现。输入 ipconfig/? 可获得 ipconfig 的使用帮助，输入 ipconfig/all 可获得 IP 配置的所有属性。命令提示符窗口中显示了主机名、DNS 服务器、结点类型以及主机的相关信息，如网卡类型、MAC 地址、IP 地址、子网掩码以及默认网关等。其中，网络适配器的 MAC 地址在检测网络错误时非常有用。

配置不正确的 IP 地址或子网掩码是接口配置中的常见故障。其中，配置不正确的 IP 地址有以下两种情况。

（1）网络号部分不正确 此时执行每一条 ipconfig 命令都会显示"no answer"，这样，执行命令后，错误的 IP 地址就能被发现，修改即可。

（2）主机号不正确　例如，与另一主机配置的地址相同而引起冲突，这种故障是两台主机同时工作时才会出现的。更换 IP 地址中的主机号部分，该问题即能解决。

ipconfig 命令可以显示 IP 的具体配置信息，如显示网卡的物理地址、主机的 IP 地址、子网掩码以及默认网关等，还可以查看主机名、DNS 服务器、结点类型等相关信息。首先按快捷键 <Win+R>，在打开的"运行"对话框中输入"cmd"，单击"确定"按钮即可打开命令提示符，如图 6-25 所示。

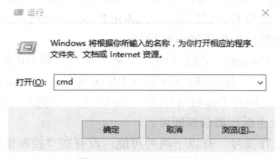

图 6-25　"运行"对话框

使用 ipconfig 命令可以查看网络中 TCP/IP 的相关配置，如 IP 地址、子网掩码、网关等，如图 6-26 所示。

图 6-26　使用 ipconfig 命令查看相关配置

ipconfig 命令的一般格式如下。

ipconfig [/? | /all | /renew [adapter] | /release [adapter] | /flushdns | /displaydns | /registerdns | /showclassid adapter | /setclassid adapter [classid]]

通常，使用不带参数的 ipconfig 命令，可以获得 IP 地址、子网掩码、默认网关信息。如果想得到更加全面的信息，需要使用参数 all。

运行 ipconfig/all 命令，如图 6-27 所示，可显示本计算机与 TCP/IP 相关的所有细节，包括所有网卡的 IP 地址、MAC 地址、主机名、DNS 服务器、结点类型、是否启用 IP 路由、网络适配器的物理地址、主机的 IP 地址、子网掩码以及默认网关等详细内容，便于对计算机的网络配置进行全面检查。

图 6-27 ipconfig/all 命令

ipconfig /release 和 ipconfig /renew 只能在向 DHCP 服务器租用其 IP 地址的计算机上起作用。如果输入 ipconfig /release，那么所有接口的租用 IP 地址便重新交付给 DHCP 服务器（归还 IP 地址），如图 6-28 所示。如果输入 ipconfig /renew，那么本地计算机便设法与 DHCP 服务器取得联系，并租用一个 IP 地址，如图 6-29 所示。应注意，大多数情况下，网卡会被重新赋予与以前所赋予的相同的 IP 地址。

输入"ipconfig /flushdns"，可刷新 DNS，如图 6-30 所示。

图 6-28 ipconfig /release

图 6-29　ipconfig /renew

图 6-30　ipconfig/flushdns

6.4.2　ping 命令

　　ping 命令是网络故障分析中使用最频繁、最有用的命令，主要用于测试网络的联通性。它是 Windows 操作系统集成的 TCP/IP 探测工具，可以在命令提示符中运行。

　　网络中所有的计算机都有唯一的 IP 地址，ping 命令使用因特网控制消息协议（ICMP）向目标主机的 IP 地址发送数据报并请求应答，接收到请求的目的主机再使用 ICMP 返回一个同样大小的数据报，通过监听响应数据报，以校验目的计算机和本地计算机之间的网络连接，确定目标主机的存在以及网络连接的状况。

　　1. ping 命令的格式

　　ping 命令的一般格式如下。

ping [-t] [-a] [-n count] [-l size] [-f] [-i TTL] [-v TOS] [-r count] [-s count] [[-j host-list] | [-k host-list]] [-w timeout] target_name

　　部分参数选项说明见表 6-2。

表 6-2 ping 命令部分参数选项说明

参数选项	选项说明
-t	不停地向目标主机发送数据报，直到按下 <Ctrl+C> 组合键
-a	解析计算机 NetBios 主机名
-n count	定义所发出的测试数据报的个数，默认值为 4
-l size	定义所发送缓冲区的数据报的大小，默认为 32B
-f	在数据报中发送"不要分段"标识
-i TTL	指定 TTL 值在对方的系统里停留的时间，用来帮助检查网络运转情况
-v TOS	将"服务类型"字段设置为 TOS 指定的值
-r count	在"记录路由"字段中记录传出和返回数据报的路由
-s count	定义 count 指定的跃点数的时间戳
-w timeout	指定超时间隔，单位为毫秒

ping 命令一般用于测试本机到远程网络设备的联通性，如果要测试本机到网络中的另外一台计算机（IP 为 123.58.180.7）能不能通信，在命令提示符中使用命令 ping 123.58.180.7，如果出现图 6-31 所示的结果，则表示两者之间是通的。

图 6-31 ping 命令

ping 命令的出错信息通常分为 4 种情况，其说明见表 6-3。

表 6-3 ping 命令的出错信息说明

出错信息	说明
unknown host	不知名主机，该远程主机的名字不能被域名服务器转换成 IP 地址
network unreachable	网络不能到达，本地系统没有到达远程系统的路由
no answer	远程系统无响应，存在一条通向目标主机的路由，但接收不到信息
request timed out	工作站与中心主机的连接超时，数据报全部丢失

2. ping 命令的工作过程

在主机 A 上运行"ping 192.168.1.10"后，都发生了什么呢？首先，ping 命令会构建一个固定格式的 ICMP 请求数据报，然后由 ICMP 将这个数据报连同地址"192.168.1.10"一起交给 IP 层协议（和 ICMP 一样，实际上是一组后台运行的进程），网络层协议将以地址"192.168.1.10"作为目的地址，以本机 IP 地址作为源地址，加上一些其他的控制信息，构建一个 IP 数据报，并想办法得到 192.168.1.10 的 MAC 地址（物理地址，这是数据链路层协

议构建数据链路层的传输单元——帧所必需的），以便交给数据链路层构建一个数据帧。网络层协议通过主机 B 的 IP 地址和自己的子网掩码，发现它跟自己属于同一网络，就直接在本网络内查找这台机器的 MAC 地址。如果以前两机有过通信，那么在主机 A 的 ARP 缓存表中应该有主机 B 的 IP 地址与其 MAC 地址的映射关系；如果没有，就发送一个 ARP 请求广播，得到主机 B 的 MAC 地址，一并交给数据链路层。后者构建一个数据帧，目的地址是网络层传过来的物理地址，源地址则是本机的物理地址，还要附加上一些控制信息，依据以太网的介质访问规则，将它们传送出去。

主机 B 收到这个数据帧后，先检查它的目的地址，并和本机的物理地址对比，如果符合，则接收，否则丢弃。接收后检查该数据帧，将 IP 数据报从帧中提取出来，交给本机的 IP 层协议。同样，IP 层检查后，将有用的信息提取后交给 ICMP，ICMP 处理后，马上构建一个 ICMP 应答数据报，发送给主机 A，其过程与主机 A 发送 ICMP 请求数据报到主机 B 一样。

6.4.3 netstat 命令

netstat 是控制台命令，是一个监控 TCP/IP 网络非常有用的工具，它可以显示路由表、实际的网络连接以及每一个网络接口设备的状态信息。

netstat 命令的一般格式如下。

netstat [-a] [-b] [-e] [-n] [-o] [-p proto] [-r] [-s] [-v] [interval]

各参数选项说明见表 6-4。

表 6-4　netstat 命令各参数选项说明

参数选项	选项说明
-a	显示所有连接和监听端口
-b	显示在创建每个连接或监听端口时涉及的可执行程序
-e	显示以太网统计信息。此选项可以与 -s 选项组合使用
-n	以数字形式显示地址和端口号
-o	显示与每个连接相关的所属进程 ID
-p proto	显示 proto 指定协议的连接
-r	显示路由表
-s	显示按协议统计信息
-v	显示指令执行过程
interval	重新显示选定统计信息时，设置每次显示之间暂停的时间间隔（以 s 为单位）

运行 netstat 命令，可显示本计算机当前与 IP、TCP、UDP 和 ICMP 相关的统计信息以及当前网络的连接情况（如采用的协议类型、IP 地址、网络连接、路由表和网络接口信息等），如图 6-32 所示，使得用户或网络管理员可以得到非常详细的统计结果，从而有助于了解网络的整体使用情况。

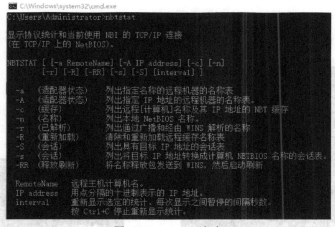

图 6-32　netstat 命令

6.4.4　nbtstat 命令

NetBIOS 是许多早期 Windows 网络中使用的名称解析系统。nbtstat 命令可用于查看 TCP/IP 之上运行 NetBIOS 服务的统计数据，并可以查看本地远程计算机上的 NetBIOS 名称列表。nbtstat 命令的一般格式为：

nbtstat [-A IPAddress] [-c] [-n] [-r] [-R] [-RR] [-s] [-S] [Interval] [/?]

nbtstat 命令如图 6-33 所示。

图 6-33　nbtstat 命令

1. -a 和 -A 选项

这两个选项的功能相同，都是显示远程计算机的名称表。区别是：-a 选项后面既可跟远程计算机的计算机名，也可跟 IP 地址，如图 6-34 所示；-A 选项后面只能跟远程计算机的 IP 地址。

2. -c 选项

该选项可显示 NetBIOS 名称缓存内容、NetBIOS 名称表及其解析的各个地址，列出远程计算机的名称及其 IP 地址的缓存，如图 6-35 所示。

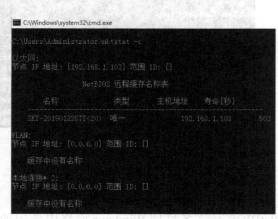

图 6-34　nbtstat -a 选项　　　　　　　图 6-35　nbtstat -c 选项

3．-n 选项

该选项可显示本地计算机的 NetBIOS 名称，如图 6-36 所示。该名称是通过广播或 WINS 服务器注册的。

4．-r 选项

该选项显示通过广播和经由 WINS 解析的名称，如图 6-37 所示。

图 6-36　nbtstat -n 选项　　　　　　　图 6-37　nbtstat -r 选项

5．-R 选项

该选项在清除 NetBIOS 名称缓存中的所有名称后，重新装入 imhosts 文件。这个选项就是清除使用 nbtstat -c 选项后所能看到的缓存里的 IP 记录，如图 6-38 所示。

图 6-38　nbtstat -R 选项

6. -s 和 -S 选项

这两个选项可显示 NetBIOS 客户端和服务器会话，-S 选项列出具有目标 IP 地址的会话表，-s 选项列出将目标 IP 地址转换成计算机 NetBIOS 名称的会话表。

7. -RR 选项

该选项可将名称释放数据报发送到 WINS，然后启动刷新，如图 6-39 所示。

8. interval 选项

该选项的作用是重新显示所选的统计，在每次显示之间暂停使用 interval 选项设置的秒数。按 <Ctrl+C> 组合键可停止重新显示统计。如果省略该参数，nbtstat 将打印一次当前的配置信息。图 6-40 所示命令为每隔 5s 显示一次统计信息。

图 6-39 nbtstat -RR 选项 　　　　　　　　图 6-40 interval 选项

6.4.5 tracert 命令

如果有网络联通性问题，可以使用 tracert 命令来检查到达的目标 IP 地址的路径并记录结果。tracert 命令显示用于将数据报从计算机传递到目标位置的一组 IP 路由器，以及每个跃点所需的时间。如果数据报不能传递到目标，那么 tracert 命令将显示成功转发数据报的最后一个路由器。当数据报从用户的计算机经过多个网关传送到目的地时，tracert 命令可以用来跟踪数据报使用的路由（路径）。该实用程序跟踪的路径是源计算机到目的地的一条路径，不能保证数据报总遵循这个路径。如果用户的配置使用 DNS，那么常常会从所产生的应答中得到城市、地址和常见通信公司的名字。tracert 是一个运行得比较慢的命令（如果指定的目标地址比较远），每个路由器大约需要 15s。

tracert 是一个路由跟踪程序，用于确定 IP 数据报在访问目的主机过程中所经过的路径，显示数据报经过的中继结点清单和到达时间。在 IP 数据报从用户的计算机经过多个网关传送到目的主机的过程中，使用 tracert 命令可以跟踪数据报使用的路由。

tracert 命令的格式如下。

```
tracert [-d] [-h maximum_hops] [-j host-list] [-w timeout] target_name
```

tracert 命令的部分参数选项说明见表 6-5。

表 6-5 tracert 命令的部分参数选项说明

参数选项	选项说明
-d	指定不将 IP 地址解析到主机名称
-h maximum_hops	指定跃点数以跟踪到称为 target_name 的主机的路由
-j host-list	指定 tracert 实用程序数据报所采用路径中的路由器接口列表
-w timeout	等待每次回复所指定的毫秒数

运行 tracert 命令，通过追踪路由，可以判断发生故障的路由设备或网关，以及发生故障的区段，从而便于查找和排除故障。图 6-41 所示为运行追踪到网易（www.163.com）的路由，局域网络和 Internet 连接均正常。

```
C:\Documents and Settings\neo>tracert www.163.com

Tracing route to 163.xdwscache.glb0.1xdns.com [211.142.194.28]
over a maximum of 30 hops:

  1    <1 ms    <1 ms    <1 ms   192.168.1.1
  2     5 ms     2 ms     3 ms   223.91.60.1
  3     4 ms     1 ms     1 ms   211.142.149.89
  4    98 ms    67 ms    22 ms   221.176.98.241
  5    22 ms    10 ms     8 ms   221.176.98.9
  6    13 ms    15 ms    12 ms   221.176.98.82
```

图 6-41 tracert 命令的使用

6.4.6 arp 命令

ARP 是 TCP/IP 中的一个重要协议，用于确定对应 IP 地址的网卡物理地址。使用 arp 命令，人们能够查看本地计算机或另一台计算机的 ARP 高速缓存中的当前内容。此外，使用 arp 命令，也可以用人工方式输入静态的网卡物理 /IP 地址对，人们可能会使用这种方式为默认网关和本地服务器等常用主机进行这项工作，从而有助于减少网络上的信息量。

按照默认设置，ARP 高速缓存中的项目是动态的，每当发送一个指定地点的数据报且高速缓存中不存在当前项目时，ARP 便会自动添加该项目。一旦高速缓存的项目被输入，它们就已经开始走向失效状态。例如，在 Windows NT/2000 网络中，如果输入项目后不进一步使用，物理 /IP 地址对就会在 2 ～ 10min 内失效。因此，当 ARP 高速缓存中的项目很少或根本没有时，通过另一台计算机或路由器的 ping 命令即可添加。所以，当需要通过 arp 命令查看高速缓存中的内容时，最好先 ping 此台计算机（不能是本机发送 ping 命令）。arp 命令如图 6-42 所示。

```
C:\Windows\system32\cmd.exe

C:\Users\Administrator>arp

显示和修改地址解析协议(ARP)使用的"IP 到物理"地址转换表。

ARP -s inet_addr eth_addr [if_addr]
ARP -d inet_addr [if_addr]
ARP -a [inet_addr] [-N if_addr] [-v]

  -a            通过询问当前协议数据，显示当前 ARP 项。
                如果指定 inet_addr，则只显示指定计算机
                的 IP 地址和物理地址。如果不止一个网络
                接口使用 ARP，则显示每个 ARP 表的项。
  -g            与 -a 相同。
  -v            在详细模式下显示当前 ARP 项，所有无效项
                和环回接口上的项都将显示。
  inet_addr     指定 Internet 地址。
  -N if_addr    显示 if_addr 指定的网络接口的 ARP 项。
  -d            删除 inet_addr 指定的主机。inet_addr 可
                以是通配符 *，以删除所有主机。
  -s            添加主机并且将 Internet 地址 inet_addr
                与物理地址 eth_addr 相关联。物理地址是用
                连字符分隔的 6 个十六进制字节。该项是永久的。
  eth_addr      指定物理地址。
  if_addr       如果存在，此项指定地址转换表应修改的接口
                的 Internet 地址。如果不存在，则使用第一
                个适用的接口。
示例:
  > arp -s 157.55.85.212   00-aa-00-62-c6-09....  添加静态项。
  > arp -a                                .... 显示 ARP 表。
```

图 6-42 arp 命令

1. arp -a 或 arp -g 选项

这两个选项用于查看高速缓存中的所有项目。-a 和 -g 选项的结果是一样的，多年来，-g 一直是 UNIX 平台上用来显示 ARP 高速缓存中所有项目的选项，而 Windows 用的是 arp -a（-a 可被视为 all，即全部的意思），如图 6-43 所示。但它也可以接收比较传统的 -g 选项，如图 6-44 所示。

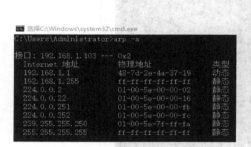

图 6-43　arp -a 选项

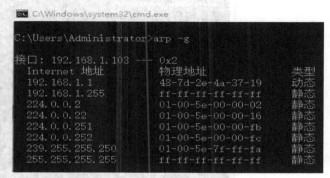

图 6-44　arp -g 选项

2. arp -a IP 选项

如果有多个网卡，那么使用 arp -a 选项并加上接口的 IP 地址，就可以只显示与该接口相关的 ARP 缓存项目，如图 6-45 所示。

图 6-45　arp -a IP 选项

3. arp -s IP 物理地址选项

该选项可以向 ARP 高速缓存中人工输入一个静态项目，如图 6-46 所示。该项目在计算机引导过程中将保持有效状态，或者在出现错误时，人工配置的物理地址将自动更新该项目。

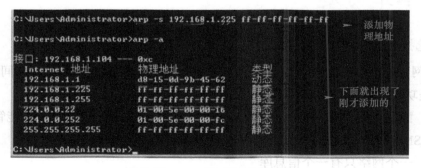

图 6-46　arp -s IP 物理地址选项

4．arp -d IP 选项

使用该选项能够人工删除一个静态项目。如图 6-47 所示，删除 255.255.255.255 ff-ff-ff-ff-ff-ff 静态项目。

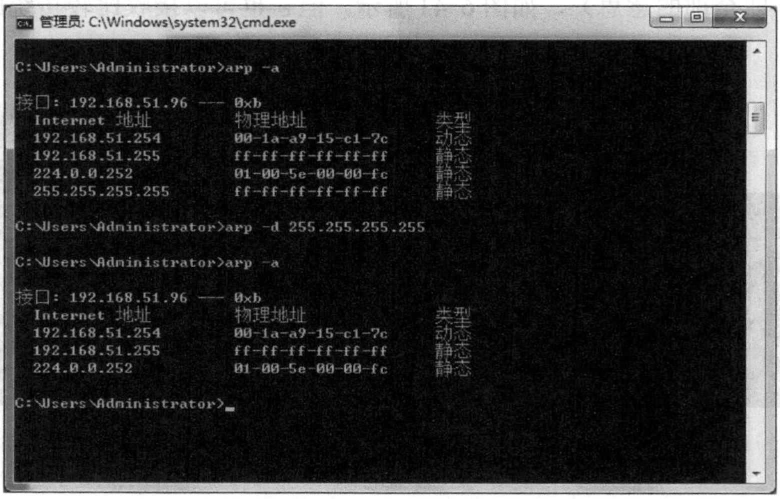

图 6-47　arp –d IP 选项

例如，在命令提示符下输入"arp -a"，如果使用过 ping 命令测试并验证从这台计算机到 IP 地址为 10.0.0.99 的主机的联通性，则 ARP 缓存显示以下内容。

??Interface:10.0.0.1 on interface 0x1

??Internet Address???Physical Address???Type

??10.0.0.99?????? 00-e0-98-00-7c-dc?? dynamic

在此例中，缓存项指出位于 10.0.0.99 的远程主机解析成 00-e0-98-00-7c-dc 的媒体访问控制地址，它是在远程计算机的网卡硬件中分配的。媒体访问控制地址是计算机与网络上远程 TCP/IP 主机物理通信的地址。至此，用户可以用 ipconfig 和 ping 命令来查看自己的网络配置并判断是否正确，可以用 nbtstat 命令查看建立的连接并找出使用者所隐藏的 IP 信息，可以用 arp 命令查看网卡的 MAC 地址。

6.5　本章习题

6–1 选择题

1．在网络管理中，通常需要监视网络吞吐率、利用率、错误率和响应时间。监视这些参数主要是功能域（　　）的主要工作。

　　A．配置管理　　　　　B．故障管理　　　　　C．安全管理　　　　D．性能管理

2．在 SNMP 的管理模型中，关于管理信息库的说法正确的是（　　）。

　　A．一个网络只有一个信息库

B．管理信息库是一个完整的、单一的数据库

C．它是一个逻辑数据库，由各个代理之上的本地信息库联合构成

D．以上都错

3．下列（　　）说法正确描述了地址解析协议的功能。

A．ARP 用于查看不同网络上任意主机的 IP 地址

B．ARP 用于查看本地网络上任意主机的 IP 地址

C．ARP 用于查看不同网络上任意主机的 MAC 地址

D．ARP 用于查看本地网络上任意主机的 MAC 地址

4．如果主机上的默认网关配置不正确，那么会对通信产生（　　）影响。

A．该主机无法在本地网络上通信

B．该主机可以与本地网络中的其他主机通信，但不能与远程网络上的主机通信

C．该主机可以与远程网络中的其他主机通信，但不能与本地网络中的主机通信

D．对通信没有影响

5．一名网络管理员正在排除服务器的连接问题。管理员使用测试仪后发现，服务器网络接口卡产生的信号失真且不能使用。这种错误属于 OSI 模型的（　　）。

A．表示层　　　　　B．数据链路层　　　　C．物理层　　　　D．网络层

6．要查看当前计算机的内网IP地址、默认网关，以及外网IP地址、子网掩码和默认网关，该使用（　　）命令。

A．ipconfig /all　　　B．nbtstat　　　　C．ipconfig　　　　D．ping

7．网络技术人员在一台 Windows PC 上发出 C:\> tracert -6 www.cisco.com 命令，-6 选项的作用是（　　）。

A．它将迫使跟踪使用 IPv6　　　　B．它会将跟踪限制为仅 6 跳

C．它为每次重播设置 6ms 的超时　　D．它会在每个 TTL 时段发送 6 次检测

8．为了验证网络联通性，工程师在一台锐捷交换机上执行命令 ping 192.168.100.11 source 10.1.1.1 ntime 100，其中的 ntime 100 代表（　　）。

A．超时时间

B．ping 数据报的数量

C．数据报的长度

D．从 192.168.100.11 开始，依次 ping 到 192.168.100.111

6-2 简答题

1．国际标准化组织定义了网络管理的五大功能，具体包括哪些？

2．根据 OSI 网络管理标准，网络管理主要包括哪些内容？

3．SNMP 网络架构由哪几部分组成？每部分的基本功能是什么？

4．常见的网络管理软件有哪几种？有什么区别？

5．常见的网络故障诊断与排除工具有哪些？都有什么功能？

第7章 网络安全技术

Chapter 7

7.1 防火墙技术与应用

7.1.1 防火墙的分类

防火墙，最初是针对 Internet 网络中的不安全因素所采取的一种保护措施，是用来阻挡外部不安全因素影响的内部网络屏障，其目的就是阻止外部网络用户未经授权的访问。它可使 Internet 与 Intranet 之间建立起一个安全网关（Security Gateway），从而保护内部网免受非法用户的侵入。防火墙主要由服务访问政策、验证工具、包过滤和应用网关 4 个部分组成。计算机进行的所有网络通信均要经过防火墙。防火墙作为中心控制点，易于实现和更新安全策略。它能为网络提供安全的单访问点。防火墙能在网络范围内加强安全，例如，防止网络中的每个人都有权访问某些 Internet 资源。

防火墙也是汽车中一个部件的名称。在汽车中，利用防火墙把乘客和引擎隔开。汽车引擎一旦着火，防火墙不但能保护乘客安全，而且还能让司机继续控制引擎。在网络中，所谓"防火墙"，是指一种将内部网和公众访问网（如 Internet）分开的方法，它实际上是一种隔离技术。防火墙是在两个网络通信时执行的一种访问控制尺度，它能允许用户"同意"的人和数据进入网络，同时将"不同意"的人和数据拒之门外，最大限度地阻止网络中的黑客来访问网络。换句话说，如果不通过防火墙，企业内部的人就无法访问 Internet，Internet 上的人也无法和企业内部的人进行通信。作为 Internet 上的安全性保护软件，防火墙已经得到广泛的应用。通常企业为了维护内部的信息系统安全，在企业网和 Internet 间设立防火墙。企业信息系统对于来自 Internet 的访问，采取有选择的接收方式。它可以允许或禁止一些 IP 地址访问，也可以接收或拒绝 TCP/IP 上的某一些具体的应用访问。如果在某一台 IP 主机上有需要禁止的信息或危险的用户，则可以通过设置防火墙过滤掉从该主机发出的数据报。如果一个企业只是使用 Internet 的电子邮件和 WWW 服务器向外部提供信息，那么就可以在防火墙上设置只有这两类应用的数据报可以通过。这对于路由器来说，不仅要分析 IP 层的信息，而且还要进一步了解 TCP 传输层甚至应用层的信息以进行取舍。防火墙一般安装在路由器上以保护一个子网，也可以安装在一台主机上，保护这台主机不受侵犯。

从实现原理上分，防火墙分为四大类：网络级防火墙、应用级网关、电路级网关和规

则检查防火墙。它们各有所长，具体使用哪一种或是否混合使用，要看具体需要。

1．网络级防火墙

网络级防火墙一般基于源地址和目的地址、应用、协议以及每个 IP 数据报的端口来做出数据通过与否的判断。一个路由器便是一个"传统"的网络级防火墙，大多数的路由器都能通过检查这些信息来决定是否将所收到的数据报转发，但它不能判断一个 IP 数据报来自何方，去向何处。防火墙检查每一条规则，查看数据报中的信息与某规则是否相符。如果没有一条规则符合，防火墙就会使用默认规则，一般情况下，默认规则就是丢弃该数据报。其次，通过定义基于 TCP 或 UDP 数据报的端口号，防火墙能够判断是否允许建立特定的连接，如 Telnet、FTP 连接。

2．应用级网关

应用级网关能够检查进出的数据报，通过网关复制传递数据，防止在受信任的服务器和客户机与不受信任的主机间直接建立联系。应用级网关能够理解应用层上的协议，能够做一些复杂的访问控制，并能够做精细的注册和稽核。它针对特别的网络应用服务协议（即数据过滤协议），并且能够对数据报分析，从而形成相关的报告。应用级网关对某些通信的环境给予严格的控制，以防有价值的程序和数据被窃取。在实际工作中，应用级网关一般由专用工作站系统来完成。但应用级网关的每一种协议都需要相应的代理软件，使用时工作量大，效率不如网络级防火墙。 应用级网关有较好的访问控制策略，是目前最安全的防火墙技术，但实现困难，而且有的应用级网关缺乏"透明度"。在实际使用中，用户在受信任的网络上通过防火墙访问时，经常会有出现延迟或必须进行多次登录才能访问的情况。

3．电路级网关

电路级网关用来监控受信任的客户机或服务器与不受信任的主机间的 TCP 握手信息，这样来决定该会话（Session）是否合法。电路级网关是在 OSI 模型的会话层上来过滤数据报的。电路级网关还提供一个重要的安全功能——代理服务器（Proxy Server）。代理服务是设置在 Internet 防火墙网关的专用应用级代码。这种代理服务准许网络管理员允许或拒绝特定的应用程序或一个应用的特定功能。包过滤技术和应用级网关是通过特定的逻辑判断来决定是否允许特定的数据报通过的，一旦判断条件满足，防火墙内部网络的结构和运行状态便"暴露"在外来用户面前，这就引入了代理服务的概念，即防火墙内外计算机系统应用层的"链接"由两个终止于代理服务的"链接"来实现，这就成功地实现了防火墙内外计算机系统的隔离。同时，代理服务还可用于实施较强的数据流监控、过滤、记录和报告等功能。代理服务技术主要通过专用计算机硬件（如工作站）来承担。

4．规则检查防火墙

规则检查防火墙结合了网络级防火墙、电路级网关和应用级网关的特点。它同网络级防火墙一样，检查防火墙能够在 OSI 网络层上通过 IP 地址和端口号过滤进出的数据报。它也像电路级网关一样，能够检查 SYN 和 ACK 标记，以及序列数字是否逻辑有序。当然它也像应用级网关一样，可以在 OSI 应用层上检查数据报的内容，查看这些内容是否符合企业网络的安全规则。规则检查防火墙虽然集成前三者的特点，但是不同于应用级网关的是，它并不打破客户机/服务器模式来分析应用层的数据，它允许受信任的客户机和不受信任的

主机建立直接连接。规则检查防火墙不依靠与应用层有关的代理，而是依靠某种算法来识别进出的应用层数据，这些算法通过已知合法数据报的模式来比较进出的数据报，这样从理论上就能比应用级网关在过滤数据报上更有效。

防火墙具有很好的保护作用。入侵者必须首先穿越防火墙的安全防线，才能接触目标计算机。用户可以将防火墙配置成多种不同的保护级别。高级别的保护可能会禁止一些服务，如视频流等。在具体应用防火墙技术时，还要考虑到以下两个方面。

第一，防火墙是不能防病毒的，尽管有不少的防火墙产品声称其具有这个功能。

第二，防火墙技术的另外一个弱点是数据在防火墙之间的更新是一个难题，如果延迟太大，那么将无法支持实时服务请求。另外，防火墙采用滤波技术，滤波通常使网络的性能降低 50% 以上。如果为了改善网络性能而购置高速路由器，那么又会大大提高经济预算。

作为一种网络安全技术，防火墙具有简单、实用的特点，并且透明度高，可以在不修改原有网络应用系统的情况下达到一定的安全要求。

7.1.2　防火墙的配置与应用

1. 双宿主机网关

这种配置是用一台装有两个网络适配器的双宿主机作为防火墙。双宿主机用两个网络适配器分别连接两个网络，又称堡垒主机。

双宿主机上运行着防火墙软件（通常是代理服务器），可以转发应用程序，提供服务等。双宿主机网关有一个致命的弱点，即一旦入侵者侵入双宿主机，并使该主机只具有路由器功能，那么任何网上用户都可以随便访问有保护的内部网络，如图 7-1 所示。

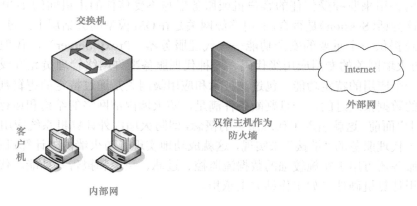

图 7-1　双宿主机网关

2. 屏蔽主机网关

屏蔽主机网关易于实现，安全性好，应用广泛。它又分为单宿堡垒主机和双宿堡垒主机两种类型。

单宿堡垒主机通过包过滤路由器连接外部网络，同时单宿堡垒主机安装在内部网络上。单宿堡垒主机只有一个网卡，与内部网络连接，如图 7-2 所示。在路由器上设立过滤规则，并使这个单宿堡垒主机成为在 Internet 中唯一可以访问的主机，确保了内部网络不受未被授权的外部用户的攻击。而内部网的客户机，可以受控制地通过屏蔽主机和路由器访问 Internet。

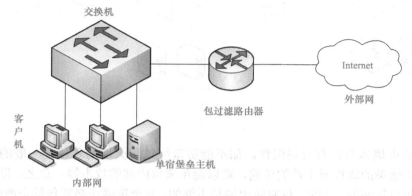

图 7-2 屏蔽主机网关（单宿堡垒主机）

双宿堡垒主机与单宿堡垒主机的区别是，双宿堡垒主机有两块网卡，一块连接内部网络，一块连接包过滤路由器，如图 7-3 所示。双宿堡垒主机在应用层提供代理服务，与单宿堡垒主机相比更加安全。

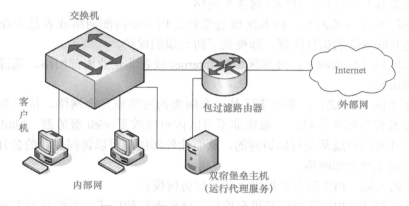

图 7-3 屏蔽主机网关（双宿堡垒主机）

3. 屏蔽子网

该种配置是在内部网和外部网之间建立一个被隔离的子网，用两个包过滤路由器将这一子网分别与内部网和外部网分开。两个包过滤路由器放在子网的两端，在子网内构成一个"缓冲地带"，如图 7-4 所示。两个包过滤路由器，一个控制内部网数据流，另一个控制外部网数据流，内部网和外部网均可访问屏蔽子网，但禁止它们穿过屏蔽子网通信。可根据需要在屏蔽子网中安装堡垒主机，为内部网和外部网的互相访问提供代理服务，但是来自两网络的访问都必须通过两个包过滤路由器的检查。对于向外部网公开的服务器，如 WWW、FTP、Mail 等 Internet 服务器也可安装在屏蔽子网内，这样无论是外部用户还是内部用户，都可访问。这种结构的防火墙安全性能高，具有很强的抗攻击能力，但需要的设备多，造价高。

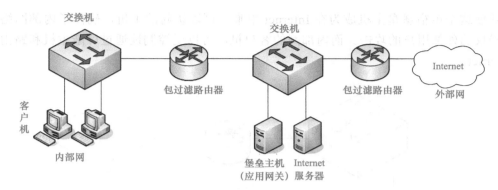

图 7-4 屏蔽子网

当然，防火墙本身也有其局限性，如不能防范绕过防火墙的入侵，一般的防火墙不能防止受到病毒感染的软件或文件的传输，难以避免来自内部的攻击等。总之，防火墙只是一种整体安全防范策略的一部分，仅有防火墙是不够的，安全策略还必须包括全面的安全准则，即网络访问、本地和远程用户认证、拨出／拨入呼叫、磁盘和数据加密以及病毒防护等有关的安全策略。

4. 防火墙配置原理

防火墙通常有 3 个接口，分别连接 3 个网络。

● 内部区域（内部网）：内部区域通常就是指企业内部网络或者是企业内部网络的一部分。它是互联网络的信任区域，即受到了防火墙的保护。

● 外部区域（外部网）：外部区域指 Internet 或者非企业内部网络，通过防火墙就可以实现有限的访问。

● 非军事区（DMZ）：非军事区是一个隔离的网络或几个网络。位于非军事区中的主机或服务器被称为堡垒主机。一般在非军事区内可以放置 Web 服务器、Mail 服务器等。非军事区对于外部用户通常是可以访问的，从而让外部用户可以访问企业的公开信息，但却不允许他们访问企业内部网络。

（1）PIX 防火墙　PIX 防火墙提供 4 种管理访问模式。

● 非特权模式。PIX 防火墙开机自检后，就处于这种模式。系统显示为 pixfirewall>。

● 特权模式。输入 enable 进入特权模式，可以改变当前配置。显示为 pixfirewall#。

● 配置模式。输入 configure terminal 进入此模式，绝大部分的系统配置都在这里进行。显示为 pixfirewall(config)#。

● 监视模式。PIX 防火墙在开机或重启过程中，按 <Esc> 键或发送一个 "Break" 字符，即可进入监视模式。这里可以更新操作系统映象和口令恢复。显示为 monitor>。

配置 PIX 防火墙有 6 个基本命令：nameif、interface、ip address、nat、global、route。这些命令在配置 PIX 时是必需的。以下是配置的基本步骤。

● 配置防火墙接口的名字，并指定安全级别（nameif）。

```
Pixfirewall (config)#nameif ethernet0 outside security0
Pixfirewall (config)#nameif ethernet1 inside security100
Pixfirewall (config)#nameif dmz security50
```

在默认配置中，以太网 0 被命名为外部接口，安全级别是 0；以太网 1 被命名为内部接口，安全级别是 100。安全级别取值范围为 0 ~ 100，数字越大，安全级别越高。若添加新的接口，语句可以这样写。

Pixfirewall (config)#nameif pix/intf3 security40（安全级别任取）

● 配置以太网接口参数（使用 interface 命令）。

Pixfirewall (config)#interface ethernet0 auto （auto 选项表明系统自适应网卡类型）

Pixfirewall (config)#interface ethernet1 100full （shutdown 选项表示关闭这个接口，若启用接口，则去掉 shutdown）

● 配置内外网卡的 IP 地址（使用 ip address 命令）。

Pixfirewall (config)#ip address outside 1.1.1.1 255.0.0.0

Pixfirewall (config)#ip address inside 10.1.1.1 255.0.0.0

PIX 防火墙在外网的 IP 地址是 1.1.1.1，内网 IP 地址是 10.1.1.1。

● 进行内部地址转换（使用 nat 命令）。将内网的私有 IP 转换为外网的公有 IP。nat 命令总是与 global 命令一起使用，这是因为 nat 命令可以指定一台主机或一段范围的主机访问外网，访问外网时需要利用 global 所指定的地址池。

nat 命令配置语法：nat(if_name) nat_id local_ip [netmark]。

其中，（if_name）表示内网接口的名字，例如，inside.nat_id 用来标识全局地址池，使它与其相应的 global 命令相匹配；local_ip 表示内网被分配的 IP 地址，例如，0.0.0.0 表示内网中的所有主机都可以对外访问；[netmark] 表示内网 IP 地址的子网掩码。

例 1：pixfirewall(config)#nat (inside) 1 0 0

表示启用 nat 命令，内网的所有主机都可以访问外网，用 0 可以代表 0.0.0.0。

例 2：pixfirewall(config)#nat (inside) 1 172.16.5.0 255.255.0.0

表示只有 172.16.5.0 这个网段内的主机可以访问外网。

● 指定外部地址范围（使用 global 命令）。global 命令把内网的 IP 地址翻译成外网的 IP 地址或一段地址范围。

global 命令的配置语法：global (if_name) nat_id ip_address-ip_address [netmark global_mask]。

其中，（if_name）表示外网接口的名字，例如，outside.nat_id 用来标识全局地址池，使它与其相应的 nat 命令相匹配；ip_address-ip_address 表示翻译后的单个 IP 地址或一段 IP 地址范围；[netmark global_mask] 表示全局 IP 地址的网络掩码。

例 1：pixfirewall(config) #global(outside) 1 61.144.51.42-61.144.51.48

表示内网的主机通过 PIX 防火墙访问外网时，PIX 防火墙将使用 61.144.51.42 ~ 61.144.51.48 这段 IP 地址池为要访问外网的主机分配一个全局 IP 地址。

例 2：pixfirewall(config) #global(outside) 1 61.144.51.42

表示内网要访问外网时，PIX 防火墙将为访问外网的所有主机统一使用 61.144.51.42 这个单一 IP 地址。

例 3：pixfirewall(config) #no global (outside) 1 61.144.51.42

表示删除这个全局表项。

● 设置指向内网和外网的静态路由（使用 route 命令）。

route 命令配置语法：route (if_name) 0 0 gateway_ip[metric]。

其中，（if_name）表示接口的名字，如 inside、outside；gateway_ip 表示网关路由器的 IP 地址；[metric] 表示到 gateway_ip 的跳数，默认为 1。

例 1：pixfirewall(config)#route outside 0 0 61.144.51.168 1

表示一条指向边界路由器（IP 地址为 61.144.51.168）的默认路由。

例 2：pixfirewall(config)#route inside 10.1.1.0 255.255.255.0 172.16.0.0 1

pixfirewall(config)#route inside 10.2.0.0 255.255.0.0 172.16.0.0 1

掌握了这 6 个基本命令，就可以进行 PIX 防火墙的一些高级配置了。

（2）配置静态 IP 地址翻译　如果从外网发起一个会话，会话的目的地址是一个内网的 IP 地址，那么 static 命令就把内部地址翻译成一个指定的全局地址，允许这个会话建立。static 命令配置语法：static (internal_if_name, external_if_name) outside_ip_address inside_ip_address。其中，internal_if_name 表示内部网络接口，安全级别较高，如 inside；external_if_name 为外部网络接口，安全级别较低，如 outside 等；outside_ip_address 为正在访问的较低安全级别的接口上的 IP 地址；inside_ip_address 为内部网络的本地 IP 地址。

例 1：pixfirewall(config)#static (inside, outside) 61.144.51.62 192.168.0.8

表示 IP 地址为 192.168.0.8 的主机，对于通过 PIX 防火墙建立的每个会话，都被翻译成 61.144.51.62 这个全局地址。也可以理解成，static 命令创建了内部 IP 地址 192.168.0.8 和外部 IP 地址 61.144.51.62 之间的静态映射。

例 2：pixfirewall(config)#static (inside, outside) 192.168.0.2 10.0.1.3

例 3：pixfirewall(config)#static (dmz, outside) 211.48.16.2 172.16.10.8

注释同例 1。

通过以上几个例子说明，使用 static 命令可以让用户为一个特定的内部 IP 地址设置一个永久的全局 IP 地址。这样就能够为具有较低安全级别的指定接口创建一个入口，使它们可以进入具有较高安全级别的指定接口。

1）管道命令：前面讲过使用 static 命令可以在一个本地 IP 地址和一个全局 IP 地址之间创建一个静态映射，但从外部到内部接口的连接仍然会被 PIX 防火墙的自适应安全算法（ASA）阻挡；conduit 命令用来允许数据流从具有较低安全级别的接口流向具有较高安全级别的接口，例如，允许从外部到 DMZ 或内部接口的入方向的会话。对于向内部接口的连接，static 和 conduit 命令将一起使用来指定会话的建立。

2）conduit 命令配置语法：

conduit permit | deny global_ip port[-port] protocol foreign_ip [netmask]

permit | deny：允许 / 拒绝访问。

global_ip：指的是先前由 global 或 static 命令定义的全局 IP 地址。如果 global_ip 为 0，就用 any 代替 0；如果 global_ip 是一台主机，就用 host 命令参数。

port：指的是服务所作用的端口，例如，www 使用 80、smtp 使用 25 等。用户可以通过服务名称或端口数字来指定端口。

protocol：指的是连接协议，如 TCP、UDP、ICMP 等。

foreign_ip：表示可访问 global_ip 的外部 IP。对于任意主机，可以用 any 表示。如果 foreign_ip 是一台主机，就用 host 命令参数。

例 1：pixfirewall(config)#conduit permit tcp host 192.168.0.8 eq www any

这个例子表示允许任何外部主机对全局地址 192.168.0.8 的这台主机进行 HTTP 访问。其中，使用 eq 和一个端口来允许或拒绝对这个端口的访问。eq ftp 就是指允许或拒绝只对 FTP 的访问。

例 2：pixfirewall(config)#conduit deny tcp any eq ftp host 61.144.51.89

表示不允许外部主机 61.144.51.89 对任何全局地址进行 FTP 访问。

例 3：pixfirewall(config)#conduit permit icmp any any

表示允许 icmp 消息向内部和外部通过。

例 4：pixfirewall(config)#static (inside, outside) 61.144.51.62 192.168.0.3
　　　　pixfirewall(config)#conduit permit tcp host 61.144.51.62 eq www any

这个例子说明了 static 和 conduit 的关系。192.168.0.3 在内网是一台 Web 服务器，现在希望外网的用户能够通过 PIX 防火墙得到 Web 服务，所以先进行 192.168.0.3 → 61.144.51.62（全局）的 static 静态映射，然后利用 conduit 命令，允许任何外部主机对全局地址 61.144.51.62 进行 HTTP 访问。

（3）配置 fixup 协议　　fixup 命令的作用是启用、禁止、改变一个服务或协议通过 PIX 防火墙。由 fixup 命令指定的端口是 pix 防火墙要侦听的服务。见下面的例子。

例 1：pixfirewall(config)#fixup protocol ftp 21

启用 FTP，并指定 FTP 的端口号为 21。

例 2：pixfirewall(config)#fixup protocol http 80
　　　　pixfirewall(config)#fixup protocol http 1080

为 HTTP 指定 80 和 1080 两个端口。

例 3：pixfirewall(config)#no fixup protocol smtp 80

禁用 SMTP。

（4）设置 telnet　　telnet 有一个版本的变化。在 PIX OS 5.0（PIX 操作系统的版本号）之前，内部网络上的主机只能通过 telnet 访问 PIX。在 PIX OS 5.0 及后续版本中，可以在所有的接口上启用 telnet 到 PIX 的访问。当要从外部接口远程登录到 PIX 防火墙时，telnet 数据流需要用 IPSec 提供保护，也就是说，用户必须配置 PIX 来建立一条到另外一台 PIX、路由器或 VPN 客户端的 IPSec 隧道。另外就是在 PIX 上配置 SSH，然后用 SSH Client 从外部远程登录到 PIX 防火墙，PIX 支持 SSH1 和 SSH2，不过 SSH1 是免费软件，SSH2 是商业软件。

telnet 配置语法：telnet local_ip [netmask]。

local_ip 表示被授权通过 telnet 访问到 PIX 的 IP 地址。如果不设置此项，那么 PIX 的配置方式只能由 console 进行。

（5）防火墙的配置　　具体步骤如下。

1）设置防火墙接口的名字，并指定安全级别。

```
Pixfirewall(config)#nameif ethernetl outside security0
Pixfirewall(config)#nameif ethernet0 inside  security100
```

2）网络地址是 10.0.0.0，子网掩码为 255.0.0.0，PIX 防火墙的内部 IP 地址是 10.1.1.1。

```
Pixfirewall(config)# ip add inside 10.1.1.1 255.0.0.0
```

3）网络地址是 1.1.1.0，子网掩码为 255.0.0.0，PIX 防火墙的外部 IP 地址是 1.1.1.1。

```
Pixfirewall(config)# ip  add outside 1.1.1.1 255.0.0.0
```

4）在防火墙上配置地址转换，使内部 PC 使用 IP 地址 1.1.1.1 访问外部网络。

```
Pixfirewall(config)# nat (inside) 1 10.0.0.0 255.0.0.0
Pixfirewall(config)# global (outside) 1 10.0.0.0 255.0.0.0
```

5）外部网络的默认路由是 1.1.1.254。

```
Pixfirewall(config)# route  outside  0  0  1.1.1.254
```

6）网络上的计算机只能访问内部网络 FTP 服务。

```
Pixfirewall(config)# conduit permit tcp any eq ftp any
Pixfirewall(config)# telnet 1.1.1.0 255.0.0.0
```

7.2 ACL 的配置与应用

随着网络应用的日益普及，越来越多的私有网络联入公有网，网络管理员们需要面对一个非常重要的问题：如何在保证合法访问的同时，对非法访问进行控制。这就需要对路由器转发的数据报做出区分，即需要在接口下对数据报进行过滤。包过滤技术是在路由器上实现防火墙的一种主要方式，而实现包过滤技术最核心的内容就是使用 ACL 技术。

7.2.1 ACL 概述

ACL 技术是 ISO 所提供的一种访问控制技术。初期仅应用于路由器，近年来扩展到三层交换机产品上，部分最新的二层交换机也开始提供对 ACL 的支持。ACL 实质上是一组由 permit（允许）和 deny（拒绝）语句组成的有序的条件集合，用来帮助路由器分析数据报的合法性。路由器通过检测报文的地址决定报文流的去向，并创建和维护路由表来完成基本的路由功能。此时，网上的数据报借助路由器可以自由出入，网络的安全之门是打开的。正确地放置 ACL 将起到防火墙的作用。为了满足与 Internet 间的访问控制，以及内部网络中不同安全属性网络间的访问控制要求，在路由器上引入了对结点和数据进行控制的访问列表，使得网络通信均需要通过它，以此控制网络通信及网络应用的访问权限。

在路由器接口上灵活地运用 ACL 技术，可以对入站接口、出站接口及通过路由器中继的数据报进行安全检测。路由器将接收到的协议数据报中的源地址、目的地址、端口号等信息与已设置的访问列表的条目进行核对，据此阻止非法用户对资源的访问，限制特定用户的访问权限，实现在网络的出入端口处决定哪种类型的通信流量被转发或被阻塞，达到限制网络流量、提高网络性能的目的。

7.2.2 标准 ACL

标准 ACL 是通过使用 IP 数据报中的源 IP 地址进行过滤的，从而允许或拒绝某个 IP 网络、子网或主机的所有通信流量通过路由器的接口。网络管理员可以使用标准 ACL 阻止来自某一网络的所有通信流量，或者允许来自某一特定网络的所有通信流量，或者拒绝某一协议族（如 IP）的所有通信流量。

标准 ACL 配置格式见表 7-1。

表 7-1 标准 ACL 配置格式

操作	命令
创建标准 IP ACL	Access-list[list-number][deny|permit][source-address][wildcard-mask][log]
将 ACL 应用于路由器的相应接口	Router(config-if)#ip access-group [list-number][in|out]
删除标准 IP ACL	Router(config)#no access-list [list-number]

下面对表 7-1 中的部分参数进行说明。

1）list-number：取值范围为 1 ~ 99。

2）deny\|permit：拒绝或允许匹配 ACL 的数据报。

3）source-address：某一个或某一段源地址。

4）wildcard-mask：通配符掩码。

5）in：通过接口进入路由器的报文。

6）out：通过接口离开路由器的报文。

下面配置标准 ACL：禁止 HostA 访问 RA 的 E0，拓扑结构如图 7-5 所示。

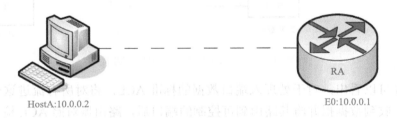

HostA:10.0.0.2　　　　　　　　　　　　　　　　　　　　E0:10.0.0.1

图 7-5 标准 ACL 拓扑结构

配置命令如下。

```
RA(config)#access-list 1 deny 10.0.0.2 0.0.0.0
RA(config)#access-list 1 permit any
RA(config)#interface ethernet 0
RA(config-if)#ip access-group 1 in
```

接着在 HostA 上进行 ping 测试，在 HostA 上修改 IP 地址，如 10.0.0.3，再测试。

由于不同类型网络协议数据报的格式和特性不同，ACL 的定义也要基于每一种协议。在实际配置中，路由器的不同 ACL 是由其表号来加以区别的。

① 标准 IP ACL 主要根据 IP 数据报中的源地址进行过滤，而不考虑这些信息属于哪种协议。编号范围是 1 ～ 99 或 1300 ～ 1999。

② 标准 IPX 访问控制列表不仅可以检查 IPX 源网络号和目的网络号，还可以检查源地址和目的地址的结点号部分。编号范围是 800 ～ 899。

另外，通过路由器接口的数据流是双向的，inbound 表示数据报流向路由器，outbound 表示数据报从路由器流出，所以 ACL 又分为输入型 ACL 和输出型 ACL，一个接口上可以同时配置同一协议在两个方向上的 ACL。

标准 ACL 入端口数据的处理如图 7-6 所示。

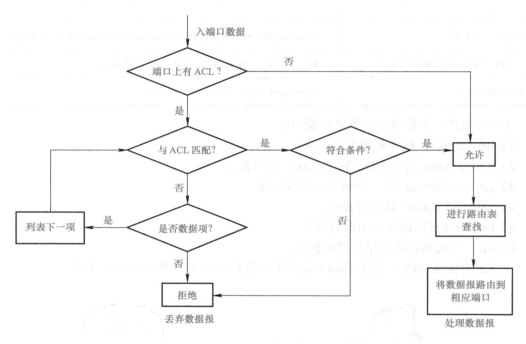

图 7-6　标准 ACL 入端口数据的处理

从图 7-6 可以看出，对于处理入端口数据的标准 ACL，将对所有流进这个端口的数据进行过滤。在收到数据报并将其路由到可控制的端口后，路由器对照 ACL 检查数据报。如果 ACL 允许该数据报通过，则路由器将数据报路由到相应端口；如果 ACL 拒绝该数据报通过，则路由器放弃该数据报。

标准 ACL 出端口数据的处理如图 7-7 所示。

从图 7-7 可以看出，对于处理出端口数据的标准 ACL，是对所有这个端口的数据进行过滤。首先数据报被路由到输出端口，然后通过 ACL 处理。数据报在被路由到输出端口后，路由器对照 ACL 检查数据报。如果 ACL 允许该数据报通过，则路由器将数据报直接转发；如果 ACL 拒绝该数据报通过，则路由器放弃该数据报。

在小型网络应用中，使用标准 ACL 可以对 IP 数据报中的源地址进行限制，但是如果要进一步基于某种协议来进行访问控制，那么标准 ACL 会显得不够灵活。

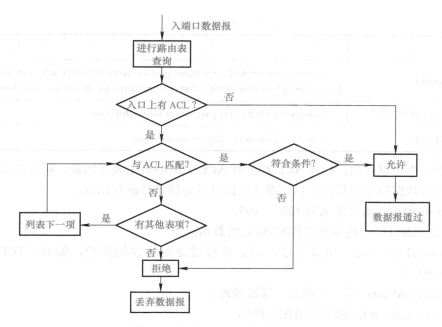

图 7-7　标准 ACL 出端口数据处理

7.2.3　扩展 ACL

标准 ACL 是基于 IP 地址进行过滤的，是最简单的 ACL。如果希望过滤到端口或者希望对数据报的目的地址进行过滤，就需要使用扩展 ACL（Extended Access Control Lists）。扩展 ACL 使用源 IP 地址和目标 IP 地址、第三层的协议字段、第四层的端口号来做过滤决定。扩展 ACL 更加具有灵活性和可扩充性，即对于同一地址，允许使用某些协议的通信流量通过，而拒绝使用其他协议的流量通过。扩展 ACL 的功能很强大，不仅可以检查信息数据报的源主机地址，还可以检查目的地主机的 IP 地址、协议类型以及 TCP/UDP 协议族的端口号，具有更高的自由度。具体的表号范围介绍如下。

1）扩展 IP ACL 的编号范围为 100 ～ 199 或 2000 ～ 2699。

2）扩展 IPX ACL 的在标准 IPX ACL 的基础上，增加了对 IPX 报头中协议类型、源 Socket、目标 Socket 字段的检验。编号范围为 900 ～ 999。

扩展 ACL 有一个很大的优点就是可以保护服务器。例如，很多服务器为了更好地提供服务，都是暴露在公网上的，这时为了保证服务的正常提供，所有端口都对外界开放，很容易招来黑客和病毒的攻击，通过扩展 ACL 可以将除了服务端口以外的其他端口都封锁掉，降低了被攻击的概率。

但是扩展 ACL 存在一个缺点，那就是在没有硬件 ACL 加速的情况下，扩展 ACL 会消耗大量的路由器 CPU 资源。所以当使用中低档路由器时应尽量减少扩展 ACL 的条目数，将其简化为标准 ACL 或将多条扩展 ACL 合为一条。

配置扩展 ACL 格式，见表 7-2。

表 7-2 扩展 ACL 格式

操作	命令
创建扩展 IP ACL	Access-list [list-number] [permit|deny] [protocol keyword] [source address source-wildcard] [source port] [destination address] [destination-wildcard] [destination port] [log] [options]
将 ACL 应用于路由器接口	Router(config-if)#ip access-group access-list-number{in|out}
删除扩展 IP ACL	Router(config)#no access-list access-list-number

从表 7-2 中可以看出，标准 ACL 和扩展 ACL 之间的最主要区别是，后者在源地址相同时，还会检查数据报中的其他信息，将这些信息同访问条件进行比较。

1）list-number：编号范围为 100 ～ 199。

2）permit|deny：拒绝或允许匹配 ACL 的数据报。

3）protocol keyword：协议字段，即需要被过滤的协议的类型，如 IP、TCP、UDP、ICMP、EIGRP 等。

4）source address：某一个或某一段源地址。

5）source-wildcard：源主机通配符掩码。

6）source port：源端口号。

7）destination address：某一个或某一段目的地址。

8）destination-wildcard：目的主机通配符掩码。

9）destination port：目的端口号，可以是 eq（等于）、gt（大于）、lt（小于）、neq（不等于）、range（范围）等。

10）log：日志。

11）options：可选项。

12）in：通过接口进入路由器的报文。

13）out：通过接口离开路由器的报文。

配置扩展 ACL：允许 HostA 远程登录 RA，但是不可 ping，拓扑结构如图 7-8 所示。

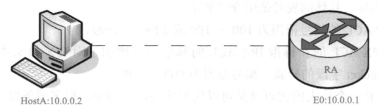

HostA:10.0.0.2　　　　　　　　　　　　　　　　　　　E0:10.0.0.1

图 7-8 扩展 ACL 拓扑结构

配置命令如下。

```
RA(config)#access-list 100 deny icmp host 10.0.0.2 host 10.0.0.1 echo
RA(config)#access-list 100 permit tcp host 10.0.0.2 host 10.0.0.1 eq 23
RA(config)#access-list 100 permit ip any any
RA(config)#interface ethernet 0
RA(config-if)#ip access-group 100 in
```

在 HostA 上分别用 ping 命令和 telnet 命令测试目标路由器。

在 HostA 上修改 IP 地址，如 10.0.0.3，再测试。

7.2.4 特殊 ACL

标准 ACL 与扩展 ACL 能在很大程度上满足访问控制需求，但是在实际应用中，用户可能希望有更进一步的控制。例如，在有些网络中，可能希望在指定时间内不能使用某些应用，而在其他时间允许使用，这一点依靠扩展 ACL 是无法实现的。特殊 ACL 的 3 种类型见表 7-3。

表 7-3 特殊 ACL 的类型

特殊 ACL	描述
动态 ACL	除非使用 Telnet 连接路由器并通过身份验证，否则要求通过路由器的用户都会遭到拒绝
自反 ACL	允许出站流量，而入站流量只能是对路由器内部发起的会话响应
基于时间的 ACL	允许根据一周以及一天内的时间来控制访问

1. 动态 ACL

"锁和钥匙"是使用动态 ACL（有时也称为锁和钥匙 ACL）时的一种流量过滤安全功能。锁和钥匙仅可用于 IP 流量。动态 ACL 依赖于 Telnet 连接、身份验证（本地或远程）和扩展 ACL。

执行动态 ACL 配置时，首先需要应用扩展 ACL 来阻止通过路由器的流量。要穿越路由器的用户必须使用 Telnet 连接到路由器并通过身份验证，否则会被扩展 ACL 拦截。Telnet 连接随后会断开，而一个单条目的动态 ACL 将添加到现有的扩展 ACL 中。该条目允许流量在特定时间段内通行，另外还可设置空闲超时值和绝对超时值。

（1）何时使用动态 ACL 在以下两种情况下可以使用动态 ACL。

1）希望特定远程用户或用户组可以通过 Internet 从远程主机访问网络中的主机。"锁和钥匙"将对用户进行身份验证，然后允许特定主机或子网在有限时间段内通过防火墙路由器进行有限访问。

2）希望本地网络中的主机子网能够访问受防火墙保护的远程网络上的主机。此时可利用"锁和钥匙"为有此需要的本地主机组启用对远程主机的访问。"锁和钥匙"要求在允许用户从其主机访问远程主机之前，通过 AAA、TACACS+ 服务器或其他安全服务器进行身份验证。

（2）动态 ACL 的优点 与标准 ACL 和扩展 ACL 相比，动态 ACL 在安全方面具有以下优点。

- 使用询问机制对每个用户进行身份验证。
- 简化大型网际网络的管理。
- 在许多情况下，可以减少与 ACL 有关的路由器处理工作。

● 降低黑客闯入网络的机会。

● 通过防火墙动态创建用户访问，而不会影响其他所配置的安全限制。

（3）动态 ACL 案例　如图 7-9 所示，PC1 上的用户是管理员，他要求通过后门访问位于路由器 R3 上的 192.168.3.0/24 网络。路由器 R3 上已配置了动态 ACL，它仅在有限的时间内允许 FTP 和 HTTP 访问。

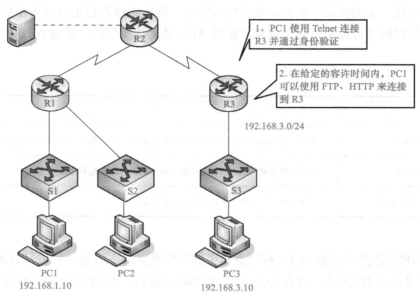

图 7-9　动态 ACL 案例

步骤 1：设置 PC1 通过 Telnet 连接 R3 使用的用户名和密码。

R3（config）#username network password 0 xxgcx

步骤 2：定义 ACL。

R3（config）#access-list 110 permit any host 172.16.2.2 eq telnet

R3（config）#access-list 110 dynamic testlist timeout 15 permit ip 192.168.1.0 0.0.0.255 192.168.3.0 0.0.0.255

步骤 3：将 ACL 应用于接口。

R3（config）#interface s0/0/1

R3（config-if）#ip access-group 110 in

步骤 4：对 VTY 用户进行配置管理。

R3（config）#line vty 0 4

R3（config-line）#login local

R3（config-line）#autocommand access-enable host timeout 5

2．自反 ACL

自反 ACL 允许最近出站数据报的目的地发出的应答流量回到该出站数据报的源地址，这样可以更加严格地控制哪些流量进入网络，并提升了扩展访问列表的能力。

网络管理员使用自反 ACL 来允许从内部网络发起的会话 IP 流量，同时拒绝外部网络发起的 IP 流量。此类 ACL 能使路由器动态管理会话流量。在图 7-10 所示的拓扑结构中，路由器检查出站流量，当发现新的连接时，便会在临时 ACL 中添加条目以允许应答流量进入。自反 ACL 仅包含临时条目。当新的 IP 会话开始时（如数据包出站），这些条目会自动创建，并在会话结束时自动删除。

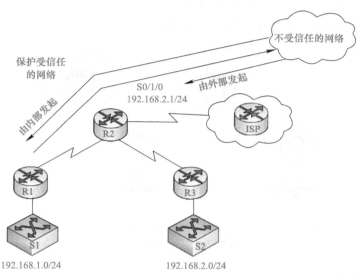

图 7-10　自反 ACL 拓扑结构

与前面介绍的扩展 ACL 相比，自反 ACL 能够提供更为强大的会话过滤。尽管在概念上与扩展 ACL 相似，但自反 ACL 还可用于不含 ACK 或 RST 位的 UDP 和 ICMP。扩展 ACL 选项还不能用于会动态修改会话流量源端口的应用程序。permit 语句仅检查 ACK 和 RST 位，而不检查源地址和目的地址。

自反 ACL 不能直接应用到接口，而是"嵌套"在接口所使用的扩展 IP ACL 中。自反 ACL 仅可在扩展 IP ACL 中定义。自反 ACL 不能在编号 ACL 或标准 ACL 中定义，也不能在其他协议 ACL 中定义。自反 ACL 可以与其他标准和扩展 ACL 一同使用。

（1）自反 ACL 的优点　自反 ACL 具有以下优点。

● 保护网络免遭网络黑客攻击，并可内嵌在防火墙防护中。

● 提供一定级别的安全性，防御欺骗攻击和某些 DoS 攻击。自反 ACL 方式较难以欺骗，因为允许通过的数据报需要满足更多的过滤条件。例如，源地址、目的地址及端口号都会检查到，而不只是 ACK 和 RST 位。

此类 ACL 使用简单。与基本 ACL 相比，它可对进入网络的数据报实施更强的控制。

（2）自反 ACL 案例　如图 7-11 所示，管理员需要使用它来允许 ICMP 出站流量和入站流量，同时只允许从网络内部发起的 TCP 流量。所有其他流量都会遭到拒绝。该自反 ACL 应用到 R2 的出站接口。

```
R2（config）#ip access-list extended OUTBOUNDFILTERS
R2（config-ext-nacl）#permit tcp 192.168.0.0 0.0.255.255 any reflect TCPTRAFFIC
```

R2 (config-ext-nacl) #permit icmp 192.168.0.0 0.0.255.255 any reflect ICMPTRAFFIC

R2 (config) #ip access-list extended INBOUNDFILTERS

R2 (config-ext-nacl) #evaluate TCPTRAFFIC

R2 (config-ext-nacl) #evaluate ICMPTRAFFIC

R2 (config) #interface s0/1/0

R2 (config-if) #ip access-group INBOUNDFILTERS in

R2 (config-if) #ip access-group OUTBOUNDFILTERS out

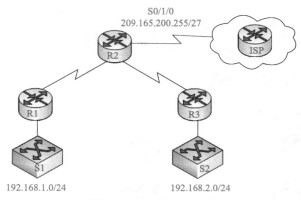

图 7-11 自反 ACL 案例

3. 基于时间的 ACL

基于时间的 ACL 功能类似于扩展 ACL，但它允许根据时间执行访问控制。要使用基于时间的 ACL，需要创建一个时间范围，指定一周和一天内的时段，可以为时间范围命名，然后对相应功能应用此范围，时间限制会应用到该功能本身。

（1）基于时间的 ACL 优点　基于时间的 ACL 具有许多优点，例如：

1）在允许或拒绝资源访问方面为网络管理员提供了更多的控制权。

2）允许网络管理员控制日志消息。ACL 条目可在每天定时记录流量，而不是一直记录流量。因此，管理员无须分析高峰时段产生的大量日志就可轻松地拒绝访问。

（2）基于时间的 ACL 案例　如图 7-12 所示，允许在星期一至星期五的工作日时间内从内部网络通过 Telnet 连接到外部网络。

步骤 1：定义实施 ACL 的时间范围，并为其指定名称。

R1 (config) #time-range WEEKDAYS

R1 (config-time-range) #Periodic weekdays 8:00 to 17:00

步骤 2：对该 ACL 应用此时间范围。

R1 (config) #access-list 110 permit tcp 192.168.1.0 0.0.0.255 any eq telnet time-range WEEKDAYS

步骤 3：对该接口应用 ACL。

R1 (config) #interface s0/0/0

R1 (config) #ip access-group 110 out

时间范围依赖于路由器的系统时钟。此功能与网络时间协议（NTP）一同使用时效果最佳，但也可以使用路由器时钟。

基于时间的 ACL 可以根据一天中的不同时间，或者根据一星期中的不同日期，或两者相结合来控制网络数据报的转发。这种基于时间的 ACL 在标准 ACL 和扩展 ACL 中加入时间范围来更合理、有效地控制网络。它先定义一个时间范围，然后在原来的各种 ACL 的基础上应用它，对于编号 ACL 和名称 ACL 均适用。基于时间的 ACL 由两部分组成，第一部分定义需进行控制的时间段，第二部分采用扩展 ACL 定义控制规则。

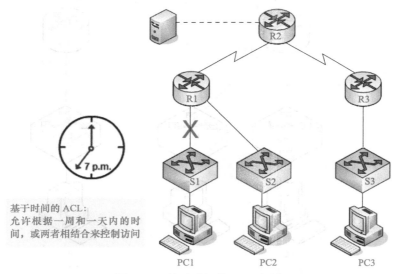

基于时间的 ACL：
允许根据一周和一天内的时间，或两者相结合来控制访问

图 7-12 基于时间的 ACL 案例

7.2.5 ACL 故障诊断与排除

使用 show 命令可以发现大部分常见的 ACL 错误，以免其造成网络故障。应在 ACL 实施的开发阶段使用适当的测试方法，以避免网络受到错误的影响。

当查看 ACL 时，可以根据有关如何正确构建 ACL 的规则检查 ACL。大多数错误都是因为忽视了这些基本规则。事实上，较常见的错误是以错误的顺序输入 ACL 语句，以及没有为规则应用足够的条件。

下面介绍一些常见的案例及其解决方案。

案例 1：如图 7-13 所示，主机 192.168.1.10 无法连接到 192.168.3.12。是否能从 show access-lists 命令的输出中发现错误原因？

```
R3#show access-list 111
Extended IP access list 111
    10 deny tcp 192.168.1.0 0.0.0.255 any
    20 permit tcp 192.168.1.0 0.0.0.255 any eq telnet
    30 permit ip any any
```

解决方案：检查 ACL 语句的顺序。主机 192.168.1.10 无法连接到 192.168.3.12，原因是 ACL 中语句 10 的顺序错误。因为路由器从上到下处理 ACL，所以语句 10 会拒绝主机

192.168.1.10，因此未能处理到语句 20。语句 10 和 20 应该交换顺序。最后一行允许所有非 TCP 的其他 IP 流量（ICMP、UDP 等）。

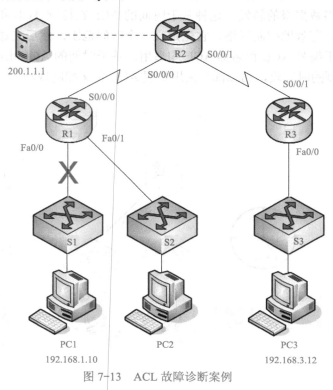

图 7-13　ACL 故障诊断案例

案例 2：192.168.1.0/24 网络无法使用 TFTP 连接到 192.168.3.0/24 网络。是否能从 show access-lists 命令的输出中发现错误原因？

```
R1#show access-list 112
Extended IP access list 112
    10 deny tcp 192.168.1.0 0.0.0.255 any eq telnet
    20 deny tcp 192.168.1.0 0.0.0.255 host 200.1.1.1 eq smtp
    30 permit tcp any any
```

解决方案：192.168.1.0/24 网络无法使用 TFTP 连接到 192.168.3.0/24 网络，原因是 TFTP 使用的传输协议是 UDP。访问列表 112 中的语句 30 允许所有其他 TCP 流量。因为 TFTP 使用 UDP，所以它被隐式拒绝。语句 30 应该改为 ip any any。

无论是应用到 R1 的 Fa0/0 还是 R3 的 S0/0/1，或者是 R2 上 S0/0/0 的传入方向，该 ACL 都能发挥作用。但是，根据"将扩展 ACL 放置在最靠近源的位置"的原则，最佳做法是放置在 R1 的 Fa0/0 上，因为这样能够在不需要的流量进入网络基础架构之前将其过滤掉。

案例 3：192.168.1.0/24 网络可以使用 Telnet 连接到 192.168.3.0/24，但此连接不应获得准许。分析 show access-lists 命令的输出，是否能找到解决方案，应将该 ACL 应用到哪里？

```
R1#show access-list 113
Extended IP access list 113
    10 deny tcp any eq telnet any
    20 deny tcp 192.168.1.0 0.0.0.255 host 192.168.3.0 eq smtp
    30 permit tcp any any
```

解决方案：192.168.1.0/24 网络可以使用 Telnet 连接到 192.168.3.0/24 网络，因为 ACL 113 中语句 10 里的 Telnet 端口号列在了错误的位置。语句 10 目前会拒绝任何端口号等于 Telnet 的源建立到任何 IP 地址的连接。如果希望在 S0 上拒绝入站 Telnet 流量，应该拒绝等于 Telnet 的目的端口号，如 deny tcp any eq telnet any。

案例 4：主机 192.168.1.10 可以使用 Telnet 连接到 192.168.3.12，但此连接不应获得准许。分析 show access-lists 命令的输出。

```
R1#show access-list 114
Extended IP access list 114
    10 deny tcp host 192.168.1.1 any eq telnet
    20 deny tcp 192.168.1.0 0.0.0.255 host 200.1.1.1 eq smtp
    30 permit ip any any
```

解决方案：主机 192.168.1.10 可以使用 Telnet 连接到 192.168.3.12，因为没有拒绝该源（主机 192.168.1.10 或其所在的网络）的规则。ACL 114 的语句 10 拒绝送出此类流量的路由器接口。但是，当这些数据报离开路由器时，它们的源地址都是 192.168.1.10，而不是路由器接口的地址。

与案例 2 的解决方案相同，该 ACL 应该应用到 R1 上 Fa0/0 的传入方向。

案例 5：主机 192.168.3.12 可以使用 Telnet 连接到 192.168.1.10，但此连接不应获得准许。查看 show access-lists 命令的输出并找出错误。

```
R2#show access-list 115
Extended IP access list 115
    10 deny tcp host 192.168.3.12 any eq telnet
    20 permit ip any any
```

解决方案：主机 192.168.3.12 可以使用 Telnet 连接到 192.168.1.10，原因是 ACL 115 应用到 S0/0 接口的错误方向上。语句 10 拒绝源地址 192.168.3.12，但只有当流量从 S0/0 出站（而不是入站）时，该地址才可能成为源地址。

7.3 本章习题

7-1 选择题

1. （　　）类型的网络威胁意图阻止授权用户访问资源。

    A．DoS 攻击   B．访问攻击   C．侦察攻击   D．信任利用

2．（　　　）防火墙用于确保传入网络的数据报是从内部主机发出的合法响应。

    A．应用程序过滤　　　　　　　　　　B．状态包侦测

    C．URL 过滤　　　　　　　　　　　　D．数据报过滤

3．网络安全身份验证有（　　　）的用途。

    A．要求用户证明自己的身份　　　　　B．确定用户可以访问的资源

    C．跟踪用户的操作　　　　　　　　　D．提供提示问题和响应问题

4．ACL 通过检查报文中的关键字段来进行策略匹配，在运行 RGOS 的锐捷网络设备中，标准的 IP ACL 是检查报文的（　　　）字段。

    A．IP 数据报长度　　　　　　　　　　B．端口号

    C．源 IP 地址　　　　　　　　　　　　D．目的 IP 地址

5．某些接入层的用户向管理员反映他们的主机不能够发送 E-mail，但仍然能够接收新的 E-mail。那么作为管理员，下面（　　　）选项是首先应该检查的。

    A．该 E-mail 服务器目前是否未连接到网络上

    B．处于客户端和 E-mail 服务器之间的某设备的接口 ACL 是否存在拒绝 TCP25 号端口流量的条目

    C．处于客户端和 E-mail 服务器之间的某设备接口 ACL 是否存在 deny any 的条目

    D．处于客户端和 E-mail 服务器之间的某路由器接口的 ACL 是否存在拒绝 TCP110 号端口流量的条目

7-2 实践题

1．管理员要在路由器上配置 ACL，以实现只允许源自 172.16.0.0/16 子网的流量进入路由器的 serial1/0 接口，应如何实现？

2．如图 7-14 所示，在网络中配置合适的路由，确保全网互通。要限制 172.16.1.0/24 和 172.16.2.0/24 两个网络的上网应用，只允许这两个网络的主机访问 Internet 中的 HTTP 和 HTTPS 服务。为此，管理员需要进行哪些配置？

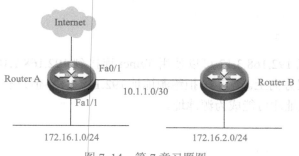

图 7-14　第 7 章习题图

参 考 文 献

[1] 汪双顶，张选波. 局域网构建与管理项目教程 [M]. 北京：机械工业出版社，2019.

[2] 杨云. 局域网组建、管理与维护 [M]. 2 版. 北京：机械工业出版社，2019.

[3] 陈学平. 局域网组建管理及维护 [M]. 北京：清华大学出版社，2015.

[4] 傅晓锋，王作启. 局域网组建与维护实用教程 [M]. 2 版. 北京：清华大学出版社，2015.

[5] 宁蒙. 局域网组建与维护 [M]. 2 版. 北京：机械工业出版社，2018.

[6] 黄君羡，欧阳绪彬. WLAN 技术与应用 [M]. 大连：东软电子出版社，2018.

[7] 周奇. 无线网络接入技术及方案的分析与研究 [M]. 北京：清华大学出版社，2018.

[8] 孙秀英. 路由交换技术与应用 [M]. 2 版. 北京：人民邮电出版社，2015.

[9] 黄永峰，田晖，李星. 计算机网络教程 [M]. 北京：清华大学出版社，2018.

[10] 胡云. 无线局域网项目教程 [M]. 北京：清华大学出版社，2014.

[11] 关瑞玲. 局域网组建与管理 [M]. 北京：化学工业出版社，2015.

[12] 杨泉波. 中小型局域网搭建与管理实训教程 [M]. 2 版. 北京：电子工业出版社，2018.

参 考 文 献

[1] 李宏达, 张振宇. 工业机器人技术与应用[M]. 北京: 机械工业出版社, 2017.

[2] 陈强. 工业机器人操作与编程[M]. 2版. 北京: 清华大学出版社, 2019.

[3] 韩建海. 工业机器人技术及应用[M]. 北京: 华中科技大学出版社, 2018.

[4] 郭洪红, 王小刚. 工业机器人技术及其应用[M]. 2版. 北京: 机械工业出版社, 2015.

[5] 于振中. 工业机器人应用技术[M]. 2版. 北京: 化学工业出版社, 2018.

[6] 黄志坚. 机器人应用工程[M]. 北京: 机械工业出版社, 2018.

[7] 蒋庆. 工业机器人技术及典型应用案例分析[M]. 北京: 电子工业出版社, 2015.

[8] 宋云艳. 焊接技术与应用[M]. 3版. 北京: 人民邮电出版社, 2015.

[9] 吴海波, 田锋. 工业机器人装配[M]. 北京: 化学工业出版社, 2018.

[10] 张明. 机器人系统集成与应用[M]. 北京: 科学出版社, 2018.

[11] 张超英. 工业机器人技术[M]. 北京: 化学工业出版社, 2017.

[12] 杨清亮. 工业机器人技术与应用实训教程[M]. 北京: 电子工业出版社, 2018.